高等学校“十三五”重点规划
机械设计制造及其自动化系列

JIXIE SHEJI
KECHENG SHEJI

机械设计课程设计

第3版

主　编　杨恩霞　刘贺平
副主编　李立全　庞永刚

HEUP 哈爾濱工程大學出版社

内容简介

本书是在第2版的基础上，根据高等工科院校"机械设计课程教学基本要求"及"机械设计基础课程教学基本要求"进行全面修订再版的。

全书共分三编。第一编为机械设计课程设计指导，以常见的减速器为例，系统地介绍了机械传动装置的设计内容、步骤和方法以及设计中应注意的问题。第二编为机械设计课程设计常用标准和规范，系统、全面地介绍了机械设计的有关标准、规范等资料。第三编为设计题目及参考图例，给出了机械设计课程设计题目，各类减速器装配图、零件图的参考图例。

本书可作为高等院校机械类、近机械类和非机械类等相关专业机械设计课程设计的教材，也可作为其他本、专科院校机械设计课程设计的教材，还可供从事机械设计的工程技术人员参考使用。

图书在版编目(CIP)数据

机械设计课程设计/杨恩霞，刘贺平主编. —3版. —哈尔滨：哈尔滨工程大学出版社，2017.5

ISBN 978-7-5661-1479-2

Ⅰ.①机… Ⅱ.①杨… ②刘… Ⅲ.①机械设计-课程设计-高等学校-教材 Ⅳ.①TH122-41

中国版本图书馆CIP数据核字(2017)第070510号

选题策划 石 岭
责任编辑 马佳佳
封面设计 博鑫设计

出版发行 哈尔滨工程大学出版社
社　　址 哈尔滨市南岗区东大直街124号
邮政编码 150001
发行电话 0451-82519328
传　　真 0451-82519699
经　　销 新华书店
印　　刷 哈尔滨市石桥印务有限公司
开　　本 787mm×1 092mm 1/16
印　　张 13.5
字　　数 348千字
版　　次 2017年5月第3版
印　　次 2017年5月第1次印刷
定　　价 30.00元
http://www.hrbeupress.com
E-mail:heupress@hrbeu.edu.cn

第3版前言

《机械设计课程设计(第3版)》是根据高等工科院校“机械设计课程教学基本要求”及“机械设计基础课程教学基本要求”,结合我校及兄弟院校使用这本教材的实践经验修订的。

本书的体系与第1版、第2版相同,分为三编,共17章。第一编为机械设计课程设计指导(第1章~第7章),包括概述、传动装置总体设计、传动零件设计、减速器装配草图设计、减速器装配图设计、零件工作图设计、编写设计计算说明书和准备答辩;第二编为机械设计常用标准和规范(第8章~第15章),包括一般标准、常用材料、连接、滚动轴承、润滑与密封、联轴器、公差配合与表面粗糙度、电动机;第三编为设计题目及参考图例(第16章~第17章),选编了多种典型结构图,可供参考。本书一方面作为机械设计及机械设计基础的配套教材,满足教学要求,在内容上力求简明扼要,严格精选,便于使用;另一方面也可作为简明机械设计指南,供有关工程技术人员参考。

本书全部采用了最新的国家标准和技术规范,以及标准术语和常用术语。

本书第1版、第2版均由哈尔滨工程大学杨恩霞(第1章~第5章)、刘贺平(第11,15,16,17章)、李立全(第6,7,12,14章)、庞永刚(第8,9,10,13章)编写,在第3版中仍由原编者进行修订。

在本书的修订过程中,参阅了大量的同类教材、相关的技术标准和文献资料,并得到有关专家、学者的帮助和支持,他们提供了很多宝贵的意见和资料,在此一并致以衷心的感谢。

由于编者的水平所限,书中不当及漏误之处在所难免,恳请读者批评指正。

编　者

2017年5月

目　　录

第一编　机械设计课程设计指导

第二编 机械设计常用标准和规范

第三编　课程设计题目及参考图例

第一编　机械设计课程设计指导

第1章　概　　述

1.1　课程设计的目的

机械设计课程设计是为机械类和近机械类专业的本科生在学完机械设计课以后所设置的一个重要的实践教学环节，也是学生首次较全面地进行训练，把学过的各学科的理论综合应用到实际工程中去，力求在课程内容上、在分析问题和解决问题的方法上、在设计思想上培养学生的工程设计能力。机械设计课程设计的目的和要求如下：

(1)培养学生综合运用机械设计和其他先修课程的基础理论和基本知识，以及结合生产实践分析和解决工程实际问题的能力，使所学的理论知识得以融会贯通；

(2)通过本课程设计，使学生学习和掌握一般机械设计的程序和方法，树立正确的工程设计思想，培养独立、全面和科学的工程设计能力；

(3)在课程设计的实践中学会使用标准、规范、手册、图册和相关技术资料的能力，并熟悉和掌握机械设计的基本技能。

1.2　课程设计的内容

课程设计的题目为一般用途的机械传动装置，如图1-1所示的带式运输机的机械传动装置——减速器。

课程设计的内容通常包括：确定传动装置的总体设计方案；选择电动机；计算传动装置的运动和动力参数；传动零件、轴的设计计算；轴承、联轴器、润滑、密封和连接件的选择及校核；箱体结构及其附件的设计；绘制装配图及零件图；编写设计计算说明书。

要求每个学生在设计中完成以下工作：

(1)减速器装配图1张(0号图纸)；

(2)设计计算说明书1份，机械类学生要求6 000~8 000字，非机械类学生要求4 000~6 000字。

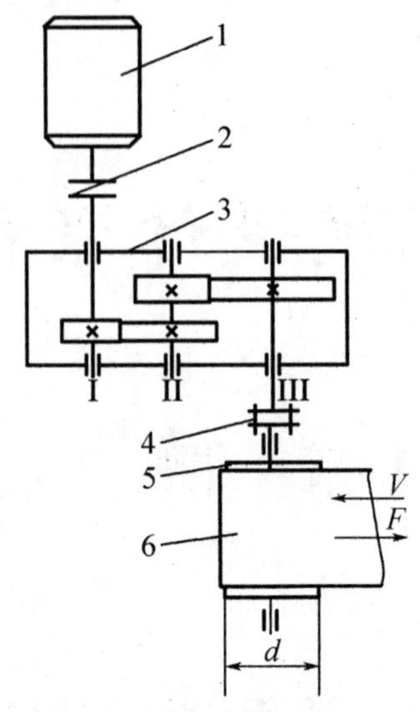

图1-1 带式输送机的机械传动装置

1—电动机;2—联轴器;3—减速器;4—联轴器;5—滚筒;6—传送带

1.3 课程设计的方法和步骤

机械设计课程设计通常从分析或确定传动方案开始,然后进行必要的计算和结构设计。由于影响设计结果的因素很多,机械零件的结构尺寸不可能完全由计算确定,还需借助画图、初选参数或初估尺寸等手段,通过边画图、边计算、边修改的过程逐步完善设计,即计算与画图交替进行来逐步完成设计。

课程设计大致按以下步骤进行。

1. 设计准备

认真研究设计任务书,明确设计要求和工作条件;通过看实物、模型及减速器拆装实验等以了解设计对象;复习教材有关内容,熟悉有关零部件的设计方法和步骤;准备好设计需要的图书、资料和用具。

2. 传动装置的总体设计

确定传动装置的传动方案;选定电动机的类型和型号;计算传动装置的运动和动力参数,如确定总传动比并分配各级传动比,计算各轴的功率、转速和转矩等。

3. 传动零件的设计计算

设计计算各级传动件的参数和主要尺寸,如齿轮的模数 m、齿数 z、分度圆直径 d 和齿宽 b 等。

4. 装配图设计

(1)装配草图设计

选择联轴器,初定轴的基本直径,选择轴承类型,确定减速器箱体结构方案和主要结构尺寸;通过草图设计的第一阶段定出轴上受力点的位置和轴承支点间的跨距;校核轴、轴毂连接的强度、校核轴承的额定寿命;通过草图设计的第二阶段完成传动件及轴承部件结构设计和箱体及其附件的结构设计。

(2)装配图设计

不仅要按制图规范画出足够的视图,而且要完成装配图的其他要求,如标注尺寸、技术特性、技术要求、零件编号及其明细表、标题栏等。

5. 零件工作图设计

(从略)

6. 编写设计计算说明书

(从略)

7. 设计总结和答辩

(从略)

1.4 课程设计中应注意的问题

课程设计是学生第一次较全面的设计活动,是在教师指导下由学生独立完成的,在设计时应注意下面的一些问题。

1. 创新与继承的关系

机械设计是一项复杂、细致的创造性劳动。在设计中,既不能盲目抄袭,又不能闭门“创新”。在科学技术飞速发展的今天,设计过程中必须要继承前人成功的经验,改进其缺点,应从具体的设计任务出发,充分运用已有的知识和资料,进行更科学、更先进的设计。

2. 正确使用有关标准和规范

为提高所设计机械的质量和降低成本,一个好的设计必须较多采用各种标准和规范。设计中采用标准的程度也往往是评价设计质量的一项重要指标,它能提高设计质量,因为标准是经过专业部门研究而制定的,并且经过了大量的生产实践的考验,是比较切实可行的。采用标准还可以保证零件的互换性,减轻设计工作量,缩短设计周期,降低生产成本,因此在设计中应尽量采用标准件。

3. 正确处理强度、刚度、结构和工艺间的关系

在设计中任何零件的尺寸都不可能全部由理论计算来确定,每个零件的尺寸都应该由强度、刚度、结构、工艺、装配、成本等各方面要求来综合确定。强度和刚度问题是零件设计中首先必须要满足的基本要求,在此基础上,还必须考虑零件结构的合理性、工艺上的可能性和经济上的可行性。零件的强度、刚度、结构和工艺是互为依存、互为制约的关系,而不是相互独立的。

4. 计算与画图的关系

进行装配图设计时,并不仅仅是单纯地画图,常常是画图与设计计算交替进行。有些零件可以先由计算确定零件的基本尺寸,然后再经过草图设计,决定其具体结构尺寸;而有些零件则需要先画图,取得计算所需要的条件之后,再进行必要的计算。如在计算中发现有问题,必须修改相应的结构,因此,结构设计是边计算、边画图、边修改、边完善的过程。

第2章　传动装置的总体设计

传动装置总体设计的目的是分析和确定传动方案，选定电动机型号，计算总传动比并合理分配各级传动比，计算传动装置的运动和动力参数，为各级传动零件计算和装配图设计做准备。

2.1　分析和确定传动方案

机械传动系统及装置是机器的主要组成部分，其重要功用是传递原动机的功率、变化运动形式及实现工作机预定的要求。传动装置的性能、质量及设计布局的合理与否，直接影响机器的工作性能、质量、成本及运转费用，合理拟订传动方案具有十分重要的意义。

传动方案反映了机械运动和动力传递路线及各零部件的组成和连接关系。在课程设计中，如果设计任务书已经给定传动方案，则学生应了解和分析各传动方案的特点；如果设计任务书只给定工作机的性能要求，则学生应根据各种传动的特点确定出最佳的传动方案。

合理的传动方案首先要满足工作机的性能要求，适应工作条件（如工作环境、场地等），工作可靠，此外还应使传动装置的结构简单、尺寸紧凑、加工方便、成本低廉、传动效率高和使用维护方便等。同时满足这些要求是比较困难的，因此要通过分析比较多种传动方案，选择出能保证重点要求的最佳传动方案。

当采用由几种传动形式组成的多级传动时，要充分考虑各种传动形式的特点，合理地布置传动顺序。以下几点可供参考：

（1）带传动运动平稳，能吸振缓冲，因此宜布置在高速级。但带传动的承载能力小，传递相同转矩时，结构尺寸较其他传动形式大。

（2）链传动运动不均匀，有冲击，不适用于高速级，应布置在低速级。

（3）斜齿圆柱齿轮传动的平稳性较直齿轮传动好，常用在高速级或要求传动平稳的场合。

（4）开式齿轮传动的工作环境一般较差，润滑条件不好，因而磨损严重、寿命较短，应布置在低速级。

（5）圆锥齿轮传动只用于需要改变轴的布置方向的场合。由于圆锥齿轮（特别是大直径、大模数圆锥齿轮）加工困难，所以应将其布置于传动的高速级，并限制传动比，以减小直径和模数。

（6）蜗杆传动可以实现较大的传动比，结构紧凑，传动平稳，但传动效率较低，故适用于中小功率的场合。当与齿轮同时使用时，最好布置在高速级，这样，较高的齿面相对滑动速度易于形成液体油膜，有利于提高其传动效率，延长寿命。

常用传动机构的性能特点见表2－1，常用减速器类型及特点见表2－2。

表2-1 常用传动机构的性能

选用指标	传动机构					
	平带传动	V带传动	摩擦轮传动	链传动	齿轮传动	蜗杆传动
功率/kW(常用值)	小(≤20)	中(≤100)	小(≤20)	中(≤100)	大(最大达50 000)	小(≤50)
单级传动比 常用值 最大值	 2~4 6	 2~4 15	 5~7 15~25	 2~5 10	圆柱 / 圆锥 3~5 / 2~3 10 / 6~10	 7~40 80
传动效率	中	中	中	中	高	低
许用线速度/(m/s)	≤25	≤25~30	≤15~25	≤40	6级精度 直齿≤18 非直齿≤36 5级精度达100	≤15~35
外廓尺寸	大	大	大	大	小	小
传动精度	低	低	低	中等	高	高
工作平稳性	好	好	好	较差	一般	好
自锁能力	无	无	无	无	无	可有
过载保护性	有	有	有	无	无	无
使用寿命	短	短	短	中等	长	中等
缓冲、吸振能力	好	好	好	中等	差	差
制造及安装精度	低	低	中等	中等	高	高
润滑条件	不需	不需	一般不需	中等	高	高
环境适应性	不能接触酸、碱、油类、爆炸性气体		一般	好	一般	一般

表2-2 常用减速器类型及特点

类型	简图	推荐传动比	特点及应用
单级圆柱齿轮减速器	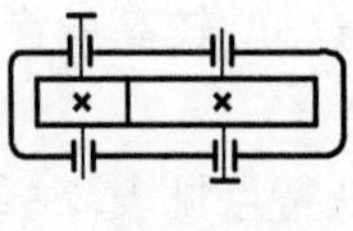	3~5	轮齿可为直齿、斜齿或人字齿,箱体通常用铸铁铸造,也可用钢板焊接而成。轴承常用滚动轴承,只有重载或特高速时才用滑动轴承

表2-2　（续）

类型		简图	推荐传动比	特点及应用
二级圆柱齿轮减速器	展开式	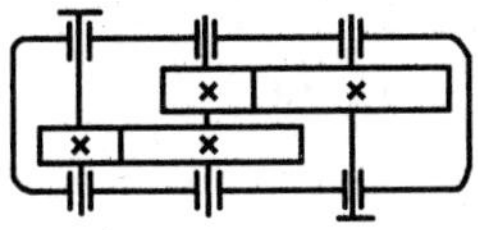	8～40	高速级常为斜齿，低速级可为直齿或斜齿。由于齿轮相对轴承布置不对称，要求轴的刚度较大，并使转矩输入、输出端远离齿轮，以减少因轴的弯曲变形引起载荷沿齿宽分布不均匀。结构简单，应用最广
	分流式	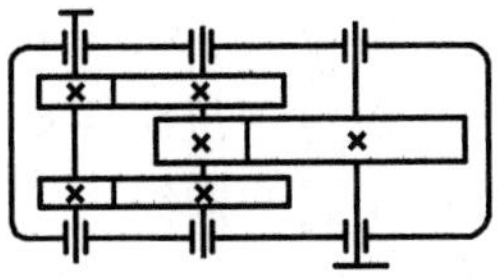		一般采用高速级分流。由于齿轮相对轴承布置对称，因为齿轮和轴承受力较均匀。为了使轴上总的轴向力较小，两对齿轮的螺旋线方向应相反。结构较复杂，常用于大功率、变载荷的场合
	同轴式	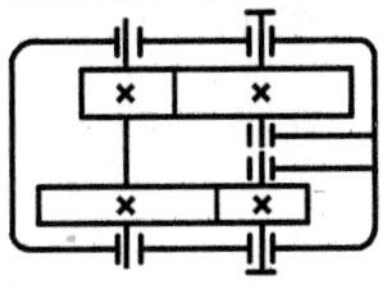		减速器的轴向尺寸较大，中间轴较长，刚度较差，当两个大齿轮浸油深度相近时，高速级齿轮的承载能力不能充分发挥。常用于输入轴和输出轴同轴线的场合
单级锥齿轮减速器		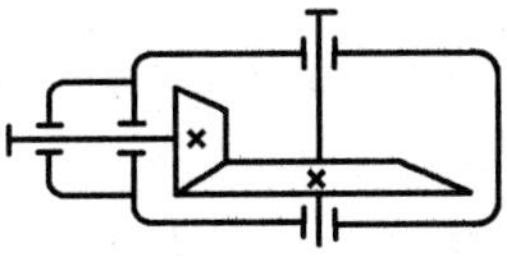	2～4	传动比不宜过大，以减小锥齿轮的尺寸，利于加工。仅用于两轴线垂直相交的传动中
圆锥—圆柱齿轮减速器		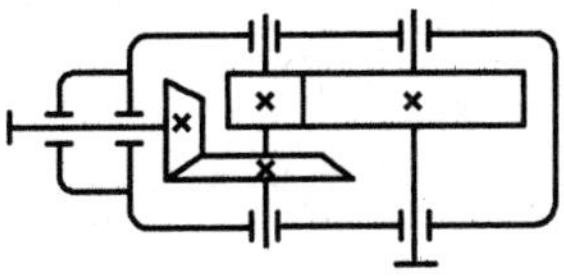	8～15	锥齿轮应布置在高速级，以减小锥齿轮的尺寸。锥齿轮可为直齿或曲线齿。圆柱齿轮多为斜齿，使其能与锥齿轮的轴向力抵消一部分
蜗杆减速器		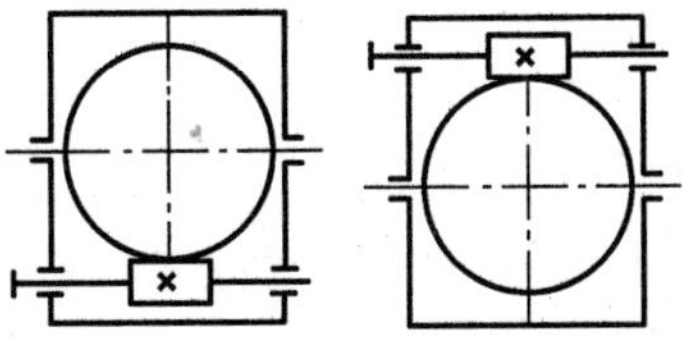	10～80	结构紧凑，传动比大，但传动效率低，适用于中、小功率、间隙工作的场合。当蜗杆圆周速度 $v \leq 4 \sim 5$ m/s时，蜗杆为下置式，润滑冷却条件较好；当 $v > 4 \sim 5$ m/s时，油的搅动损失较大，一般蜗杆为上置式
蜗杆—齿轮减速器		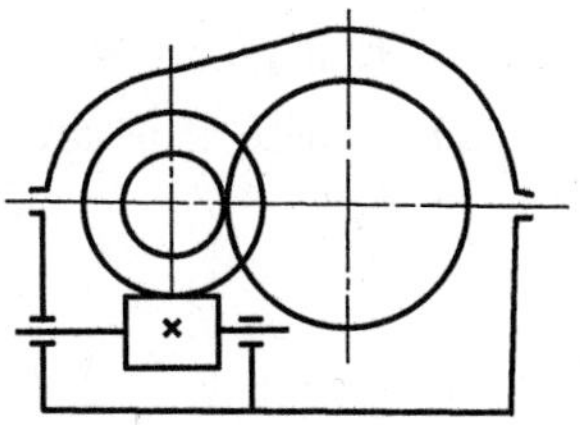	60～90	传动比大，结构紧凑，但效率低

2.2 电动机的选择

电动机是标准部件,设计时主要是根据工作机的特性、环境和载荷等条件,选择电动机的类型、结构、功率和转速,并通过查找产品目录,确定其具体型号和尺寸。

1. 类型和结构选择

电动机有交流电动机和直流电动机两种。由于生产单位一般多采用三相交流电源,因此,无特殊要求时均应选用三相交流电动机,其中以三相异步交流电动机应用最广泛。Y 系列三相笼型异步电动机是一般用途的全封闭自扇冷式电动机,由于其结构简单、工作可靠、价格低廉、维护方便,因此广泛应用于不易燃、不易爆、无腐蚀性和无特殊要求的机械上,如金属切削机床、运输机、风机、搅拌机等。常用 Y 系列三相异步电动机的技术数据和外形尺寸见第 14 章。对于经常启动、制动和正反转的机械,如起重、提升设备,要求电动机具有较小的转动惯量和较大过载能力,应选用三相异步电动机 YZ 型(笼型)或 YZR 型(绕线型)。

2. 电动机功率选择

电动机的容量(功率)选择是否合适,对电动机的正常工作和经济性都有影响。容量选得过小,就不能保证工作机正常工作,或使电动机因超载而过早损坏;容量选得过大,则电动机的价格高,能力又不能充分利用,而且由于电动机经常不满载运行,其效率和功率因数都较低,增加电能消耗而造成能源的浪费。

电动机的容量主要根据电动机运行时的发热条件来决定。对于载荷比较稳定、长期连续运行的机械(如运输机),只要所选电动机的额定功率 P_e 等于或稍大于所需的电动机工作功率 P_d,即 $P_e \geqslant P_d$,电动机就能安全工作,不会过热,因此通常不必校验电动机的发热和启动转矩。

如在带式运输机的机械传动装置中(参见第 1 章),其电动机所需的工作功率为

$$P_d = \frac{P_w}{\eta_\Sigma}$$

式中 P_w——工作机的有效功率,即工作机的输出功率,单位为 kW,它由工作机的工作阻力和运动参数确定。其可以由 $P_w = \frac{Fv}{1\,000}$ 求得,其中 F 为输送带的有效拉力,单位为 N;v 为输送带的线速度,单位为 m/s。

η_Σ——从电动机到工作机输送带间的总效率。它为组成传动装置和工作机的各部分运动副或传动副的效率乘积。设 $\eta_1, \eta_2, \eta_3, \eta_4$ 分别为联轴器、滚动轴承、齿轮传动及卷筒传动的效率,则 $\eta_\Sigma = \eta_1^2 \cdot \eta_2^4 \cdot \eta_3^2 \cdot \eta_4$。

各类传动、轴承及联轴器的效率见表 2-3。

表 2-3　机械传动效率概略值

类别	种类	效率 η
圆柱齿轮传动	6 级、7 级精度齿轮传动(油润滑)	0.98 ~ 0.99
	8 级精度的一般齿轮传动(油润滑)	0.97
	9 级精度的齿轮传动(油润滑)	0.96
	加工齿的开式齿轮传动(脂润滑)	0.94 ~ 0.96
	铸造齿的开式齿轮传动	0.90 ~ 0.93
圆锥齿轮传动	6 级、7 级精度的齿轮传动(油润滑)	0.97 ~ 0.98
	8 级精度的一般齿轮传动(油润滑)	0.94 ~ 0.97
	加工齿的开式齿轮传动(脂润滑)	0.92 ~ 0.95
	铸造齿的开式齿轮传动	0.88 ~ 0.92
蜗杆传动	自锁蜗杆(油润滑)	0.40 ~ 0.45
	单头蜗杆(油润滑)	0.70 ~ 0.75
	双头蜗杆(油润滑)	0.75 ~ 0.82
联轴器	弹性联轴器	0.99 ~ 0.995
	十字滑块联轴器	0.97 ~ 0.99
	齿轮联轴器	0.99
	万向联轴器	0.95 ~ 0.99
带传动	平带无张紧轮的传动	0.98
	平带有张紧轮的传动	0.97
	平带交叉传动	0.90
	V 带传动	0.96
滑动轴承	润滑不良	0.94(一对)
	润滑正常	0.97(一对)
	液体摩擦润滑	0.99(一对)
滚动轴承	球轴承	0.99(一对)
	滚子轴承	0.98(一对)

其中,蜗杆传动效率变化范围较大,主要取决于导程角 γ 的大小。设计时先按蜗杆头数 z_1 估计啮合效率作为近似的传动效率,待设计出传动参数后再校验啮合效率与传动效率。

3. 电动机转速的确定

容量相同的三相异步电动机,一般有 3 000 r/min,1 500 r/min,1 000 r/min 及 750 r/min

四种同步转速。电动机同步转速越高,磁极对数越少,外部尺寸越小,价格越低。但是电动机转速越高,传动装置总传动比越大,会使传动装置外部尺寸增加,提高制造成本。而电动机同步转速越低,其优缺点则刚好相反。因此,在确定电动机转速时,应综合考虑,分析比较。

在本课程设计中,通常多选用同步转速为1 500 r/min或1 000 r/min的电动机。

选定了电动机的类型、结构及同步转速,计算出了所需电动机容量后,即可在电动机产品目录或设计手册中查出其型号、性能参数和主要尺寸。这时应将电动机型号、额定功率、满载转速、外形尺寸、电动机中心高、轴伸尺寸和键连接尺寸等记下备用。

2.3 确定传动装置总传动比和分配各级传动比

传动装置的总传动比由选定的电动机满载转速 n_d 和工作机主轴转速 n_w 确定,即

$$i_\Sigma = \frac{n_d}{n_w}$$

在多级传动的传动装置中,其传动比 i_Σ 为各级传动比 $i_1, i_2, i_3, \cdots, i_n$ 的连乘积,即 $i_\Sigma = i_1 \cdot i_2 \cdot i_3 \cdot \cdots \cdot i_n$,因此分配传动比,即各级传动比如何取值是设计中的一个重要问题。为合理分配传动比,应注意以下几点:

(1)为符合各种传动形式的特点,各级传动比均应在各自的合理范围内,推荐取值见表2-1和表2-2。

(2)应使各传动件彼此不发生干涉、相碰。例如在二级圆柱齿轮减速器中,若高速级传动比过大,会使高速级的大齿轮轮缘与低速级输出轴相碰。

(3)应使各传动件尺寸协调,结构匀称、合理。例如传动装置由普通V带传动和齿轮减速器组成时,带传动的传动比不宜过大,否则,由于带传动的传动比过大,会使大带轮的外圆半径大于齿轮减速器的中心高,造成尺寸不协调或安装不方便。

(4)对于二级或二级以上的齿轮减速器,应尽可能使各级大齿轮的浸油深度大致相等,以利于油池润滑。

多级传动的传动比分配,可参考下面的数据:

(1)对于带-齿轮减速器传动系统,若总传动比 $i = i_d i_c$,则一般应使 $i_d < i_c$。其中,i_d 是带传动的传动比;i_c 是单级齿轮的传动比。

(2)对于展开式二级圆柱齿轮减速器,可取 $i_1 = (1.3 \sim 1.4) i_2$,$i_1 = \sqrt{(1.3 \sim 1.4) i_\Sigma}$。其中,$i_1$,$i_2$ 分别为高速级和低速级的传动比,i_Σ 为总传动比,并且 i_1,i_2 均在推荐的数值范围内。

(3)对于同轴式二级圆柱齿轮减速器,可取 $i_1 = i_2 = \sqrt{i_\Sigma}$。

(4)对于圆锥-圆柱齿轮减速器,可取圆锥齿轮传动的传动比 $i_1 \approx 0.25 i_\Sigma$,并尽量使 $i_1 \leq 3$,以保证大圆锥齿轮尺寸不致过大,便于加工。

需要说明的是,参照上面的方法得到的各级传动比只是方案设计阶段初步选定的数值,对于实际传动比则要由传动件的参数通过计算得到,例如初定齿轮传动比 $i = 3.5$,$z_1 = 23$,则 $z_2 = iz_1 = 3.5 \times 23 = 80.5$,取 $z_2 = 80$,故最终传动比 $i = \frac{z_2}{z_1} = \frac{80}{23} = 3.48$。对于一般用途的传动装置,其传动比允许 ±5% 误差。

2.4　传动装置运动和动力参数的计算

在选定了电动机型号,分配了传动比之后,将传动装置的运动和动力参数,即各轴的功率、转速和转矩计算出来,为传动零件和轴的设计计算提供依据。

在计算时应注意以下几点:

(1)按工作机所需要的电动机工作功率 P_d 来计算;

(2)因为有轴承功率损耗,同一根轴的输入功率(或转矩)与输出功率(或转矩)数值是不同的,通常仅计算轴的输入功率和转矩;

(3)同一轴上功率 P(kW)、转速 n(r/min)和转矩 T(N·mm)的关系是 $T=9.55\times10^6\dfrac{P}{n}$,而相邻两轴的功率关系式是 $P_{\text{Ⅱ}}=P_{\text{Ⅰ}}\eta_{\text{ⅠⅡ}}$($\eta_{\text{ⅠⅡ}}$ 为Ⅰ,Ⅱ轴间的传动效率),相邻两轴的转速关系是 $n_{\text{Ⅱ}}=n_{\text{Ⅰ}}/i_{\text{ⅠⅡ}}$($i_{\text{ⅠⅡ}}$ 为Ⅰ,Ⅱ轴间的传动比),相邻两轴的转矩关系是 $T_{\text{Ⅱ}}=T_{\text{Ⅰ}}i_{\text{ⅠⅡ}}\eta_{\text{ⅠⅡ}}$。

在计算得到各轴的运动和动力参数后,可以汇总列于表中以备查用。

传动装置的总体设计见例题。

例2-1　如图1-1所示带式输送机传动方案,已知输送带的有效拉力 $F=2\ 000$ N,输送带线速度 $v=0.85$ m/s,卷筒直径 $d=250$ mm,载荷平稳,常温下连续运转,工作环境有灰尘,电源为三相交流电,电压为380 V。则

(1)试选择合适的电动机;

(2)计算传动装置的总传动比,并分配各级传动比;

(3)计算传动装置各轴的运动和动力参数。

解　(1)选择电动机

①选择电动机类型

按工作要求和工作条件选用Y系列三相笼型异步电动机,全封闭自扇冷式结构,电压380 V。

②选择电动机的功率

工作机的有效功率为

$$P_w=\frac{Fv}{1\ 000}=\frac{2\ 000\times0.85}{1\ 000}=1.7\ \text{kW}$$

从电动机到工作机输送带间的总效率为

$$\eta_\Sigma=\eta_1^2\cdot\eta_2^4\cdot\eta_3^2\cdot\eta_4$$

其中,$\eta_1,\eta_2,\eta_3,\eta_4$ 分别为联轴器、轴承、齿轮传动和卷筒的传动效率。

由表2-1选取 $\eta_1=0.99,\eta_2=0.98,\eta_3=0.97,\eta_4=0.96$,则

$$\eta_\Sigma=0.99^2\times0.98^4\times0.97^2\times0.96=0.817$$

所以电动机所需的工作功率为

$$P_d=\frac{P_w}{\eta_\Sigma}=\frac{1.7}{0.817}=2.08\ \text{kW}$$

③确定电动机转速

按表2-2推荐的传动比合理范围,二级圆柱齿轮减速器传动比 $i_\Sigma'=8\sim40$,而工作机卷筒轴的转速为

$$n_w = \frac{60 \times 1\ 000v}{\pi d} = \frac{60 \times 1\ 000 \times 0.85}{\pi \times 250} \approx 65\ \text{r/min}$$

所以电动机转速的可选范围为

$$n_d = i_\Sigma' n_w = (8 \sim 40) \times 65 = 520 \sim 2\ 600\ \text{r/min}$$

符合这一范围的同步转速为750 r/min,1 000 r/min 和1 500 r/min 三种。综合考虑电动机和传动装置的尺寸、质量及价格等因素,为使传动装置结构紧凑,决定选用同步转速为1 000 r/min 的电动机。

根据电动机类型、容量和转速,由电机产品目录或有关手册选定电动机型号为 Y112M-6。其主要性能如表2-4所示。

表2-4 Y112M-6主要性能

型号	额定功率 P_e /kW	满载时				额定转矩 /(N·m)	质量 /kg
		转速 n_d /(r/min)	电流/A (380 V)	效率	功率因数		
Y112M-6	2.2	940	5.6	80.5%	0.74	2.0	45

(2)计算传动装置的总传动比,并分配传动比

①总传动比 i_Σ

$$i_\Sigma = \frac{n_d}{n_w} = \frac{940}{65} = 14.65$$

②分配传动比

$$i_\Sigma = i_{\text{I}} \times i_{\text{II}}$$

考虑润滑条件,为使两级大齿轮直径相近,取 $i_{\text{I}} = 1.4 i_{\text{II}}$,故

$$i_{\text{I}} = \sqrt{1.4 i_\Sigma} = \sqrt{1.4 \times 14.46} = 4.5$$

$$i_{\text{II}} = \frac{i_\Sigma}{i_{\text{I}}} = \frac{14.46}{4.5} = 3.21$$

(3)计算传动装置各轴的运动和动力参数

①各轴的转速

$$\text{I 轴}\ n_{\text{I}} = n_d = 940\ \text{r/min}$$

$$\text{II 轴}\ n_{\text{II}} = \frac{n_{\text{I}}}{i_{\text{I}}} = \frac{940}{4.5} = 208.9\ \text{r/min}$$

$$\text{III 轴}\ n_{\text{III}} = \frac{n_{\text{II}}}{i_{\text{II}}} = \frac{208.9}{3.21} = 65\ \text{r/min}$$

$$\text{卷筒轴}\ n_{卷} = n_{\text{III}} = 65\ \text{r/min}$$

②各轴的输入功率

$$\text{I 轴}\ P_{\text{I}} = P_d \eta_1 = 2.08 \times 0.99 = 2.06\ \text{kW}$$

$$\text{II 轴}\ P_{\text{II}} = P_{\text{I}} \eta_2 \eta_3 = 2.06 \times 0.98 \times 0.97 = 1.96\ \text{kW}$$

$$\text{III 轴}\ P_{\text{III}} = P_{\text{II}} \eta_2 \eta_3 = 1.96 \times 0.98 \times 0.97 = 1.86\ \text{kW}$$

$$\text{卷筒轴}\ P_{卷} = P_{\text{III}} \eta_2 \eta_1 = 1.86 \times 0.98 \times 0.99 = 1.8\ \text{kW}$$

(3)各轴的输入转矩

电动机轴的输出转矩 T_d 为

$$T_d = 9.55 \times 10^6 \frac{P_d}{n_d} = 9.55 \times 10^6 \times \frac{2.08}{940} = 21\ 131.9\ \text{N} \cdot \text{mm}$$

故

Ⅰ轴 $T_{\text{I}} = T_d \eta_1 = 21\ 131.9 \times 0.99 = 20\ 920.6\ \text{N} \cdot \text{mm}$

Ⅱ轴 $T_{\text{II}} = T_{\text{I}} \eta_2 \eta_3 i_{\text{I}} = 20\ 920.6 \times 0.98 \times 0.97 \times 4.5 = 89\ 492.1\ \text{N} \cdot \text{mm}$

Ⅲ轴 $T_{\text{III}} = T_{\text{II}} \eta_2 \eta_3 i_{\text{II}} = 89\ 492.1 \times 0.98 \times 0.97 \times 3.21 = 273\ 078.4\ \text{N} \cdot \text{mm}$

卷筒轴 $T_{卷} = T_{\text{III}} \eta_2 \eta_1 = 273\ 078.4 \times 0.98 \times 0.99 = 264\ 940.6\ \text{N} \cdot \text{mm}$

将上面计算结果汇总于表2-5,以备查用。

表2-5　各轴运动参数和动力参数汇总表

轴名	功率 P/kW	转矩 T/(N·mm)	转速 n/(r/min)
电机轴	2.08	21 131.9	940
Ⅰ轴	2.06	20 920.6	940
Ⅱ轴	1.96	89 492.1	208.9
Ⅲ轴	1.86	273 078.4	65
卷筒轴	1.80	264 940.6	65

思　考　题

2-1　传动装置总体设计包括哪些内容?

2-2　合理的传动方案应满足哪些要求?

2-3　各种机械传动形式有哪些特点,其适用范围怎样?

2-4　为什么一般带传动和锥齿轮传动常布置在高速级?

2-5　蜗杆传动适宜于什么样的场合使用,在多级传动中为什么常将其布置在高速级?

2-6　如何确定工作机所需电动机功率,它与所选电动机的额定功率是否相同,它们之间要满足什么条件,设计传动装置时采用哪一功率?

2-7　传动装置的总效率如何确定,计算总效率时要注意哪些问题?

2-8　电动机的转速如何确定?选用高速电动机与低速电动机各有什么优缺点?电动机的满载转速与同步转速是否相同,设计中采用哪一转速?

2-9　合理分配各级传动比有什么意义,分配传动比时要考虑哪些原则?

2-10　传动装置中各相邻轴间的功率、转速、转矩关系如何确定?同一轴的输入功率与输出功率是否相同?设计传动零件或轴时采用哪一功率?

第 3 章　传动零件设计

传动零件是传动装置中最主要的零件，它关系到传动装置的工作性能、结构布置和尺寸大小，此外支承零件和连接零件也要根据传动零件来设计或选取。因此，一般应先设计计算传动零件，确定其材料、主要参数、结构和尺寸。

3.1　减速器外传动零件的设计

通常，由于课程设计的学时限制，减速器外传动零件只需确定主要参数和尺才，而不进行详细的结构设计。装配图只画减速器部分，一般不画减速器外传动零件。减速器外传动常采用 V 带、开式齿轮传动等，下面对其设计要点做简要提示。

1. 普通 V 带传动

设计普通 V 带传动所需的已知条件主要有：原动机种类和所需的传递功率，主动带轮和从动带轮的转速（或传动比），工作要求及外廓尺寸、传动位置的要求等。设计内容包括：确定 V 带的型号、长度和根数，带轮的材料和结构，传动中心距以及带传动的张紧装置等。

设计时应检查带轮的尺寸与传动装置外廓尺寸是否相适应，例如装在电动机轴上的小带轮直径与电动机中心高是否相称，其轴孔直径和长度与电动机轴直径和长度是否相对应，大带轮外圆是否与机架干涉等。如有不合理的情况，应考虑改选带轮直径，重新设计。

2. 开式齿轮传动

设计开式齿轮传动所需的已知条件主要有：传递功率、转速、传动比、工作条件和尺寸限制等。设计内容包括：选择材料、确定齿轮传动的参数（如齿数、模数、螺旋角、中心距、齿宽等），齿轮的其他几何尺寸和结构以及作用在齿轮上力的大小和方向等。

开式齿轮传动一般用于低速场合，为使支承结构简单，常采用直齿。由于润滑及密封条件差、灰尘大，故应注意配对齿轮材料的选择，使之具有较好的减摩和耐磨性能。开式齿轮只需计算轮齿弯曲强度，考虑到齿面的磨损，应将强度计算求得的模数加大 10% ~20% 。开式齿轮轴的支座刚度较小，齿宽系数应取小些，以减轻轮齿偏载。

3.2　减速器内部传动零件的设计

1. 圆柱齿轮传动

(1) 齿轮材料与热处理的选择

齿轮材料与热处理的选择要根据具体的工作要求来决定，此外还要考虑齿轮毛坯制造方法。当齿轮直径 $d \leqslant 500$ mm 时，根据制造条件，可采用锻造毛坯；当 $d > 500$ mm 时，多采用铸造毛坯。小齿轮齿根圆直径与轴径接近时，齿轮和轴要制成一体，这时选材要兼顾轴的要求。同一减速器内各级小齿轮（或大齿轮）的材料应尽可能一致，以减少材料牌号和工艺要求。

(2) 齿轮强度计算中的规定

齿轮强度计算不论是针对小齿轮还是针对大齿轮，其公式中的转矩、齿轮直径或齿数都应是小齿轮的输入转矩 T_1、小齿轮分度圆直径 d_1 和小齿轮齿数 z_1。

(3) 齿轮齿数的选取

小齿轮齿数的选取首先要注意不能产生根切，即 $z_1 \geqslant z_{\min}$（直齿轮 $z_{\min} = 17$）。另外，z_1 的选取还要考虑在满足强度要求的情况下，应尽可能多一些，这样可以加大重合度，提高传动的平稳性，且能减少加工量。z_1 和 z_2 的齿数最好互为质数，防止磨损或其他失效集中在某几个齿上。

(4) 齿宽系数

齿宽系数（$\phi_d = \dfrac{b}{d_1}$）的选取要看齿轮在轴上所处的位置来决定。若齿轮对称布置，齿宽系数可以取大值；若非对称布置，齿宽系数要取小值，防止沿齿宽产生载荷偏斜。同时要注意直齿圆柱齿轮的齿宽系数应比斜齿轮齿宽系数要小；开式齿轮齿宽系数要比闭式齿轮的齿宽系数要小。

(5) 齿宽 b

为了保证齿轮安装以后仍能够全齿啮合，小齿轮的齿宽应比大齿轮的齿宽要宽 5 ~ 10 mm。

(6) 模数 m

模数首先要标准化，它是一个标准值，并且在工程上要求传递动力的齿轮，其模数 $m \geqslant 1.5$ mm。

(7) 齿轮的参数

齿轮计算中的参数 $m(m_n)$，z，α，β，a，d，d_a，d_f，b 等，必然相互影响并保持一定的几何关系，计算时要调整到合理的数值。在齿轮参数中，有的要圆整，如中心距 a、齿宽 b、齿数 z；有的要取标准值，如模数 m、分度圆压力角 α；而有的既不需要圆整又不能取标准值，而是要取精确值，如分度圆直径 d、齿顶圆直径 d_a、斜齿轮的螺旋角 β 等。

2. 锥齿轮传动

(1) 直齿锥齿轮的锥距 R、分度圆直径 d（大端）等几何尺寸，应按大端模数和齿数精确计算至小数点后三位数值，不能圆整。

(2)两轴交角为90°时,分度圆锥角 δ_1 和 δ_2 可以由齿数比 $u=\frac{z_2}{z_1}$ 算出,其中小锥齿轮齿数 z_1 可取17~25。u 值的计算应达到小数点后第四位,δ 值的计算应精确到秒(″)。

(3)大、小锥齿轮的齿宽应相等,按齿宽系数 $\phi_R=\frac{b}{R}$ 计算出齿宽 b 的数值后,再圆整。

思 考 题

3-1 在传动装置设计中,为什么一般要先设计传动零件?

3-2 设计带传动所需的已知条件主要有哪些,设计内容主要有哪些?

3-3 开式齿轮传动的设计要点有哪些?

3-4 齿轮传动的参数和尺寸中,哪些应取标准值,哪些应该圆整,哪些必须精确计算?

3-5 如对圆柱齿轮传动的中心距数值圆整成尾数为0或5的整数时,应如何调整其他参数?

3-6 齿轮的材料选取和齿轮尺寸两者间有什么关系?

3-7 在什么情况下齿轮应制成齿轮轴?

3-8 锥齿轮传动的锥距 R 能不能圆整,为什么?

第4章　减速器装配草图的设计

减速器装配图是表达各机械零件结构、形状、尺寸及相互关系的图样，也是减速器进行组装、调试、维护和使用的技术依据。由于减速器装配图的设计及绘制过程比较复杂，为此必须先进行装配草图的设计，经过修改完善后再绘制装配工作图。装配草图的设计过程即为装配图的初步设计。

装配草图的设计内容包括确定减速器总体结构及所有零件间的相互位置；确定所有零件的结构尺寸；校核主要零件的强度（刚度）。在装配草图设计过程中绘图和计算常交叉进行，结构设计所占的比重很大。装配草图的设计是全部设计过程中最重要的阶段，减速器结构基本在此阶段确定。为保证设计过程的顺利进行，需注意装配草图设计绘图的顺序，一般是先绘制主要零件，再绘制次要零件；先确定零件中心线和轮廓线，再设计其结构细节；先绘制箱内零件，再逐步扩展到箱外零件；先绘制俯视图，再兼顾其他视图。

装配草图的设计，一般按以下步骤进行：

(1)绘制草图前的准备工作；

(2)草图设计的第一阶段；

(3)轴、轴承及键连接的强度校核计算；

(4)草图设计的第二阶段；

(5)草图设计的第三阶段；

(6)装配草图的检查。

4.1　装配草图绘制前的准备工作

在绘制减速器装配草图之前，应进行减速器拆装实验或观看有关减速器录像，认真读懂一张减速器装配图（单级或双级），以便加深对减速器各零部件的功能、结构和相互关系的认识，做到对所设计的内容心中有数。具体的准备工作有以下几个方面。

1. 确定各类传动零件的主要尺寸

如中心距、直径（最大圆，顶圆，分度圆）、轮缘宽度等。

2. 按已选出的电机型号查出其安装尺寸

如轴外伸直径 D、轴外伸长度 L 及中心高 H 等。

3. 按工作情况、转速高低、转矩大小及两轴对中情况选定联轴器的类型

用于连接电动机和减速器高速轴的联轴器，为了减小启动转矩，应具有较小的转动惯量和良好的减振性能，多采用弹性联轴器，如弹性套柱销联轴器和尼龙柱销联轴器等。减速器低速轴和工作机轴相连的联轴器,由于转速较低,传递转矩较大。如果安装同心度能保证(如有公共的底座),可采用刚性固定式联轴器,如凸缘联轴器。如果安装同心度不能保证,就应采用具有良好补偿位移偏差性能的刚性可移式联轴器,如滑块联轴器等。

4. 初定各轴最小直径

因轴的跨距还未确定,先按轴所受的转矩初步估算轴的最小直径。计算公式为

$$d_{\min} \geqslant C\sqrt[3]{\frac{P}{n}}$$

式中 P——轴传递的功率,kW;

n——轴的转速,r/min;

C——由许用应力确定的系数,详见机械设计教材有关表格。

当该直径处有键槽时,则应将计算值加大3% ~4%,并且还要考虑有关零件的相互关系,最后圆整确定轴的最小直径。

高速轴伸出端通过联轴器与电动机轴相连时,还应考虑电动机轴外伸直径和联轴器的型号所允许的轴径范围是否都能满足要求。高速轴外伸直径必须大于或等于上述最小初算直径,可以与电机轴径相等或不相等,但必须在联轴器允许的最大直径和最小直径范围内。具体确定方法详见例题。

例4-1 某带式运输机的减速器高速轴通过联轴器与电动机轴相连接,已选定电动机型号为Y132M1-6,其传递功率 $P=4$ kW,转速 $n=960$ r/min。查电动机手册得电动机轴径为 $d_{电机}=38$ mm。试确定该减速器高速轴的最小直径并选择联轴器。

解 (1) 按转矩法初估该轴最小直径,即

$$d_{\min} \geqslant C\sqrt[3]{\frac{P}{n}} = 100\sqrt[3]{\frac{4}{960}} = 17.7\ \text{mm}$$

该段轴上有一键槽将计算值加大3%,$d_{\min}$应为18.23 mm。

(2)选择联轴器。根据传动装置的工作条件拟选用HL型弹性柱销联轴器。

计算转矩为

$$T_C = KT = 1.5 \times 39.8 = 59.7\ \text{N}\cdot\text{m}$$

$$T = 9.55 \times 10^3\frac{P}{n} = 9.55 \times 10^3\frac{4}{960} = 39.8\ \text{N}\cdot\text{m}$$

式中 T——联轴器所传递的名义转矩;

K——工况系数,查机械设计教材有关表格得工作机为带式运输机时 $K=1.25\sim1.5$,取 $K=1.5$。

根据 T_C 值查机械设计手册,最后确定选HL3型联轴器($T_n=630$ N·m $>T_C$,$[n]=5\,000$ r/min $>n$)。其轴孔直径 $d=30\sim42$ mm,可满足电动机的轴径要求。

(3)最后确定减速器高速轴外伸直径 $d_{\min}=30$ mm。

5. 确定滚动轴承的类型

具体型号先不确定,一般直齿圆柱齿轮传动和斜齿圆柱齿轮传动可采用深沟球轴承(60000类),若轴向力较大时,可采用角接触轴承(70000类或30000类)等。

6. 根据轴上零件的受力情况、固定和定位的要求，初步确定轴的阶梯段

具体尺寸暂不定，如在一般情况下，减速器的高速轴、低速轴有6~8段，中间轴有5~6段组成。

7. 确定滚动轴承的润滑和密封方式

当齿轮的圆周速度$v \geq 2$ m/s时，采用齿轮转动时飞溅出来的润滑油来润滑轴承是最简单的；当浸油传动零件的圆周速度$v < 2$ m/s时，油池中的润滑油飞溅不起来，可采用润滑脂润滑轴承。再根据轴承的润滑方式和机器的工作环境选定轴承的密封形式。

8. 确定轴承端盖的结构形式

轴承端盖用以固定轴承，调整轴承间隙并承受轴向力。轴承端盖的结构形式有凸缘式和嵌入式两种。

凸缘式轴承端盖，如图4－1(a)(b)所示，用螺钉与机体轴承座连接。调整轴承间隙比较方便、密封性能也好，用得较多。这种端盖多用铸铁铸造，设计时要考虑铸造工艺。

嵌入式轴承端盖，如图4－1(c)(d)所示，结构简单，使机体外表比较光滑，能减少零件总数和减轻机体总重量，但密封性能较差，调整轴承间隙比较麻烦。需要打开机盖，放置调整垫片，只宜于深沟球轴承和大批量生产时。如用角接触轴承，应在嵌入式端盖上增设调整螺钉，以便于调整轴承间隙，如图4－1(d)所示。

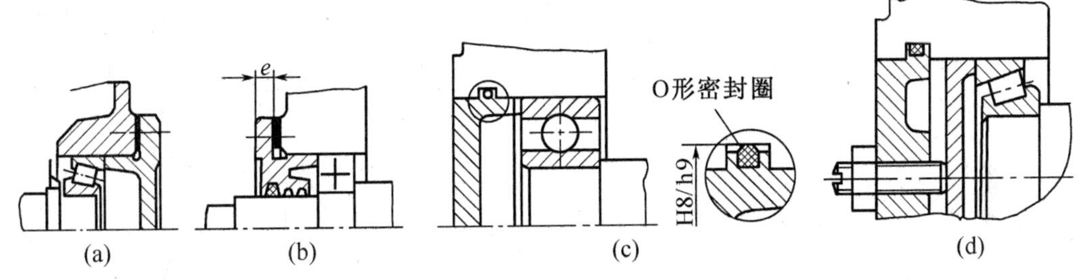

图4－1　轴承端盖的结构

9. 确定减速器箱体的结构方案和尺寸要求

减速器一般主要由传动零件、轴类零件、轴承、箱体以及为保证其正常运转而设置的连接、固定件和减速器附件（如油标、启盖螺钉、螺塞）等组成。其各部分几何尺寸根据强度、刚度及连接等要求确定，计算参考见表4－1。

箱体是减速器中所有零件的基座，是支撑和固定轴系部件、保证传动零件啮合精度的重要零件。箱体一般还兼作润滑油的油箱，具有润滑和密封箱内零件的作用。

为保证具有足够的强度和刚度，箱体要有一定的壁厚，并在轴承座孔处设置加强肋。加强肋做在箱体外的称为外肋，如图4－2所示。由于其铸造工艺性较好，故应用较广泛。加强肋做在箱体内的称为内肋，内肋刚度大，不影响外形的美观，但它阻碍润滑油的流动而增加损耗，且铸造工艺也比较复杂，所以应用较少。

箱体材料多用铸铁制造，小批或单件生产时，也可用钢板焊成，其重量约为铸造箱体的1/2～3/4。箱体壁厚约为铸造箱体的0.7～0.8倍。箱体可以做成剖分式和整体式两种结构。剖分式箱体多选取通过传动件轴线的平面为剖分面。一般为水平剖分面。图4-2～图4-5都为剖分式箱体，其剖分面通过齿轮传动的轴线，齿轮、轴、轴承等可在箱体外装配成轴系部件后再装入箱体，使装拆较为方便，箱盖和箱座由两个圆锥销精确定位，并用一定数量的螺栓联成一体。启盖螺钉是为了便于从箱座上揭开箱盖，吊环螺钉用于提升箱盖，而整台减速器的提升则应使用与箱座铸成一体的吊钩。减速器用地脚螺栓固定在机架或地基上。轴承盖用来封闭轴承室并且固定轴承相对于箱体的位置。减速器中齿轮传动采用油池润滑。箱盖顶部所开的检查孔用于检查齿轮啮合情况以及向箱内注油，平时用盖板封住。箱底下部设有排油孔，平时用油塞封住。油标尺用来检查箱内油面高低。为防止润滑油渗漏和箱外杂质侵入，减速器在轴的伸出处、箱体结合面处以及检查孔盖、油塞与箱体的接合面处均采取密封措施。轴承盖与箱体接合处装有调整垫片，用于轴承间隙的调整。通气器用来及时排放箱体内因发热温升而膨胀的气体。

整体式箱体加工量少、重量轻，但装配比较麻烦。图4-6、图4-7都为整体式箱体。表4-1为铸造式箱体结构尺寸计算表。

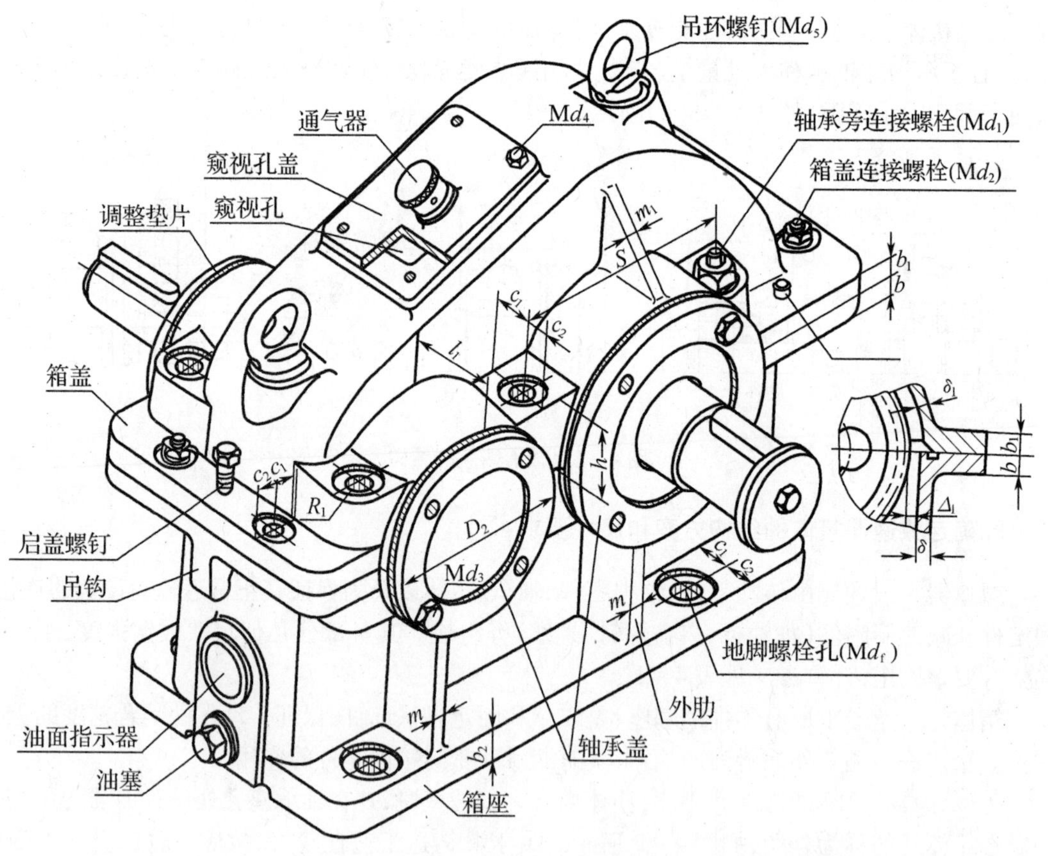

图4-2　一级圆柱齿轮减速器

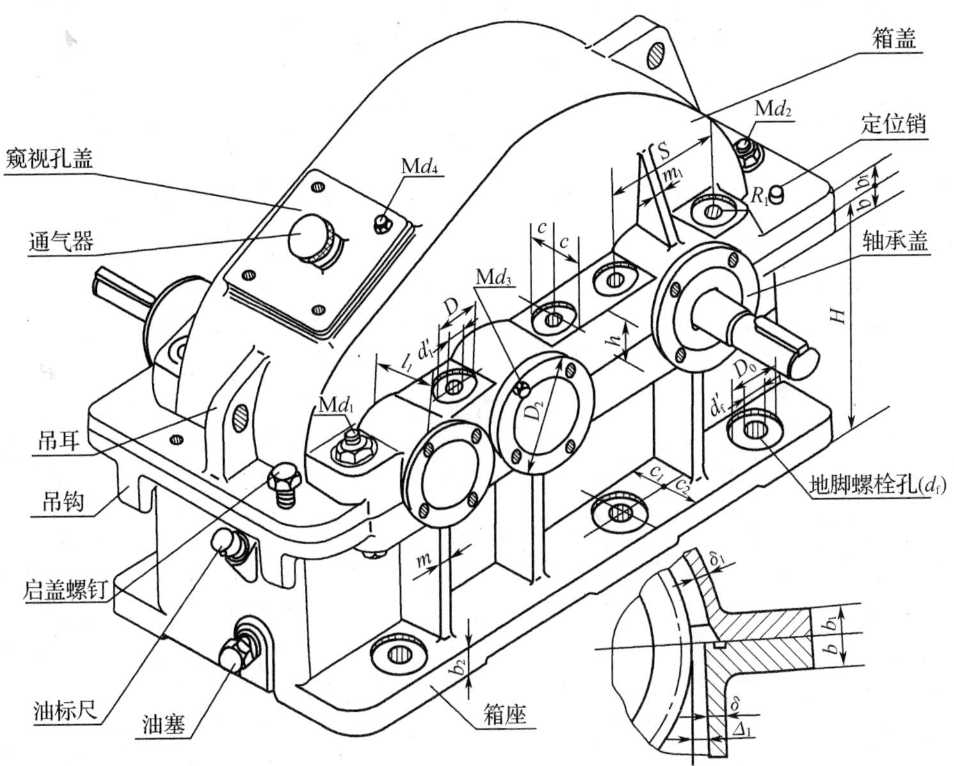

图 4－3　二级圆柱齿轮减速器

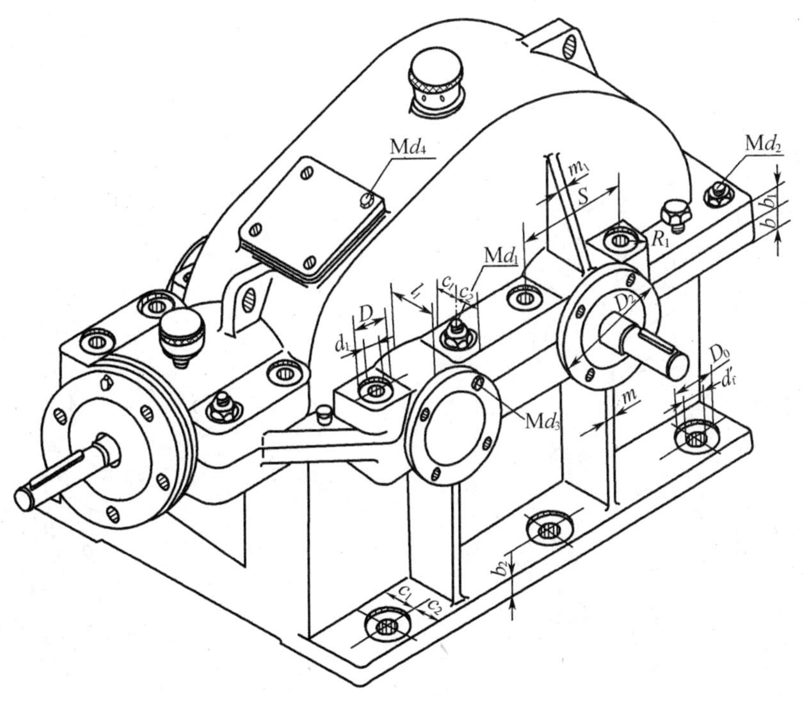

图 4－4　圆锥－圆柱齿轮减速器

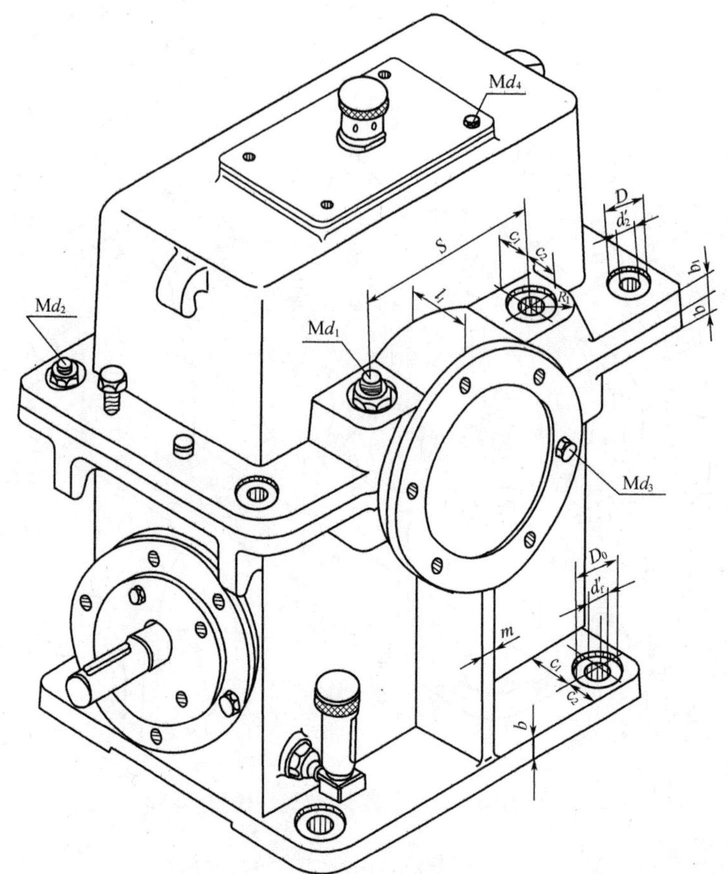

图 4 – 5 蜗杆减速器

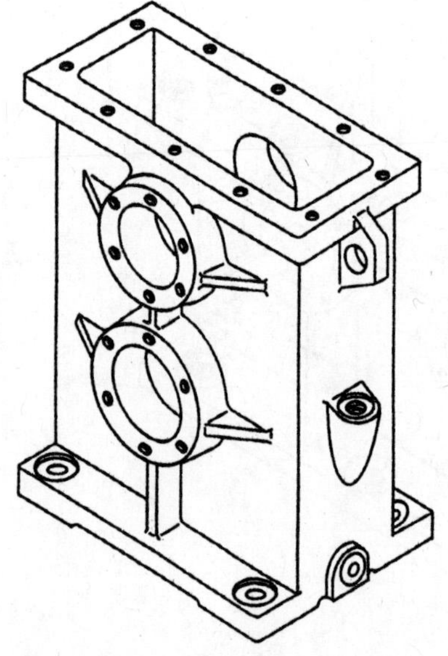

图 4 – 6 齿轮传动整体式箱体

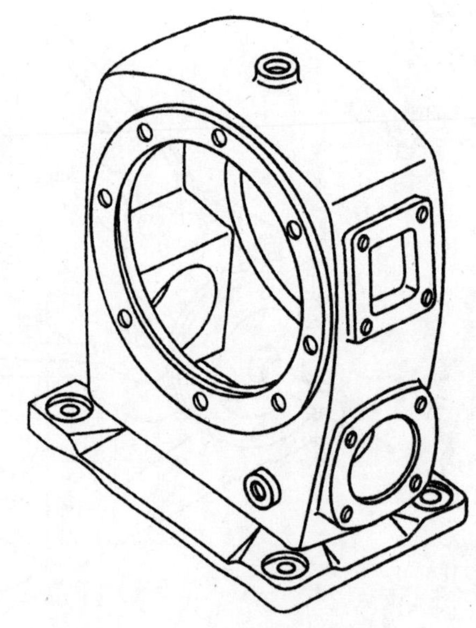

图 4 – 7 蜗杆传动整体式箱体

表4-1　减速器箱体各部分结构尺寸

<table>
<tr><th colspan="2" rowspan="2">名称</th><th rowspan="2">符号</th><th colspan="7">结构尺寸/mm</th></tr>
<tr><th colspan="4">齿轮减速器</th><th colspan="3">蜗杆减速器</th></tr>
<tr><td colspan="2">箱座(体)壁厚</td><td>δ</td><td colspan="4">$(0.025\sim0.03)a+\Delta\geqslant8^*$</td><td colspan="3">$0.04a+3\geqslant8$</td></tr>
<tr><td colspan="2">箱盖壁厚</td><td>δ_1</td><td colspan="4">$(0.8\sim0.85)\delta\geqslant8$</td><td colspan="3">蜗杆上置:$(0.8\sim0.85)\delta\geqslant8$
蜗杆下置:$\approx\delta$</td></tr>
<tr><td colspan="2">箱座、箱盖、箱底座凸缘的厚度</td><td>b,b_1,b_2</td><td colspan="7">$b=1.5\delta,b_1=1.5\delta_1,b_2=2.5\delta$</td></tr>
<tr><td colspan="2">箱座、箱盖上的肋厚</td><td>m,m_1</td><td colspan="7">$m\geqslant0.85\delta\quad m_1\geqslant0.85\delta_1$</td></tr>
<tr><td colspan="2">轴承旁凸台的高度和半径</td><td>h,R_1</td><td colspan="7">h 由结构要求确定(见图4-2),$R_1=c_2$(c_2 见本表)</td></tr>
<tr><td colspan="2">轴承盖(即轴承座)的外径</td><td>D_2</td><td colspan="7">凸缘式:$D+(5\sim5.5)d_3$(d_3 见本表,D 为轴承外径)
嵌入式:$1.25D+10$(D 为轴承外径)</td></tr>
<tr><td rowspan="11">地脚螺钉</td><td rowspan="7">直径与数目</td><td rowspan="7">d_f
n</td><td>蜗杆减速器</td><td colspan="6">$d_f=0.036a+12\quad n=4$</td></tr>
<tr><td rowspan="2">单级减速器</td><td>a(或 R)</td><td>~100</td><td>~200</td><td>~250</td><td>~350</td><td>~450</td></tr>
<tr><td>d_f</td><td>12</td><td>16</td><td>20</td><td>24</td><td>30</td></tr>
<tr><td rowspan="4">二级减速器</td><td>n</td><td>4</td><td>4</td><td>4</td><td>6</td><td>6</td></tr>
<tr><td>a_1+a_2(或 $R+a$)</td><td></td><td>~350</td><td>~400</td><td>~600</td><td>~750</td></tr>
<tr><td>d_f</td><td></td><td>16</td><td>20</td><td>24</td><td>30</td></tr>
<tr><td>n</td><td></td><td>6</td><td>6</td><td>6</td><td>6</td></tr>
<tr><td>通孔直径</td><td>d_f'</td><td colspan="2"></td><td>15</td><td>20</td><td>25</td><td>30</td><td>40</td></tr>
<tr><td>沉头座直径</td><td>D_0</td><td colspan="2"></td><td>32</td><td>45</td><td>48</td><td>60</td><td>85</td></tr>
<tr><td rowspan="2">底座凸缘尺寸</td><td>$c_{1\min}$</td><td colspan="2"></td><td>22</td><td>25</td><td>30</td><td>35</td><td>50</td></tr>
<tr><td>$c_{2\min}$</td><td colspan="2"></td><td>20</td><td>23</td><td>25</td><td>30</td><td>50</td></tr>
<tr><td rowspan="7">连接螺栓</td><td>轴承旁连接螺栓直径</td><td>d_1</td><td colspan="7">$0.75d_f$</td></tr>
<tr><td>箱座、箱盖连接螺栓直径</td><td>d_2</td><td colspan="7">$(0.5\sim0.6)d_f$;螺栓的间距:$l=150\sim200$</td></tr>
<tr><td>连接螺栓直径</td><td>d</td><td>6</td><td>8</td><td>10</td><td>12</td><td>14</td><td>16</td><td>20</td></tr>
<tr><td>通孔直径</td><td>d'</td><td>7</td><td>9</td><td>11</td><td>13.5</td><td>15.5</td><td>17.5</td><td>22</td></tr>
<tr><td>沉头座直径</td><td>D</td><td>13</td><td>18</td><td>22</td><td>26</td><td>30</td><td>33</td><td>40</td></tr>
<tr><td rowspan="2">凸缘尺寸</td><td>$c_{1\min}$</td><td>12</td><td>15</td><td>18</td><td>20</td><td>22</td><td>24</td><td>28</td></tr>
<tr><td>$c_{2\min}$</td><td>10</td><td>12</td><td>14</td><td>16</td><td>18</td><td>20</td><td>24</td></tr>
<tr><td colspan="2">定位销直径</td><td>d</td><td colspan="7">$(0.7\sim0.8)d_2$</td></tr>
<tr><td colspan="2">轴承盖螺钉直径</td><td>d_3</td><td colspan="7">$(0.4\sim0.5)d_f$</td></tr>
<tr><td colspan="2">窥视孔盖螺钉直径</td><td>d_4</td><td colspan="7">$(0.3\sim0.4)d_f$</td></tr>
<tr><td colspan="2">吊环螺钉直径</td><td>d_5</td><td colspan="7">按减速器重量确定,见表10-9</td></tr>
<tr><td colspan="2">箱体外壁至轴承座端面的距离</td><td>l_1</td><td colspan="7">$c_1+c_2+(5\sim8)$</td></tr>
<tr><td colspan="2">大齿轮顶圆与箱体内壁的距离</td><td>Δ_1</td><td colspan="7">$\geqslant1.2\delta$</td></tr>
<tr><td colspan="2">齿轮端面与箱体内壁的距离</td><td>Δ_2</td><td colspan="7">$\geqslant\delta$(或 $\geqslant10\sim15$)</td></tr>
</table>

注:①a 值:对圆柱齿轮传动、蜗杆传动为中心距;对锥齿轮传动为大、小齿轮节圆半径之和;对多级齿轮传动则为低速级中心距。当算出的 δ_1,δ_2 值小于8 mm时,应取8 mm。

②Δ 与减速器的级数有关:单级减速器,取 $\Delta=1$;双级减速器,取 $\Delta=3$;三级减速器,取 $\Delta=5$。

③0.025~0.030,软齿面为0.025;硬齿面为0.030。

由于箱体结构形状比较复杂,各部分尺寸多借助于经验公式来确定。按经验公式计算出的尺寸可以作适当修改,稍许放大或稍许缩小,然后圆整,与标准件有关的尺寸应符合相应的标准。

10. 选择图样比例和视图布置

(1)选择比例尺,一般可优先采用1:1或1:2比例尺。

(2)选择视图,一般应有三个视图才能将结构表达清楚。必要时,还应有局部剖面图、向视图和局部放大图。

(3)合理布置图面,根据减速器传动零件的尺寸,参考类似结构的减速器,估计设计减速器的轮廓尺寸(三个视图的尺寸),同时考虑标题栏、明细表、技术特性、技术要求等需要的空间,做到图面的合理布置(图4-8)。

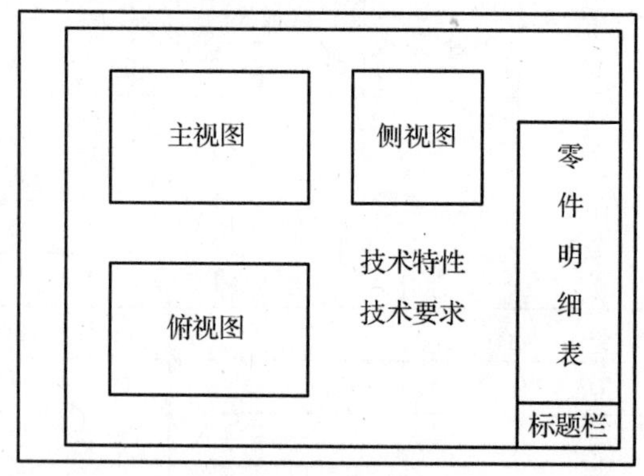

图4-8 图面布置

4.2 装配草图设计的第一阶段

1. 第一阶段设计内容

进行轴的结构设计,确定轴承的型号、轴承的支点距离和作用在轴上零件的力的作用点,进行轴的强度和轴承的寿命计算,完成轴系零件的结构设计以及减速器箱体的结构设计。初步绘制减速器的俯视图和部分主视图。

2. 第一阶段设计步骤

(1)画五种线

①画出传动零件的中心线。先画主视图的各级轴的轴线,然后画俯视图的各轴线。

②画出齿轮的轮廓线。先在主视图上画出齿轮的齿顶圆,然后在俯视图上画出齿轮的齿顶圆和齿宽。为了保证啮合宽度和安装精度的要求,通常小齿轮比大齿轮宽5~10 mm。其他详细结构可暂时不画出(图4-9)。双级圆柱齿轮减速器可以从中间轴开始,中间轴上的两齿

轮端面间距为 $\Delta_4 = 5 \sim 8$ mm。

③画出箱体的内壁线、外壁线。先在主视图上，距大齿轮齿顶圆 $\Delta_1 \geqslant 1.2\delta$ 的距离画出箱盖的内壁线，取 δ_1 为箱盖壁厚，画出部分外壁线，作为外廓尺寸。然后画俯视图，按小齿轮端面与箱体内壁间的距离 $\Delta_2 \geqslant \delta$ 的要求，画出沿箱体长度方向的两条内壁线。沿箱体宽度方向，只能先画出距低速级大齿轮齿顶圆 $\Delta_1 \geqslant 1.2\delta$ 的一侧内壁线。高速级小齿轮一侧内壁涉及箱体结构，暂不画出，留到画主视图时再画（图 4－9）。

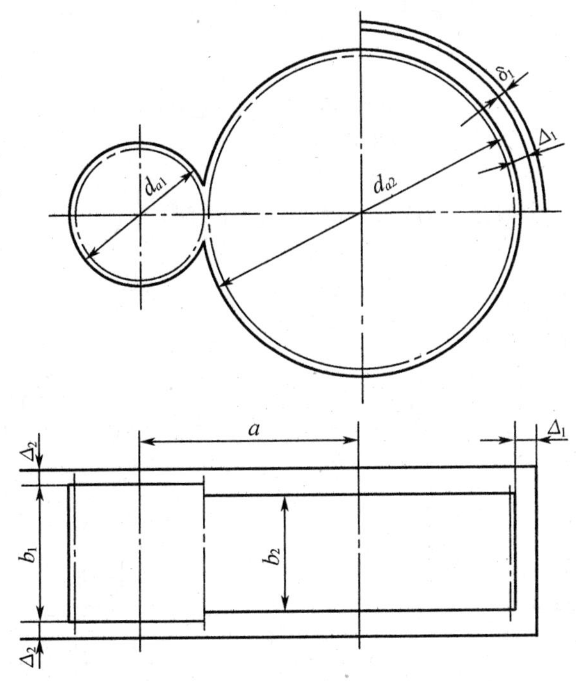

图 4－9　一级圆柱齿轮减速器内壁线绘制

④画轴承座的外端面线。轴承座孔宽度一般取决于机壁厚度 δ_1，轴承旁连接螺栓所需的扳手空间尺寸 c_1 和 c_2，另外轴承座孔外端面需要加工，为了减少加工面，凸台还需向外凸出 5～8 mm。因此，轴承座孔总宽度 $l_2 = \delta_1 + c_1 + c_2 + (5 \sim 8)$ mm（图 4－11、图 4－12）。

（2）画轴承端盖凸缘 e 的位置

如采用凸缘式轴承端盖，在轴承座外端面线以外画出轴承端盖凸缘的厚度 e 的位置，如图 4－1 所示。凸缘距离轴承座外端面应留有 1～2 mm 的调整垫片厚度的尺寸，e 的大小由轴承端盖连接螺钉直径 d_3 确定：$e = 1.2d_3$，应圆整之。

（3）确定轴承在轴承座孔中的位置

轴承在轴承座孔中的位置与轴承润滑方式有关。当采用箱体内润滑油润滑时，轴承外圈端面至箱体内壁的距离 $\Delta_3 = 3 \sim 5$ mm，如图 4－10（a）所示；当采用润滑脂润滑时，因要留出挡油板的位置，则 $\Delta_3 = 8 \sim 12$ mm，如图 4－10（b）所示。

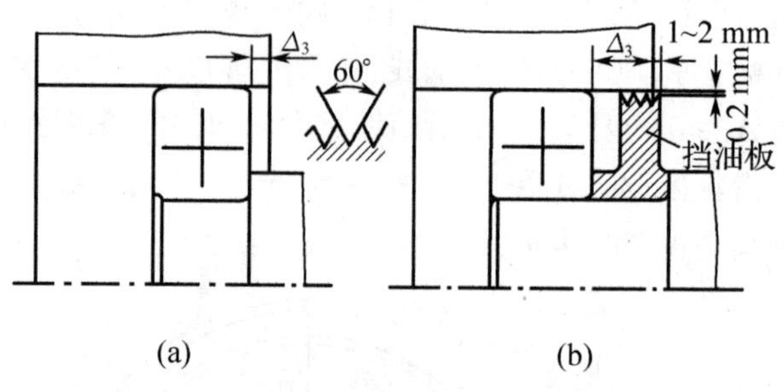

图4-10 轴承距箱体内壁的距离

(a)Δ_3 = 3 ~ 5 mm;(b)Δ_3 = 8 ~ 12 mm

按(1)~(3)步绘好后的图形如图4-11、图4-12所示。

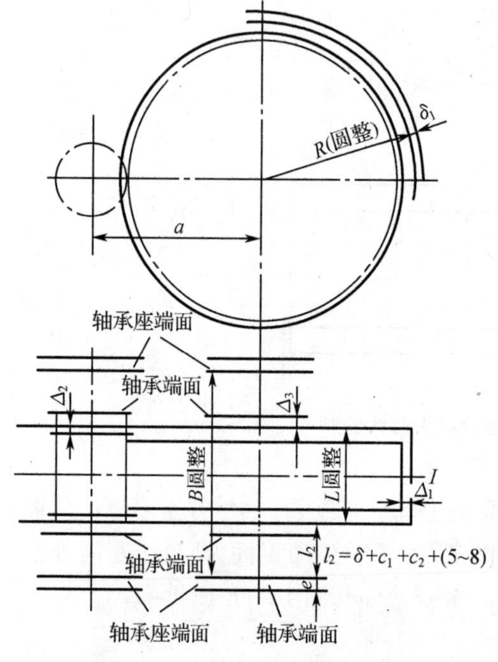

图4-11 一级圆柱齿轮减速器

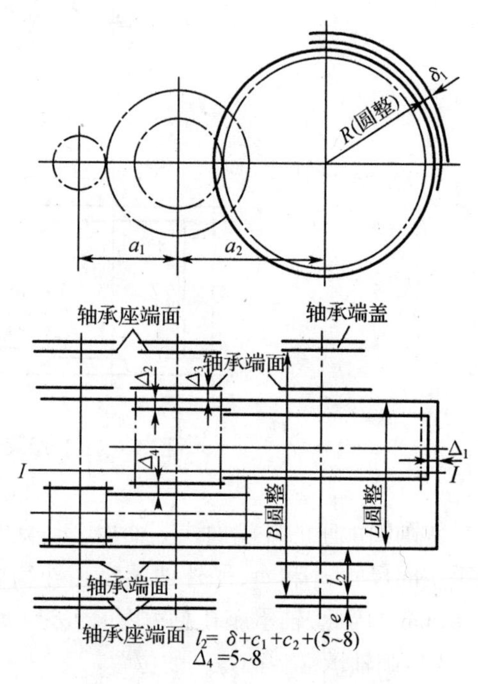

图4-12 二级圆柱齿轮减速器

(4)画出各段轴的直径

依次从轴的两端往中间画出各段轴的直径。图4-13为伸出轴结构。

①最小直径 d 由公式 $d_{\min} \geqslant C\sqrt[3]{\dfrac{P}{n}}$ 定出。

②外伸段轴肩高度 h 按固定传动零件或联轴器及密封尺寸的要求给出。轴肩高度 h 应大于2~3倍轮毂孔倒角 C,如图4-13(c)所示。密封处轴径 d_1 应符合密封标准轴径要求,一般为以0,2,5,8结尾的轴径(详见密封标准)。

③根据安装方便和轴承内径要求,确定安装轴承处的轴径 d_2。轴径 d_2 一般比前段直径大

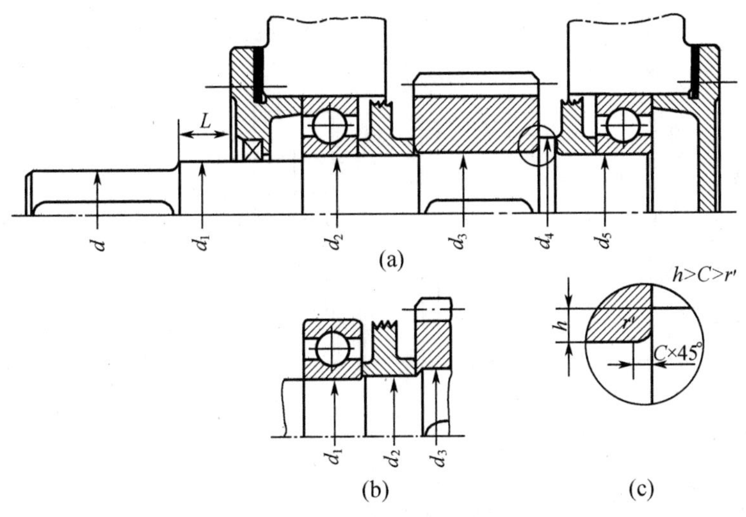

图4-13　脂润滑轴承齿轮轴系

1～5 mm,应是以0或者5结尾的数值。同一根轴上的轴承应成对使用,故常取一样。

④安装轴承定位套筒或挡油板处的直径可与轴承处直径相同,见图4-13(a),也可不同,如图4-13(b)所示。

⑤根据受力合理及装配方便的原则,确定安装齿轮处的直径 d_3。这一段直径比前段直径稍大2～5 mm。

⑥固定齿轮的轴环直径 d_4,根据固定要求定出,台阶高度 h 应大于2～3倍轮毂孔倒角 C。

⑦固定轴承的轴肩尺寸,应由轴承手册查出,如图4-14所示。

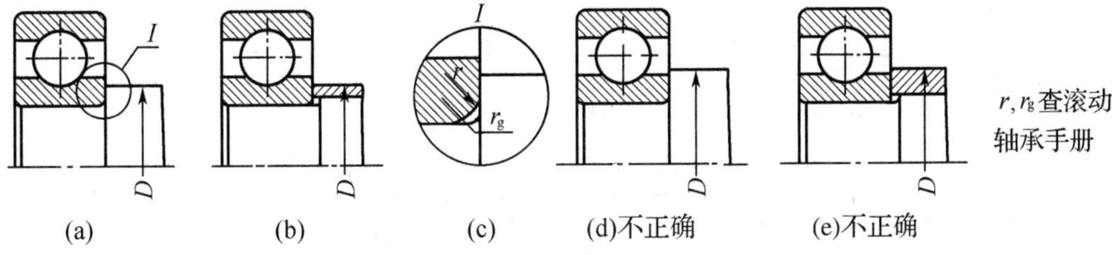

图4-14　固定轴承的轴肩尺寸

(5)画出轴承

根据安装轴承处的轴径 d_2,选出轴承型号,在图上画出轴承。

(6)确定支点位置及传动件受力点位置

首先需确定轴的外伸长度。轴的外伸长度取决于轴承盖结构和轴伸出端安装的零件,如轴端装有联轴器,则必须留有足够的装配尺寸。例如,当装有弹性套柱销联轴器(图4-15(a))时,就要求有装配尺寸 A(A 可由联轴器型号确定)。采用不同的轴承端盖结构,轴外伸的长度也不同。当采用凸缘式端盖(图4-15(b))时,轴外伸端长度必须考虑拆卸端盖螺钉所需要的长度 L(L 可参考端盖螺钉长度确定),以便不拆联轴器就可打开减速器箱盖。当外接零件的轮毂不影响螺钉的拆卸(图4-15(c))或采用嵌入式端盖时,箱体外旋转零件至轴承盖外端面或轴承盖螺钉头顶面距离 L 一般不小于15～20 mm。

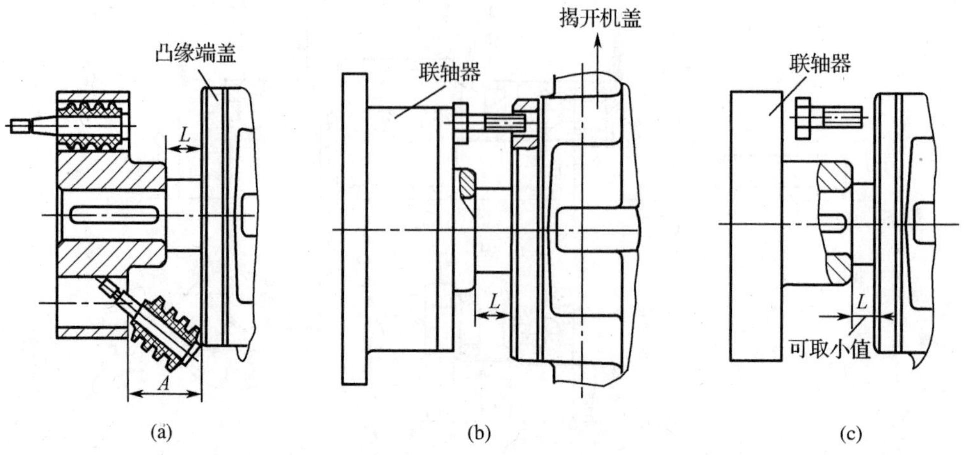

图4-15 轴外伸端长度的确定

以上线条画出后,轴上零件的位置,轴的结构和各段直径大小及各段长度都基本确定,这时可确定支点位置、传动件受力点位置。支点位置一般可取轴承宽度的中点,对角接触轴承按轴承手册中给出的尺寸 a 确定。传动件受力点位置取轮缘宽度的中点。然后用比例尺量出各点间的距离 A,B,C(图4-16、图4-17),圆整为整数。为使轮毂定位可靠,轴与轮毂配合段的长度应比轮毂长度稍短2~3 mm。

至此草图第一阶段的设计任务基本完成。完成后的草图见图4-16、图4-17。

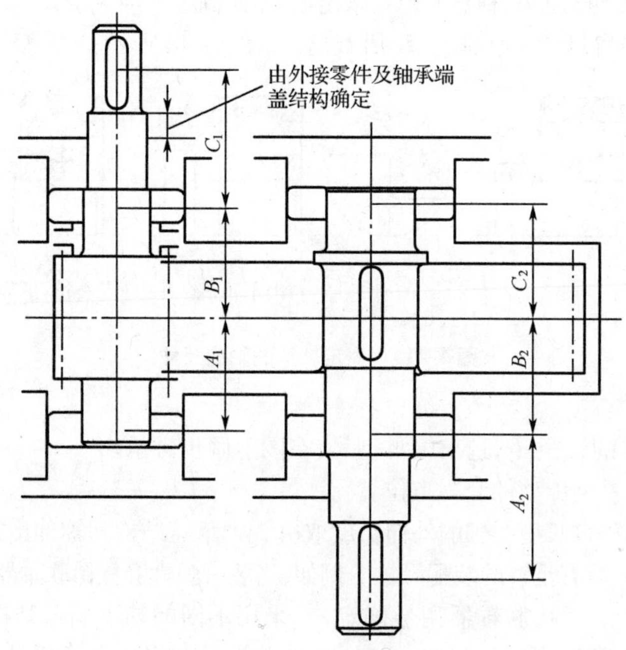

图4-16 一级圆柱齿轮减速器

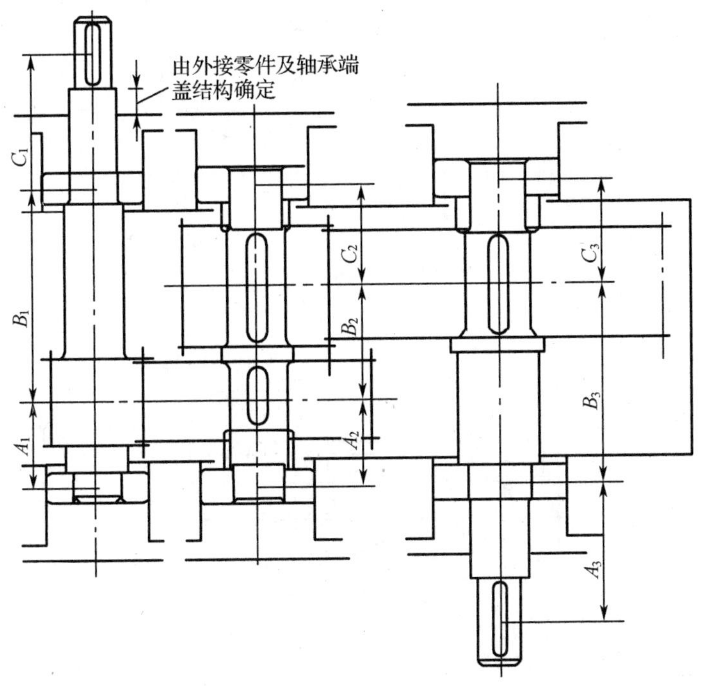

图 4－17　二级圆柱齿轮减速器

3. 圆锥齿轮减速器高速轴部件结构设计要点

圆锥－圆柱齿轮减速器的箱体，通常是沿传动件轴线水平面剖分，并且以小圆锥齿轮轴线作为对称轴的对称结构。

在确定圆锥－圆柱齿轮减速器的箱体内壁线的位置时，如图 4－18 所示，小圆锥齿轮轮毂端面与箱体内壁间的距离为 Δ_2（Δ_2 值见表 4－1），在确定大圆锥齿轮轮毂端面与箱体内壁间距离 Δ_2 时，应先估计大圆锥齿轮的轮毂宽度 h，可取 $h=(1.5\sim1.8)e_1$，e_1 由作图确定，待轴径大小确定后再作修正。

圆锥齿轮的高速轴一般采用悬臂结构，如图4－19所示。轴承支点距离可取 $l_1\approx2l_2$ 或 $l_1\approx2.5d$，d 为轴承处轴的直径。

为保证圆锥齿轮传动的啮合精度，装配时需要调整大小圆锥齿轮的轴向位置，使两轮锥顶重合。因此小圆锥齿轮轴和轴承常放在套杯内，用套杯凸缘内端面与轴承座外端面之间的一组垫片调整小圆锥齿轮的轴向位置，见图 4－20（a）。套杯右端的凸肩用以固定轴承外圈，套杯厚度 $\delta_2=8\sim10$ mm，凸肩高度应使直径 D 不小于轴承手册中的规定值，以免无法拆卸轴承外圈。图 4－20（b）中因无法拆下轴承外圈，是常见的不正确结构。

若小圆锥齿轮的轴采用角接触轴承支承，轴承有两种布置方案可供选择，如图 4－21 所示。图 4－21（a）方案轴承面对面布置，图 4－21（b）方案轴承背靠背布置。两种方案中轴的结构、轴的刚度和轴承的固定方法均不同，图 4－21（b）方案中轴的刚度较大。

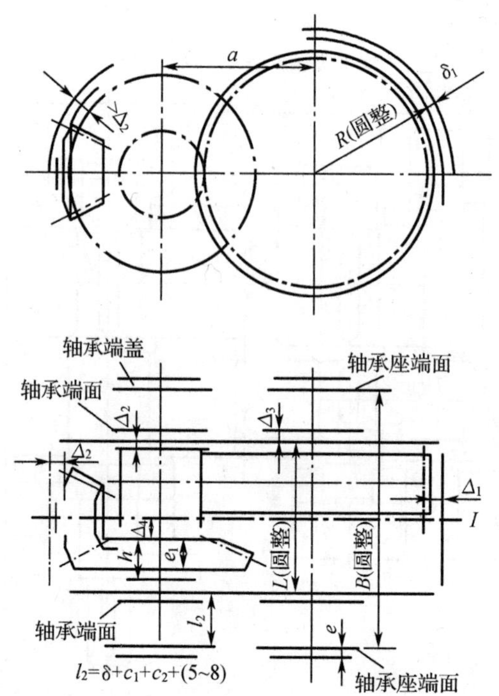

图4-18 圆锥-圆柱齿轮减速器的箱体内壁线的位置

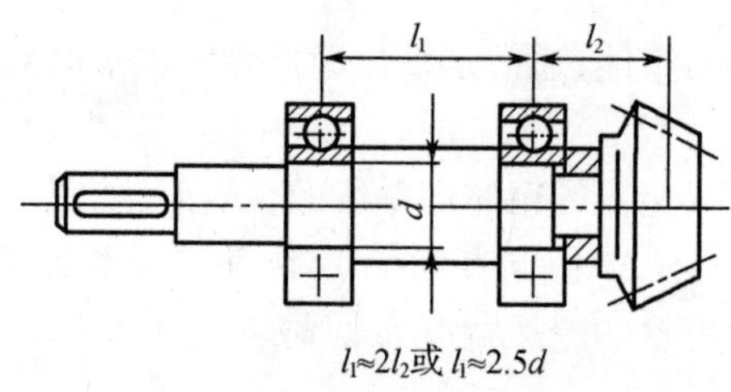

图4-19 圆锥齿轮的高速轴

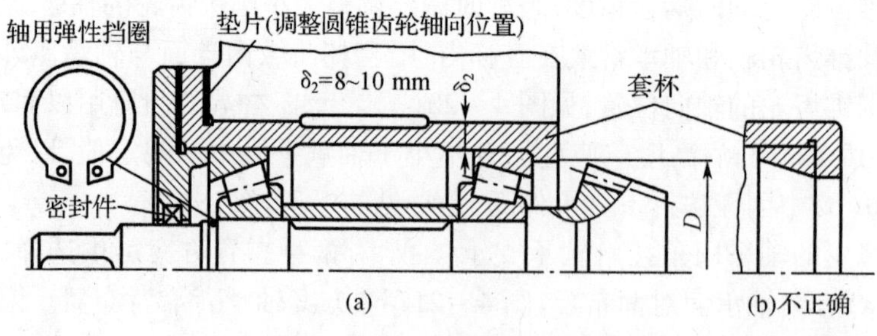

图4-20 套杯结构设计

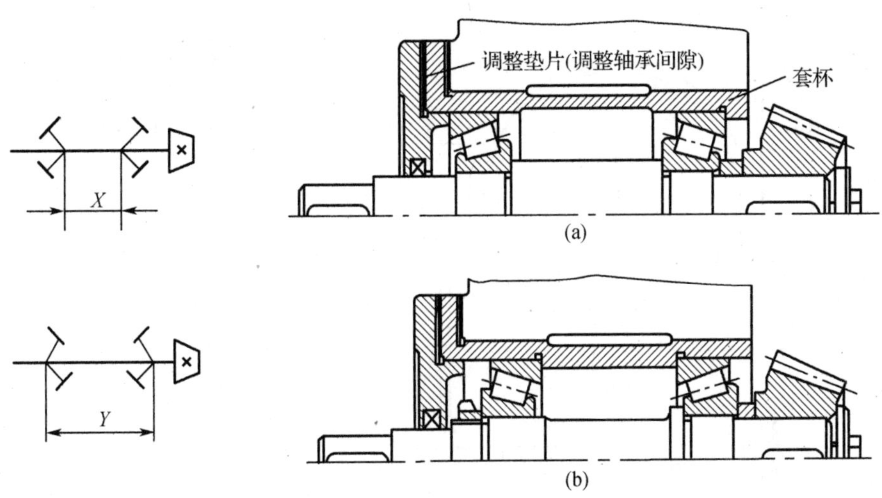

图4－21　圆锥滚子轴承的两种布置方案

圆锥－圆柱齿轮减速器草图设计第一阶段完成后的图形，如图4－22所示。

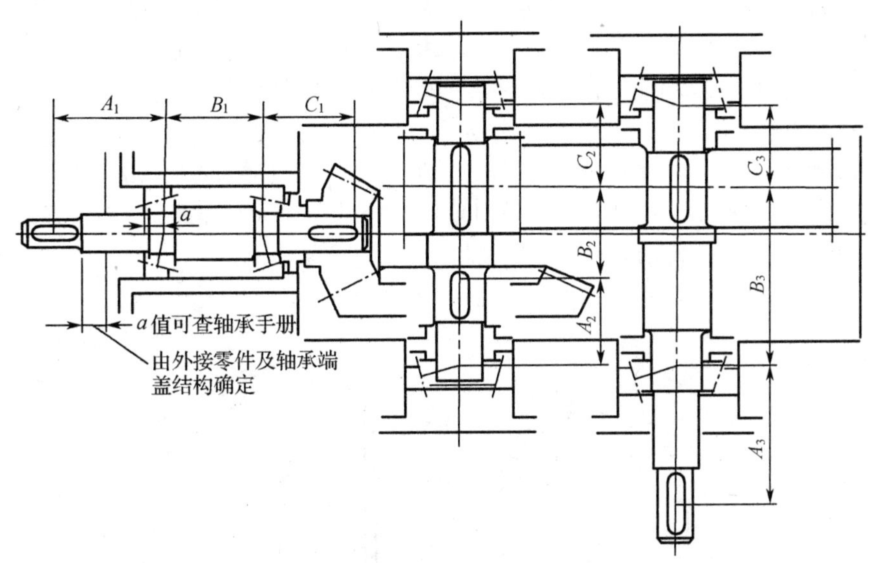

图4－22　圆锥－圆柱齿轮减速器

4. 蜗杆减速器草图设计第一阶段设计要点

蜗杆减速器装配草图的设计方法和步骤与齿轮减速器基本相同。由于蜗杆与蜗轮的轴线呈空间交错，画装配草图时需将主视图和侧视图同时绘制，以画出蜗杆轴和蜗轮轴的结构，如图4－23所示。

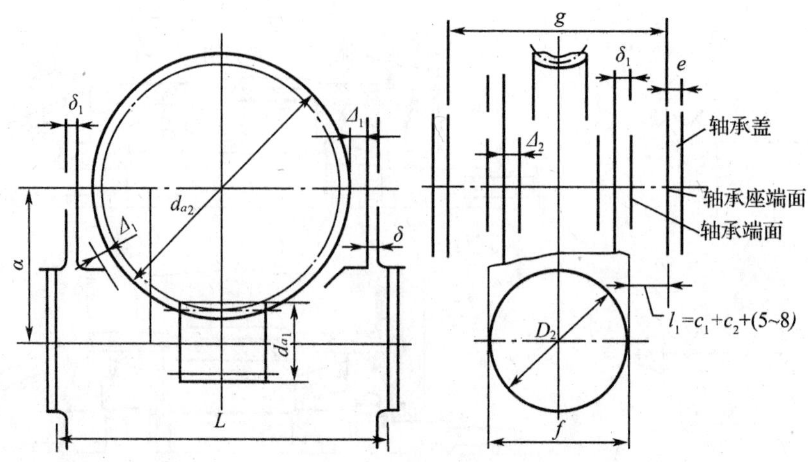

图 4-23 蜗杆减速器

对蜗杆减速器,为了提高蜗杆刚度,应尽量缩短支点距离。因此,蜗杆轴承座常伸到箱体内侧。为保证间隙 Δ_1,常将轴承座内端面做成斜面,如图 4-24 所示。

设计蜗杆轴时,若蜗杆轴较短(支点距离小于 300 mm),可用两个支点固定的结构,如图 4-25 所示;若蜗杆轴较长时,轴热膨胀伸长量大,如采用两端固定结构,则轴承将承受较大附加轴向力,使轴承运转不灵活,甚至轴承卡死压坏。这时常用一端固定一端游动的支承结构,如图 4-26 所示。固定端一般选在非外伸端,并常用套杯结构,以便固定轴承。为了便于加工,两个轴承座孔常取同样的直径。同样,游动端也可用套杯结构或选取轴承外径与座孔直径相同的轴承,如图 4-26(b)所示。当采用角接触球轴承作为固定端时,必须在两轴承之间加一套圈,如图 4-26(b)所示,以避免调整轴承间隙时外圈接触。

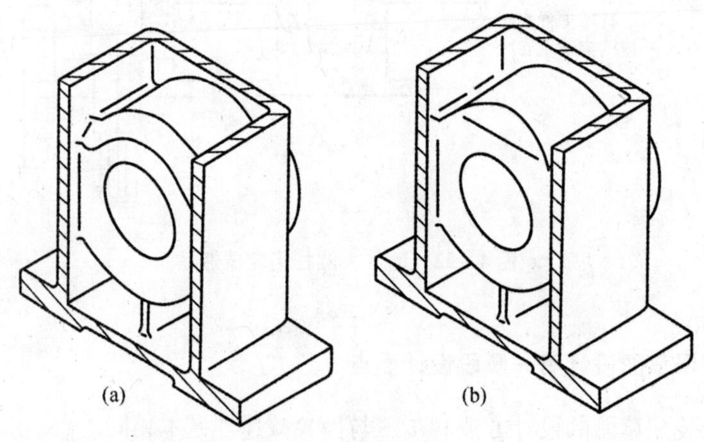

图 4-24 蜗杆轴承座

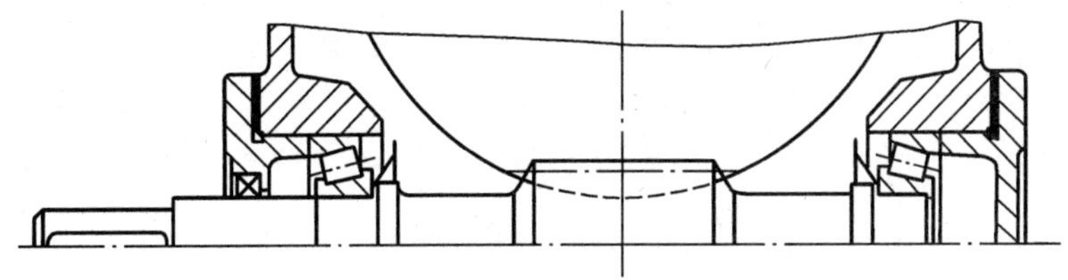

图4-25　两端固定的支承结构

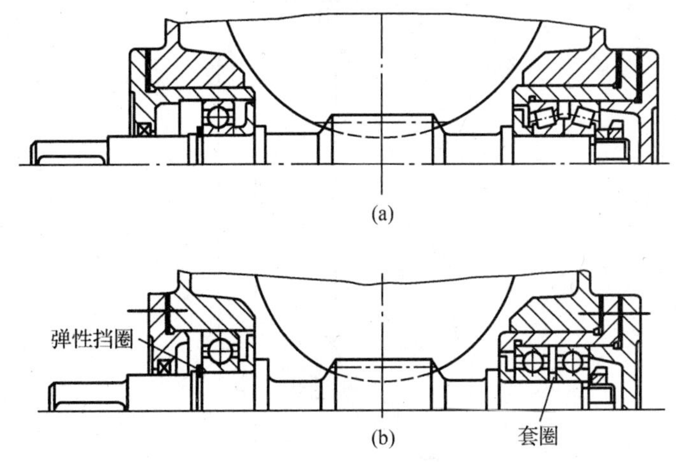

图4-26　一端固定一端游动的支承结构

蜗轮轴的支点距离 p，如图4-27(a)所示，一般由机体宽度 f 确定，$f \approx D_2$，D_2 为蜗杆轴承盖的凸缘外径。也可以采用图4-27(b)、图4-27(c)、图4-27(d)的结构，其支点距离 p 小于前者。

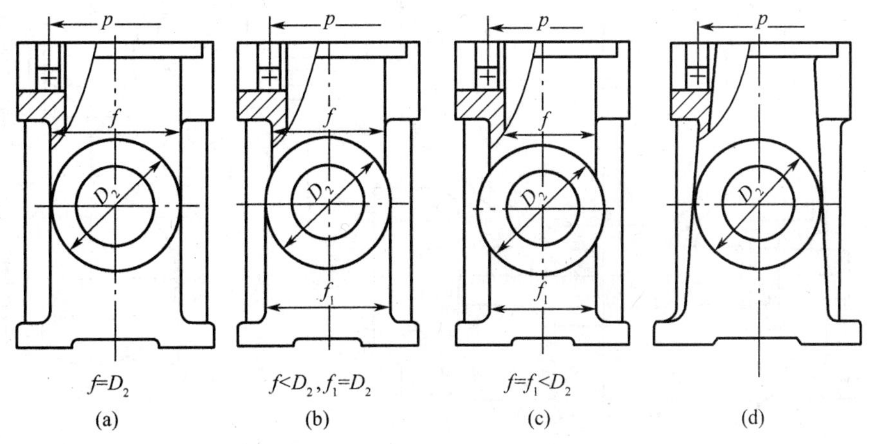

图4-27　蜗轮轴的支点距离

对于整体式蜗杆减速器的箱体,其箱体内壁位置可参照图4－28绘出。因为安装时,蜗轮轴系零部件通过箱体上与大端盖配合的孔进入箱体内,升高后移到中间平面位置,再沿径向接近蜗杆达到啮合位置,最后再装上两侧大端盖,因此其主要结构尺寸可按下列公式计算:

$$D > D_W$$

$$L > 2B$$

$$S > 2m + \frac{D_W - d_{a2}}{2}$$

其中,m 为模数。

蜗杆减速器草图第一阶段如图4－29所示。

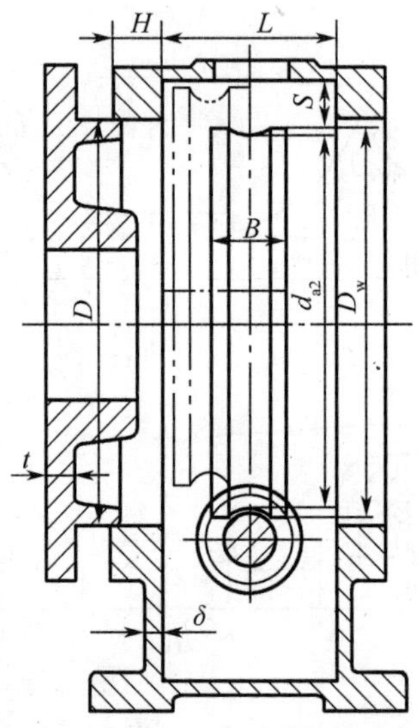

图4－28　整体式蜗杆减速器的箱体内壁位置

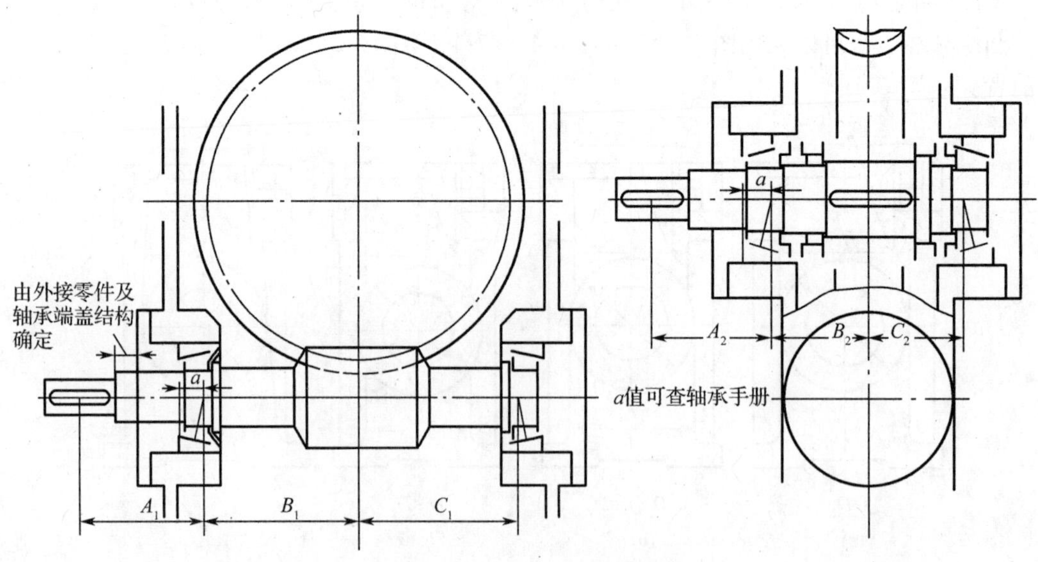

图4－29　蜗杆减速器

5. 轴、轴承、键的校核计算

在轴系草图结构设计第一阶段完成后，由轴上传动零件和轴承的位置可以确定轴上受力的作用点和轴的支承点之间的距离，轴上力的作用点取在传动零件宽度中点。支承点位置是由轴承类型确定的，向心轴承的支承点可取在轴承宽度的中点，角接触轴承的支承点取在离轴承外圈端面为 a 处（图4－30），a 值可查轴承标准确定。

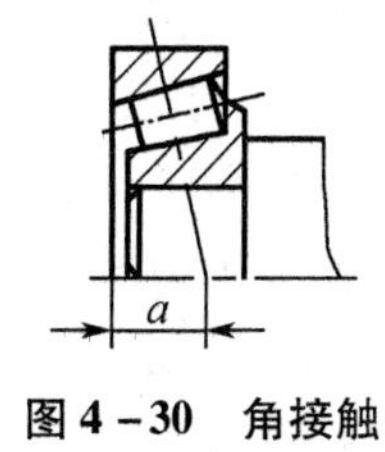

图4－30　角接触轴承的支点位置

确定出传动零件的力作用点及轴的支承点距离后，便可以进行轴、轴承和键的校核计算。

（1）轴的校核计算

根据装配草图确定出的轴的结构、轴承支点及轴上零件力的作用点位置，可画出轴的受力图，进行轴的受力分析并绘制弯矩图、扭矩图和当量弯矩图，然后判定轴的危险截面，进行强度校核计算。

减速器各轴是转轴，一般按弯扭合成条件进行计算，对于载荷较大、轴径小、应力集中严重的截面（如轴上有键槽、螺纹、过盈配合及尺寸变化处），再按疲劳强度对危险截面进行安全系数校核计算。

如果校核结果不满足强度要求，应对轴的一些参数如轴径、圆角半径等作适当修改，如果轴的强度余量较大，也不必立即改变轴的结构参数，待轴承和键的校核计算完成后，综合考虑整体结构，再决定是否修改及如何修改。

对于蜗杆减速器中的蜗杆轴，一般应对其进行刚度计算，以保证其啮合精度。

（2）轴承寿命校核计算

轴承的预期寿命是按减速器寿命或减速器的检修期来确定的，一般取减速器检修期作为滚动轴承的预期工作寿命。如校核计算不符合要求，一般不轻易改变轴承的内径尺寸，可通过改变轴承类型或尺寸系列，变动轴承的额定动载荷使之满足要求。

（3）键连接的强度校核计算

键连接的强度校核计算主要是验算其挤压强度是否满足要求。许用挤压应力应按连接键、轴、轮毂三者中材料最弱的选取，一般是轮毂材料最弱。经校核计算如发现强度不足，但相差不大时，可通过加长轮毂，并适当增加键长来解决；否则，应采用双键、花键或增大轴径以增加键的剖面尺寸等措施来满足强度要求。

4.3　装配草图设计的第二阶段

1. 第二阶段的设计内容

此阶段的设计内容是完成轴系部件的结构设计、减速器箱体的结构设计以及减速器附件的设计。

2. 第二阶段设计步骤

(1)轴系部件的结构设计

①齿轮结构

齿轮结构形状、尺寸与所采用的材料、毛坯大小及制造方法有关。一般多采用锻造或铸造毛坯。当毛坯直径大于400 mm时,可考虑采用铸造毛坯;当齿根圆直径与该处轴所需直径差值过小时,为避免由于键槽处轮毂过于薄弱而发生失效,应将齿轮与轴加工成一体。当齿轮与轴分开加工时应保证 $x \geqslant 2.5m_n$,如图4-31所示。若 $x < 2.5m_n$ 时,应将齿轮与轴加工成一体,如图4-32所示;图4-33(a)、图4-33(b)分别为锻造和铸造齿轮结构,其各部分几何尺寸可参考有关手册、标准设计。

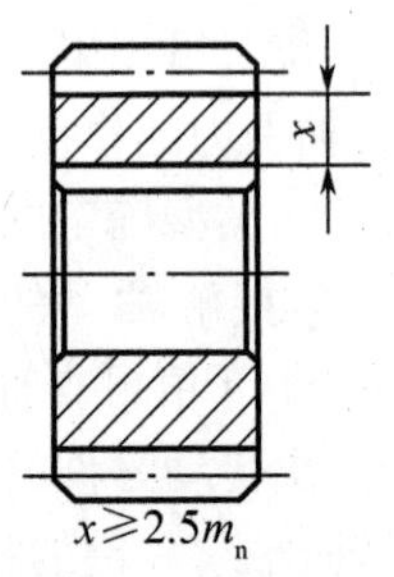

图4-31 轮毂键槽至齿根的最小距离

②蜗杆、蜗轮结构

蜗杆一般在蜗杆轴上直接车制,蜗轮轮缘需用减摩性良好的材料,为节省贵重金属材料可与轮芯采用不同材料制造。轮缘和轮芯常用图4-34所示的组合结构,轮缘可采用直接铸造,用紧定螺钉或受剪螺栓连接于轮芯上。

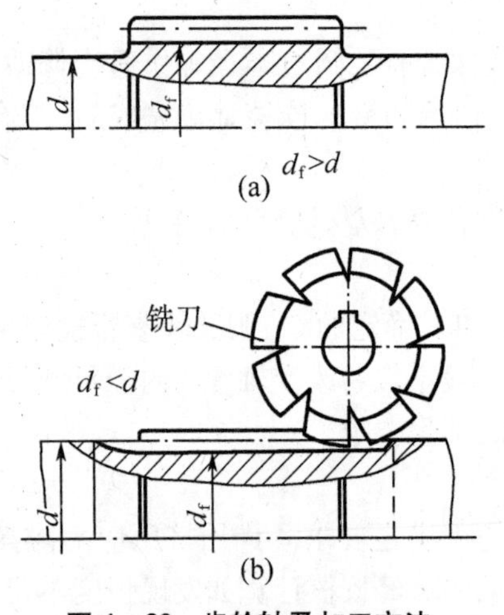

图4-32 齿轮轴及加工方法

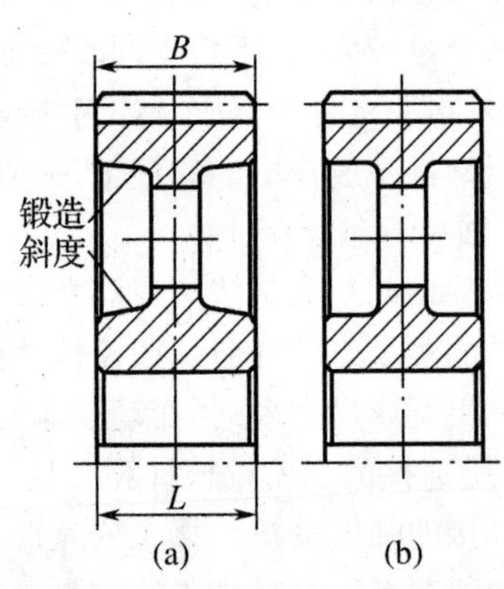

图4-33 锻造和铸造的齿轮结构

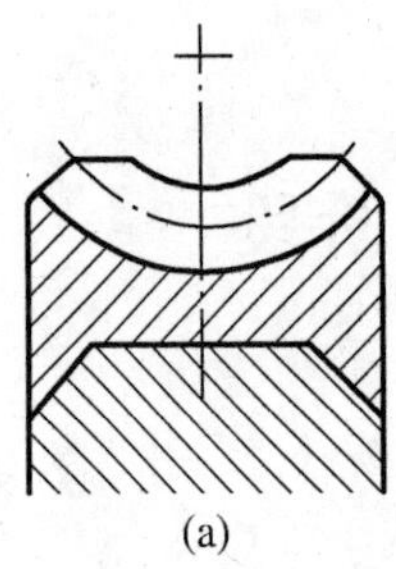

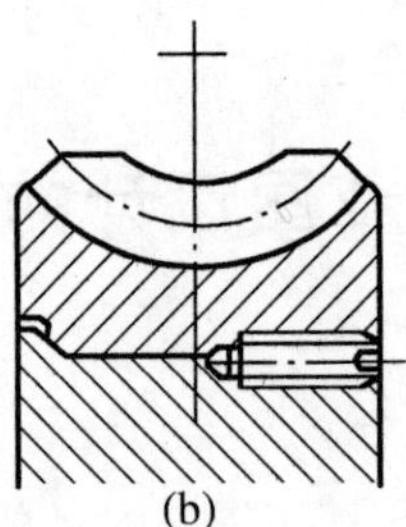

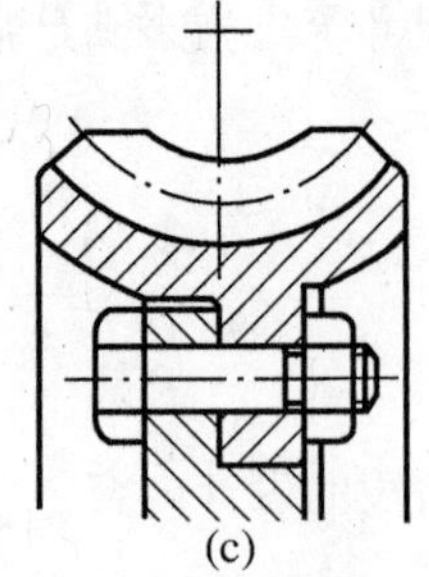

图4-34 蜗轮结构

(a)铸造连接;(b)过盈配合和紧定螺钉连接;(c)受剪螺栓连接

③轴承端盖的结构设计

凸缘式轴承端盖多用铸铁铸造，应使其具有良好的铸造工艺性。当轴承端盖的宽度 L 较大时，可采用图4－35(b)的结构，在端部加工出一段较小的直径 D'，但必须保留足够的配合长度 l，以保证拧紧螺钉时轴承端盖的对中性，使轴承受力均匀。为减少加工面，应使轴承端盖的外端面凹进 δ 深度。

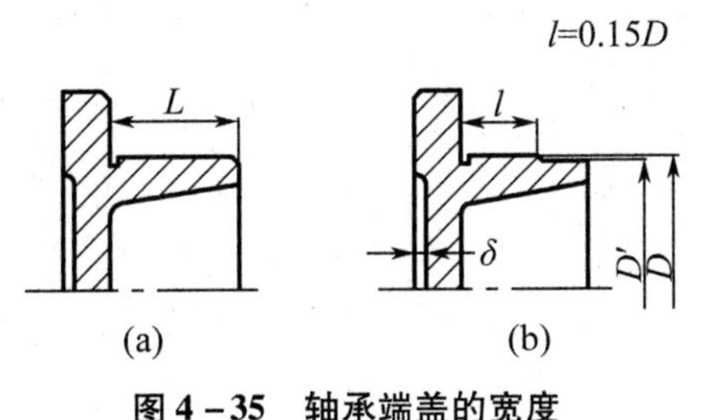

图 4－35　轴承端盖的宽度

当轴承采用箱体内的润滑油润滑时，为了将传动件飞溅的油经箱体剖分面上的油沟引入轴承，应在轴承端盖上开槽，并将轴承端盖的端部直径做小些，以保证油路畅通（图 4－36）。

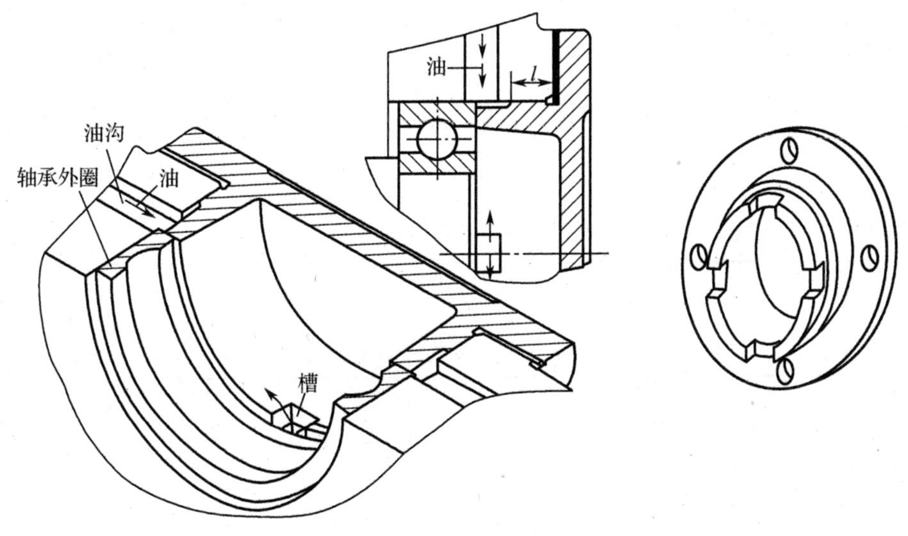

图 4－36　油润滑轴承的轴承端盖

有关轴承端盖及套杯的结构和尺寸关系如表4－2～表4－4所示。

表4－2　凸缘式轴承端盖　　（单位：mm）

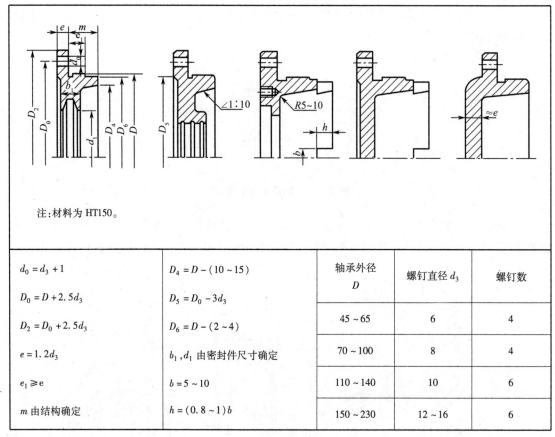

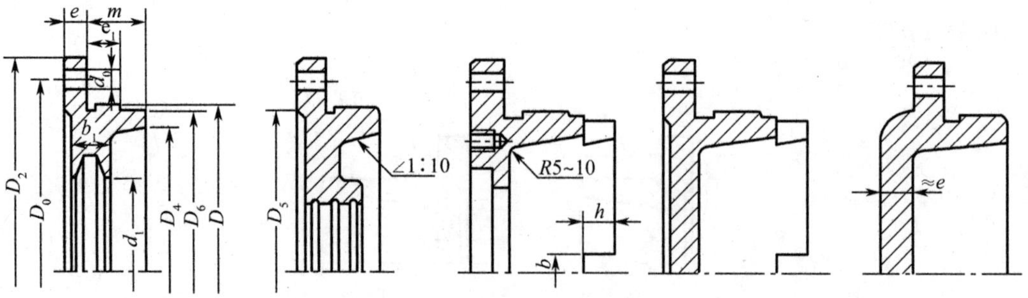

注：材料为HT150。

		轴承外径 D	螺钉直径 d_3	螺钉数
$d_0=d_3+1$	$D_4=D-(10\sim15)$	45～65	6	4
$D_0=D+2.5d_3$	$D_5=D_0-3d_3$	70～100	8	4
$D_2=D_0+2.5d_3$	$D_6=D-(2\sim4)$	110～140	10	6
$e=1.2d_3$	b_1,d_1 由密封件尺寸确定	150～230	12～16	6
$e_1\geq e$	$b=5\sim10$			
m 由结构确定	$h=(0.8\sim1)b$			

表4－3　嵌入式轴承端盖　　（单位：mm）

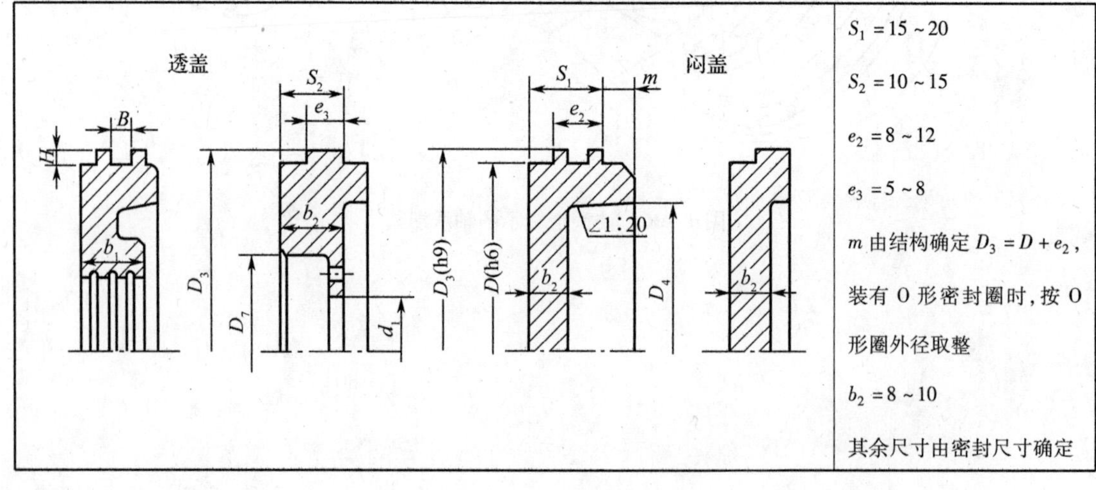

$S_1=15\sim20$

$S_2=10\sim15$

$e_2=8\sim12$

$e_3=5\sim8$

m 由结构确定 $D_3=D+e_2$，装有O形密封圈时，按O形圈外径取整

$b_2=8\sim10$

其余尺寸由密封尺寸确定

表 4-4　套杯　（单位：mm）

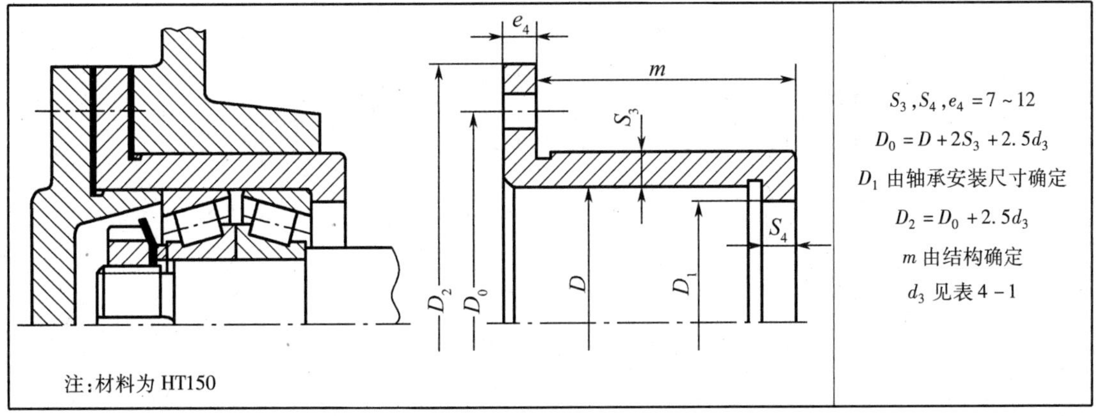

④轴承的润滑和密封结构设计

轴承的润滑和密封是保证轴承正常运行的重要结构措施。

当浸油齿轮圆周速度在 2 m/s 以上，轴承可用飞溅的油液直接润滑，一般情况应设计导油沟将机体内壁上的油液直接导引致轴承处，以保证润滑充分可靠（见图 4-36）。

当浸油齿轮圆周速度小于 2 m/s 时，轴承宜用脂润滑，此时轴承内侧应设计有挡油板。挡油板用来防止机体内油液过多地冲向轴承腔，此外挡油板还起到防止油流入轴承处稀释油脂的作用，设计时可参考图 4-37 结构。图 4-37(a)用于油润滑和脂润滑，结构简单；图 4-37(b)用于脂润滑，其密封效果较好，其中 $a=6\sim9$ mm，$b=2\sim3$ mm。

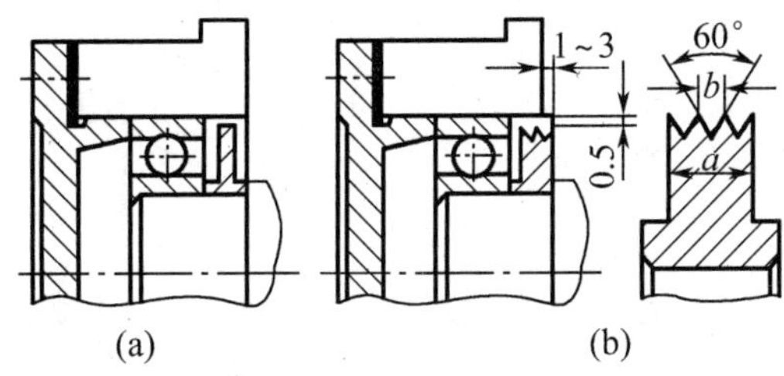

图 4-37　挡油板结构

密封形式很多，相应的密封效果也不一样、常见的密封形式有如下几种。

橡胶油封适用于较高的工作速度，这种密封装配方向不同，密封的效果也有差别，图 4-38(a)的装配方法对左边密封效果较好，设计时应使油封唇的方向朝向密封的部位。橡胶油封按有无内包骨架分为两种：对有内包骨架的油封，与孔配合安装，不需要轴向固定，如图 4-38(a)所示；对无内包骨架的油封，需要有轴向固定。毛毡圈油封适用于脂润滑及转速不高的稀油润滑，其结构形式见图 4-38(b)，其密封效果较差，但结构简单。上述两种密封均为接触式密封，要求轴表面粗糙度数值不能太大。图 4-38(c)、图 4-38(d)为油沟和迷宫式密封结构，属于非接触式密封，其优点是可用于高速，如果与其他密封形式配合使用效果会很好。

(2)减速器箱体的结构设计

减速器箱体是支撑和固定轴系部件，保证传动零件正常啮合、良好润滑和密封的重要零件，因此，应具有足够的强度和刚度。它的设计好坏对传动质量、加工工艺和制造成本都有很大影响。箱体多用灰铸铁铸造，在重型减速器中，为提高箱体强度，可用铸钢铸造。单件生产

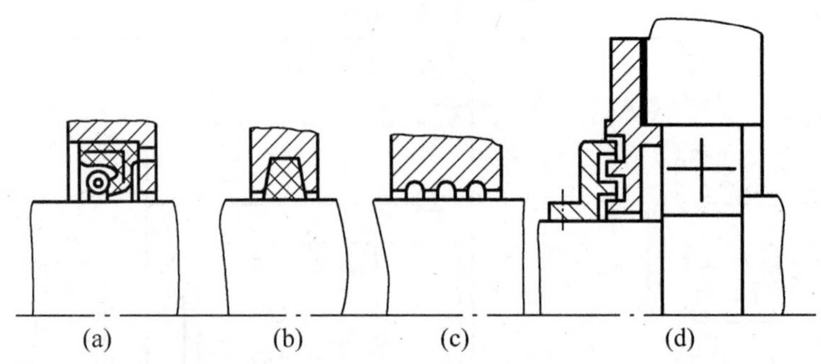

图4-38 密封结构

的减速器为了简化工艺、降低成本,可采用钢板焊接箱体。

为了便于轴系部件的安装和拆卸,箱体多做成剖分式,由箱座和箱盖组成,剖分面多取轴的中心线所在平面,箱座和箱盖采用普通螺栓连接,圆锥销定位。剖分式铸造箱体的设计要点如下。

①轴承座的结构设计

为保证减速器箱体的支承刚度,箱体轴承座处应有足够的厚度,并且设置加强肋。轴承座的厚度通常取为$2.5d_3$,d_3为轴承盖的连接螺钉的直径。

箱体的加强肋有外肋和内肋两种结构形式,内肋结构刚度大,箱体外表面光滑美观,图4-39(b)所示,但会增加搅油损耗,制造工艺也比较复杂,故多采用外肋结构,如图4-39(a)所示。

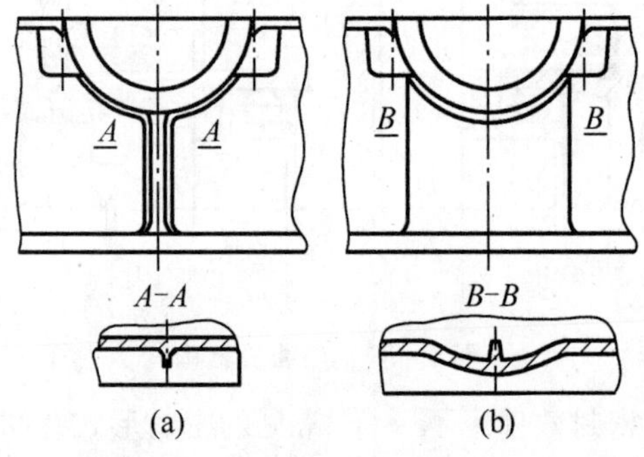

图4-39 加强肋结构

对于锥齿轮减速器,应增加支承小锥齿轮的悬臂部分的壁厚,并应尽量缩短悬臂部分的长度。

为了提高轴承座的连接刚度,座孔两侧的螺栓距离S_1应尽量靠近,通常取$S_1=D_2$,D_2为轴承座外径,为此轴承座旁边应做出凸台,如图4-40所示。图4-40(a)轴承座的刚度较好。

凸台的高度由连接螺栓直径所确定的扳手空间尺寸c_1和c_2确定,如图4-41所示。由于减速器上各轴承盖的外径不等,为便于制造,各凸台高度应设计一致,并以最大轴承盖直径所确定的高度为准。

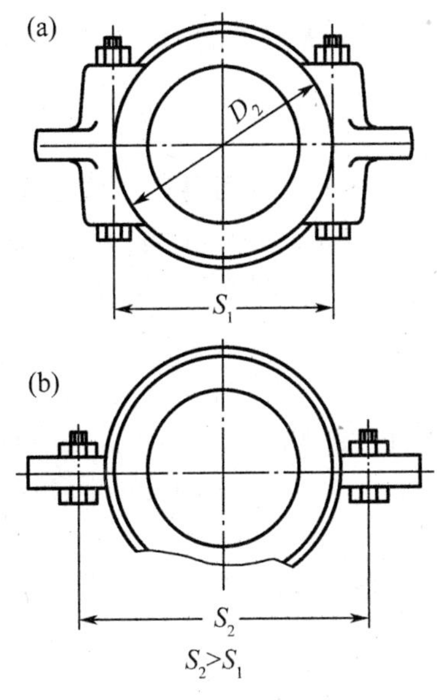

图 4-40 凸台结构

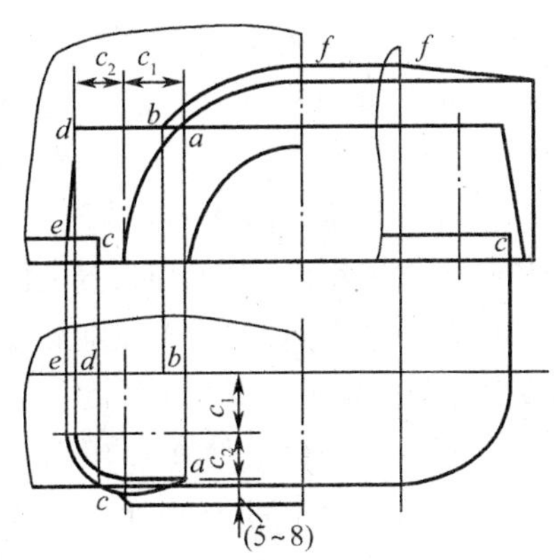

图 4-41 扳手空间尺寸

凸台的尺寸由作图确定。画凸台结构时应按投影关系，在三个视图上同时进行，如图 4-42 所示。

②箱盖圆弧半径的确定

通常箱盖顶部在主视图上的外廓由圆弧和直线组成，大齿轮所在一侧箱盖的外表面圆弧半径等于大齿轮齿顶圆半径 $\Delta_1+\delta_1$。Δ_1，δ_1 由表 4-1 中的经验公式确定。在一般情况下，轴承旁螺栓凸台均在圆弧内侧，按有关尺寸画出即可；而小齿轮一侧的外表面圆弧半径应根据结构作图确定。这一端的圆弧半径不能像大齿轮一端那样用公式计算确定，因为小齿轮直径较小，按上述公式计算会使箱体的内壁不能超出轴承座孔，一般此圆弧半径的选取应使得外轮廓圆弧线在轴承旁凸台边线的附近。此圆弧线可以超出轴承旁凸台，如图 4-41 所示，箱体径向尺寸显得大一些，但结构简单；此圆弧线也可以不超出轴承旁凸台，如图 4-42 所示，箱体结构可以紧凑些，但轴承旁凸台的形状较复杂。

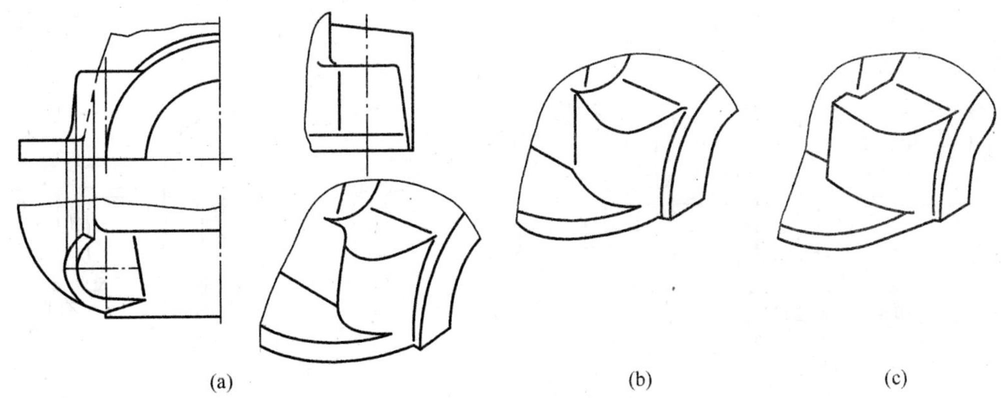

图 4-42 凸台画法

③箱体凸缘的结构设计

为了保证箱盖与箱座的连接刚度,箱盖与箱座连接凸缘应有较大的厚度,一般取凸缘厚度为箱体壁厚的1.5倍,见表4-1。

④箱体凸缘连接螺栓的布置

为保证箱体密封,除箱体剖分面连接凸缘要有足够的宽度及剖分面要经过精刨或刮研加工外,还应合理布置箱体凸缘连接螺栓。通常对于中小型减速器,螺栓间距取100~150 mm;对于大型减速器取150~200 mm,均匀对称布置,并注意不要与吊耳、吊钩和定位销等发生干涉。

⑤油面位置及箱座高度的确定

当传动零件采用浸油润滑时,浸油深度应根据传动零件的类型而定。对于圆柱齿轮,通常取浸油深度为一个齿高;锥齿轮浸油深度为0.5~1个齿宽,但不小于10 mm;对于多级传动中的低速级大齿轮,其浸油深度不得超过其分度圆半径的1/3。

为避免传动零件转动时将沉积在油池底部的污物搅起,造成齿面磨损,应使大齿轮齿顶距油池底面的距离不小于30~50 mm,如图4-43所示。

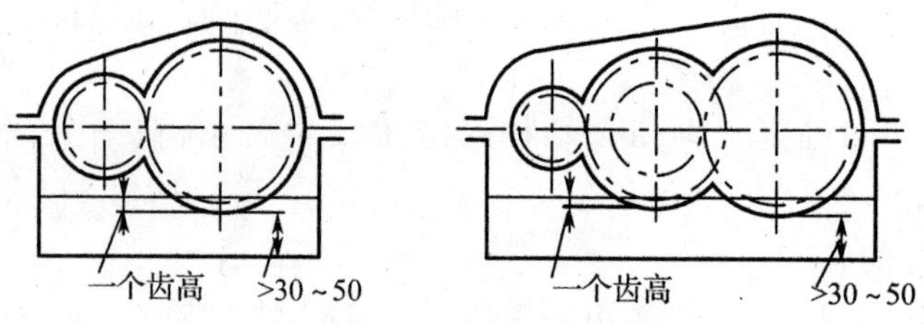

图4-43 减速器油面及油池深度

综合以上各项要求即可确定出箱座高度。

⑥油沟的结构形式及尺寸

当轴承利用传动零件飞溅起来的润滑油润滑时,应在箱座的剖分面上开设输油沟,使溅起的油沿箱盖内壁经斜面流入输油沟内,再经轴承盖上的导油槽流入轴承,如图4-44(a)所示。

油沟有铸造和机加两种结构形式。机加工油沟容易制造,工艺性好,故用得较多,其结构尺寸如图4-44(b)所示。

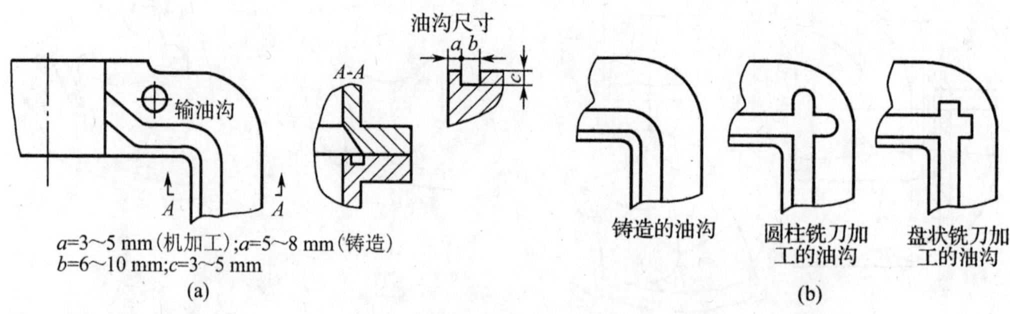

图4-44 油沟及其尺寸

⑦箱座底面凸缘的设计和地脚螺栓孔的布置

箱座底面凸缘承受很大的倾覆力矩,应很好地固定在地基上,因此,所设计的地脚座凸缘应有足够的强度和刚度。

为了增加箱座底面凸缘的刚度,常取凸缘的厚度为2.5δ,δ为箱座的壁厚。而凸缘的宽度按地脚螺栓的直径d_f,由扳手空间尺寸c_1和c_2的大小确定,如图4-45所示。其中宽度B应超过箱座的内壁以增加结构的刚度。

为了增加地脚螺栓的连接刚度,地脚螺栓孔的间隔距离不应太大,一般距离为150~200 mm。地脚螺栓的数量通常取4~8个。

⑧箱体结构应具有良好的工艺性

铸造工艺性:为便于造型、浇铸及减少铸造缺陷,箱体应力求形状简单、壁厚均匀、过渡平缓,为避免产生金属积聚,不宜采用形成锐角的倾斜肋和壁,如图4-46所示。考虑液态金属的流动性,箱体壁厚不应过薄,其值按表4-1推荐的经验公式计算。砂型铸造圆角半径一般可取$R \geqslant 5$ mm。为便于造型时取模,铸件表面沿拔模方向应设计成1:10~1:20的拔模斜度。

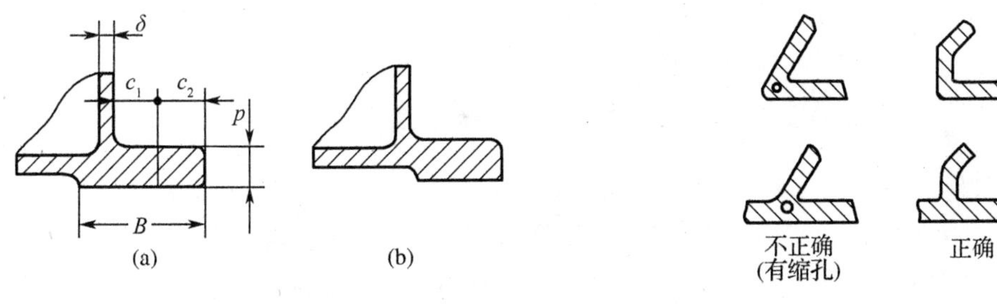

图4-45 箱座底面凸缘

(a)正确;(b)不好

图4-46 箱壁结构

机加工工艺性:各轴承座的外端面要尽量位于同一平面内,两侧与箱体中心线对称,以便加工和检验,如图4-47所示。为了减少箱体的加工面积,箱体上任何一处的加工面与非加工面必须分开。

箱体与其他零件的结合处,如箱体轴承座端面与轴承盖、窥视孔与窥视孔盖、螺塞及吊环螺钉的支承面处均应做出凸台,以便于加工。

箱体底面的结构形式如图4-48所示,图中:(a)的结构加工面积太大,不合理;(d)的结构较好;对于小型减速器的箱体可采用(b)或(c)的结构。螺栓头及螺母的支撑面需铣平或锪平,应设计出凸台或沉头座。图4-49为支撑面的加工方法。

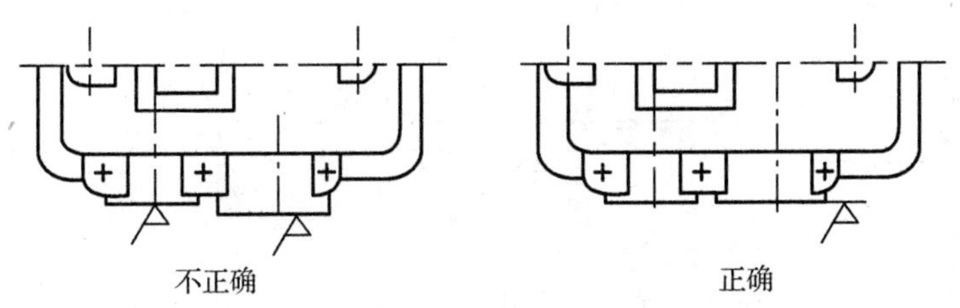

图4-47 箱体轴承座端面结构

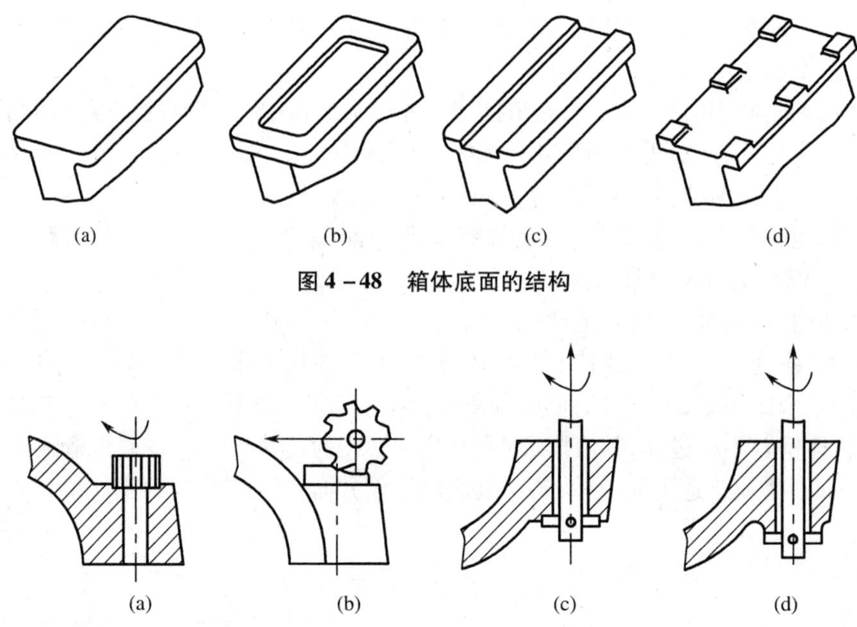

(a) (b) (c) (d)

图4-48 箱体底面的结构

(a) (b) (c) (d)

图4-49 凸台及沉头座的加工

(3)减速器附件设计

为了保证减速器的正常工作,还要考虑到怎样便于观察、检查箱内传动件的工作情况;怎样便于润滑油的注入和污油的排放及箱内油面高度的检查;怎样才能便于箱体、箱盖的开启和精确的定位;怎样便于吊装、搬运减速器等问题,因此在减速器上还要设计一系列附件。减速器各种附件的作用及设计要点如下。

①窥视孔和窥视孔盖

窥视孔用于检查传动件的啮合情况,并兼作注油孔。由于检测时常需使用相应的工具并需观察,所以窥视孔一般设计在减速器箱体上方,且应有足够的尺寸,以便观察和操作。为防止杂质进入箱体和箱体内油液溢出,窥视孔上设有窥视孔盖及密封垫,如图4-50所示。

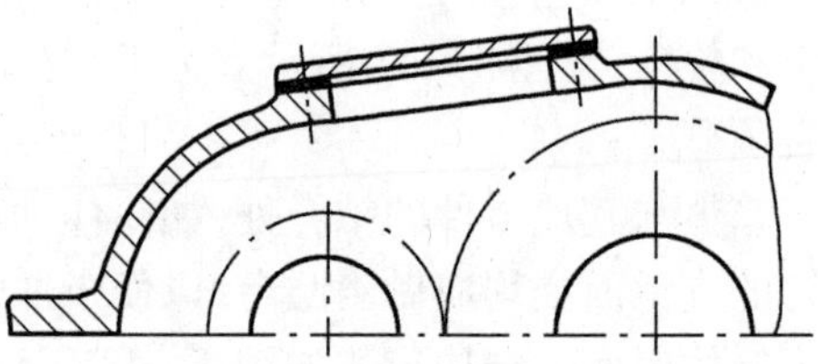

图4-50 窥视孔的位置

窥视孔盖可用不同材料制造,如薄板冲压成型、铸造加工或用钢板加工,如图4-51所示。窥视孔盖常用螺栓直接连接在箱体上。

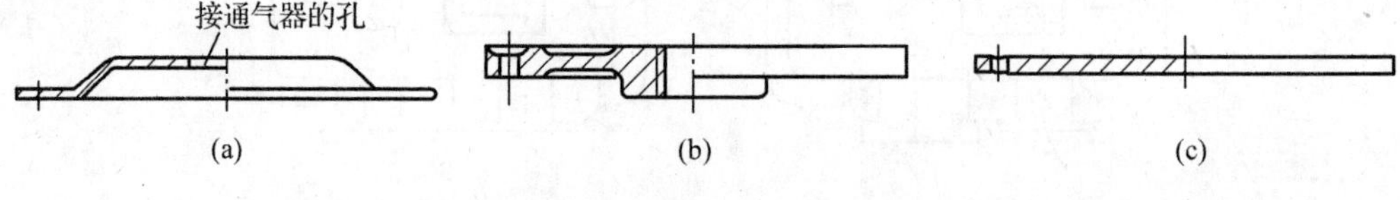

(a) (b) (c)

图4-51 窥视孔盖的结构

(a)冲压薄钢板;(b)铸铁;(c)钢板

②通气器

机器工作时其内部温度会随之升高，箱体内气体膨胀，如无通气管道则油气混合气体会从减速器周边密封处溢出，为此应在箱体上方设置通气器，使机器运转升温时气体通畅通出，如图 4－52 所示。为避免停机时吸入粉尘，可使用带有过滤网的通气器。通气器的结构及尺寸见本书第 13 章。

③放油孔及放油螺塞

为放出箱体内油液，应在箱体底部设置放油孔，其设计位置应在箱体底面稍低部位，以便排油时将油液排净。机器正常工作时用螺塞加耐油垫片将其阻塞密封，为加工内螺纹方便，应在靠近放油孔箱体上局部铸造一小坑，使钻孔攻丝时，钻头丝锥不会一侧受力，如图 4－53 所示。

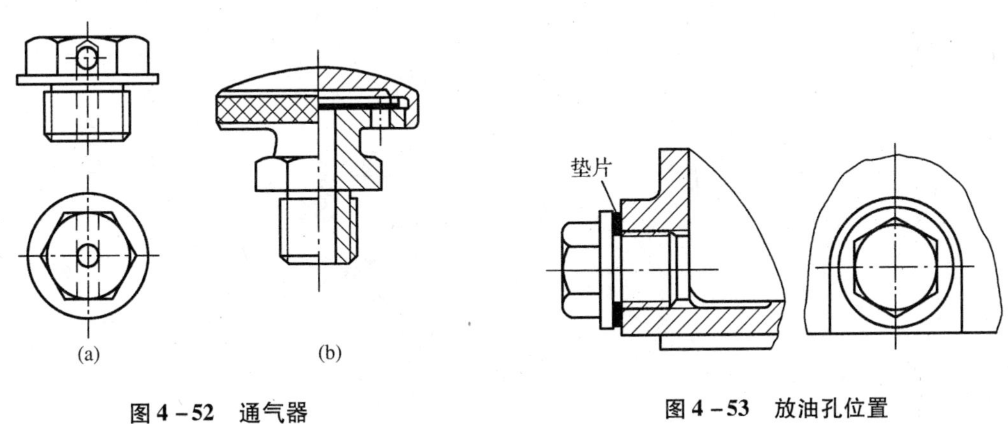

图 4－52　通气器　　**图 4－53　放油孔位置**

④油面指示器

为了指示减速器内油面的高度，以保持箱内正常的油量，应在便于观察和油面比较稳定的部位设置油面指示器。

油面指示器上有两条刻线，分别表示最高油面和最低油面的位置。最低油面为传动零件正常运转时所需的油面，其高度根据传动零件的浸油润滑要求确定；最高油面为油面静止时的高度。两油面高度差值与传动零件的结构、速度等因素有关，可通过实验确定。对中小型减速器通常取 5～10 mm。

油面指示器的结构形式及尺寸见第 13 章。其中杆式油标结构简单，在减速器中应用较多。其结构形式见图 4－54。油标尺可以垂直插入油面，也可倾斜插入油面，与水平面的夹角不得小于 45°。设计时应合理确定杆式油标插座的位置及倾斜角度，既要避免箱体内的润滑油溢出，又要便于杆式油标的插取及插座上沉头座孔的加工。杆式油标的倾斜位置见图 4－55。

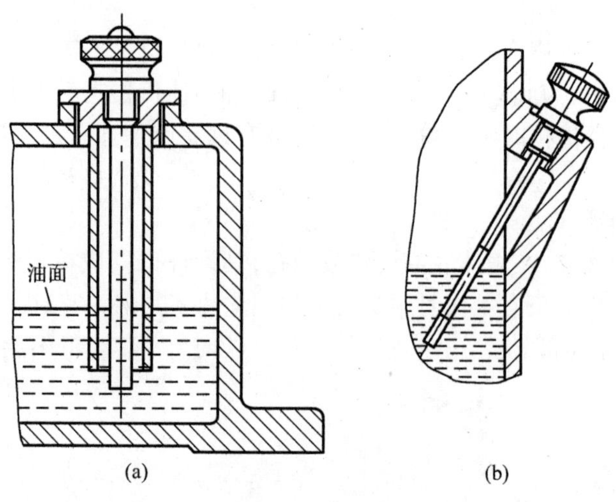

图4-54 杆式油标

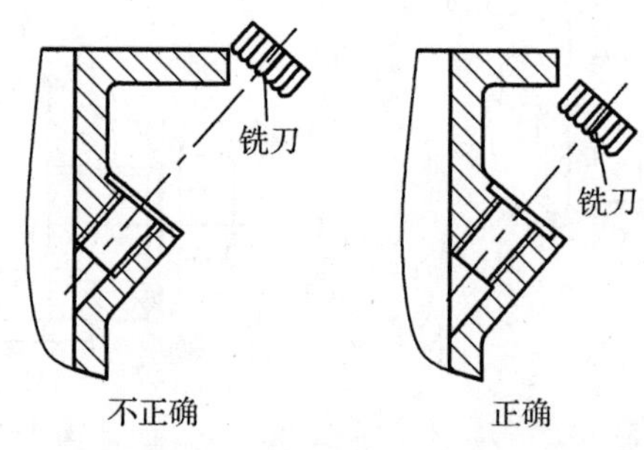

图4-55 杆式油标插座的位置

⑤吊环螺钉、吊耳和吊钩

为了装拆和搬运,应在机盖上设置吊环螺钉或吊耳,在机座上设置吊钩。吊环螺钉为标准件,见第10章。吊环螺钉通常用于吊运箱盖,也可用于吊运轻型减速器。通常每台减速器应设置两个吊环螺钉,为保证足够的承载能力,吊环螺钉旋入螺孔中的螺纹部分不宜太短,加工螺孔时应避免钻头半边切削的行程过长,以免钻头折断,螺孔尾部结构如图4-56所示。

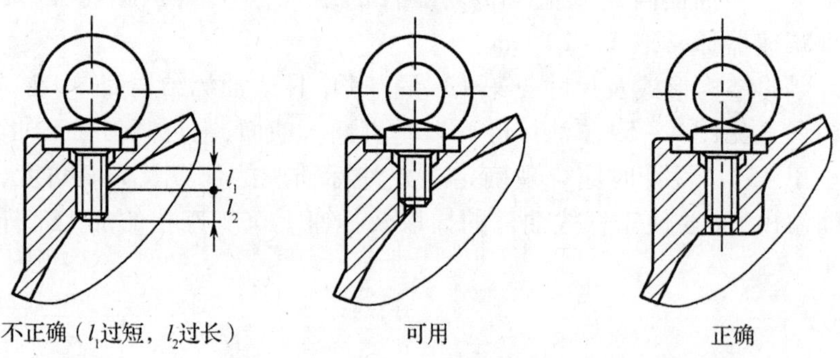

图4-56 吊环螺钉

吊耳直接在箱盖上铸出,其结构形式和尺寸如图 4－57 所示。

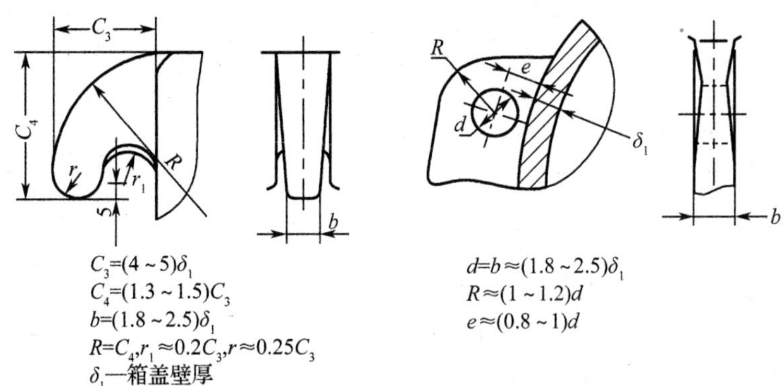

图 4－57　吊耳的结构

吊钩可直接在箱体上铸造,其结构形式和尺寸如图 4－58 所示。

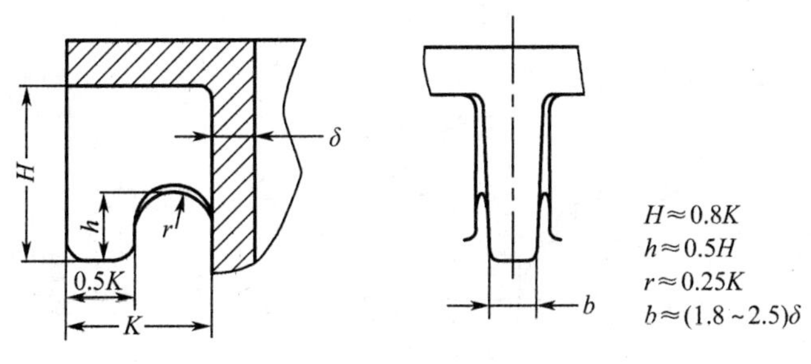

图 4－58　吊钩的结构

⑥定位销

为了精确地加工轴承座孔,并保证减速器每次装拆后轴承座的上下半孔始终保持加工时的位置精度,应在箱盖和箱座的剖分面加工完成并用螺栓连接之后、镗孔之前,在箱盖和箱座的连接凸缘上配装两个定位圆锥销。定位销的位置应便于加工,且不应妨碍附近连接螺栓的装拆。两圆锥销应相距较远,且不宜对称布置,以提高定位精度。

圆锥销的公称直径(小端直径)可取为$(0.7\sim0.8)d_2$,d_2 为箱盖与箱座连接螺栓直径,圆锥销长度应稍大于箱盖和箱座连接凸缘的总厚度,如图 4－59 所示,以便于装拆。圆锥销是标准件,设计时可按第 10 章标准选取。

⑦启盖螺钉

为了加强密封效果,防止润滑油从箱体剖分面处渗漏、通常在箱盖和箱座剖分面上涂以水玻璃或密封胶,因而在拆卸时往往因黏接较紧而不易分开。为此常在箱盖凸缘的适当位置上设置 1～2 个启盖螺钉。

启盖螺钉的直径与箱盖凸缘连接螺栓直径相同,其长度应大于箱盖凸缘的厚度,其端部应为圆柱形或半圆形,以免在拧动时将其端部螺纹破坏,如图 4－60 所示。

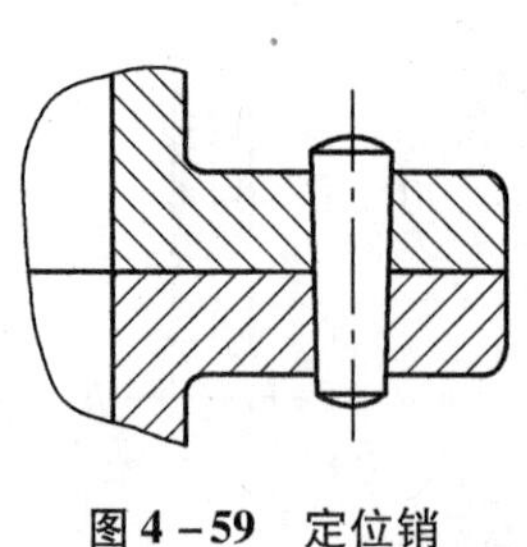

图4-59 定位销

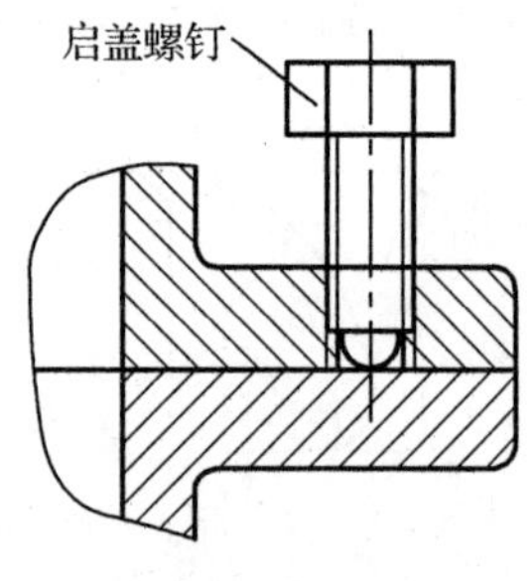

图4-60 启盖螺钉

4.4 完成减速器草图

减速器主体及附件设计完成后,需要对整体设计进行全面的审查、完善,应使其功能完备、性能优良、工艺合理、工作可靠。图4-61、图4-62、图4-63给出了一级圆柱齿轮减速器、二级圆柱齿轮减速器、二级圆锥-圆柱齿轮减速器的设计草图。

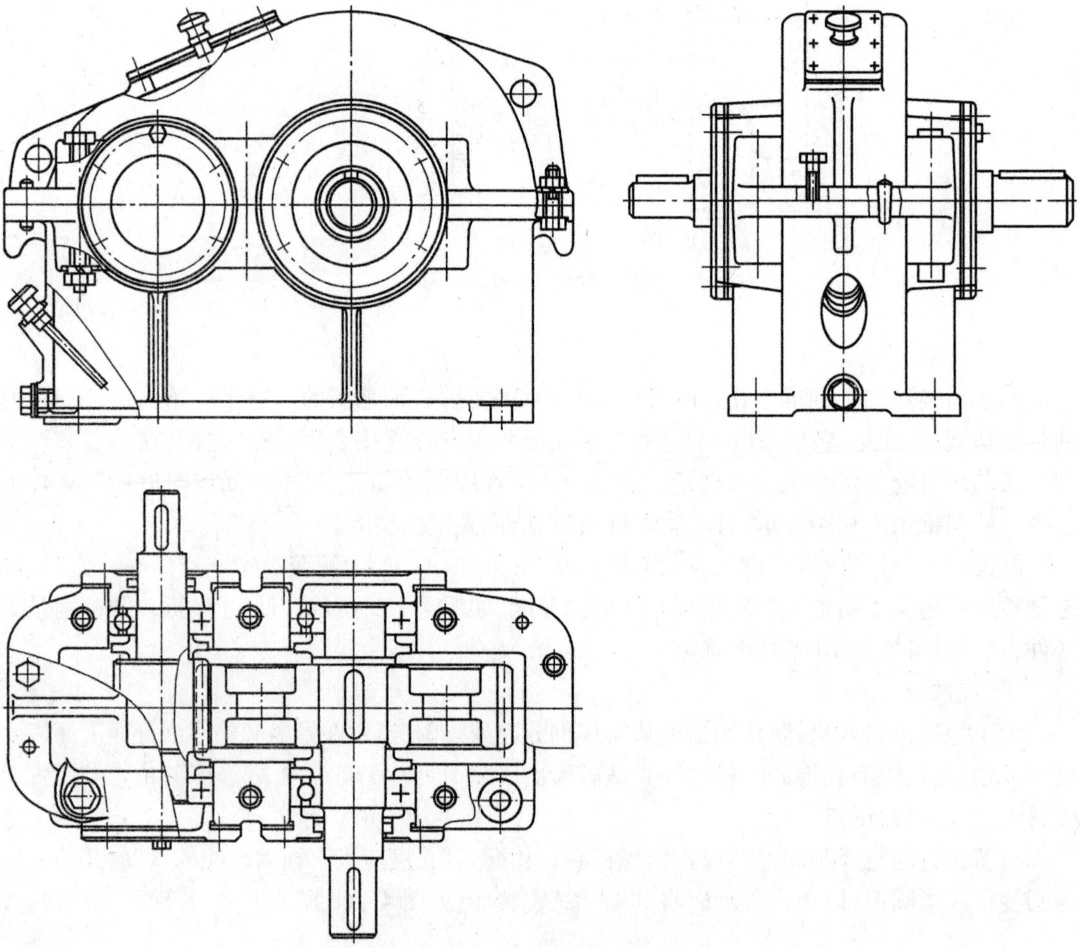

图4-61 一级圆柱齿轮减速器

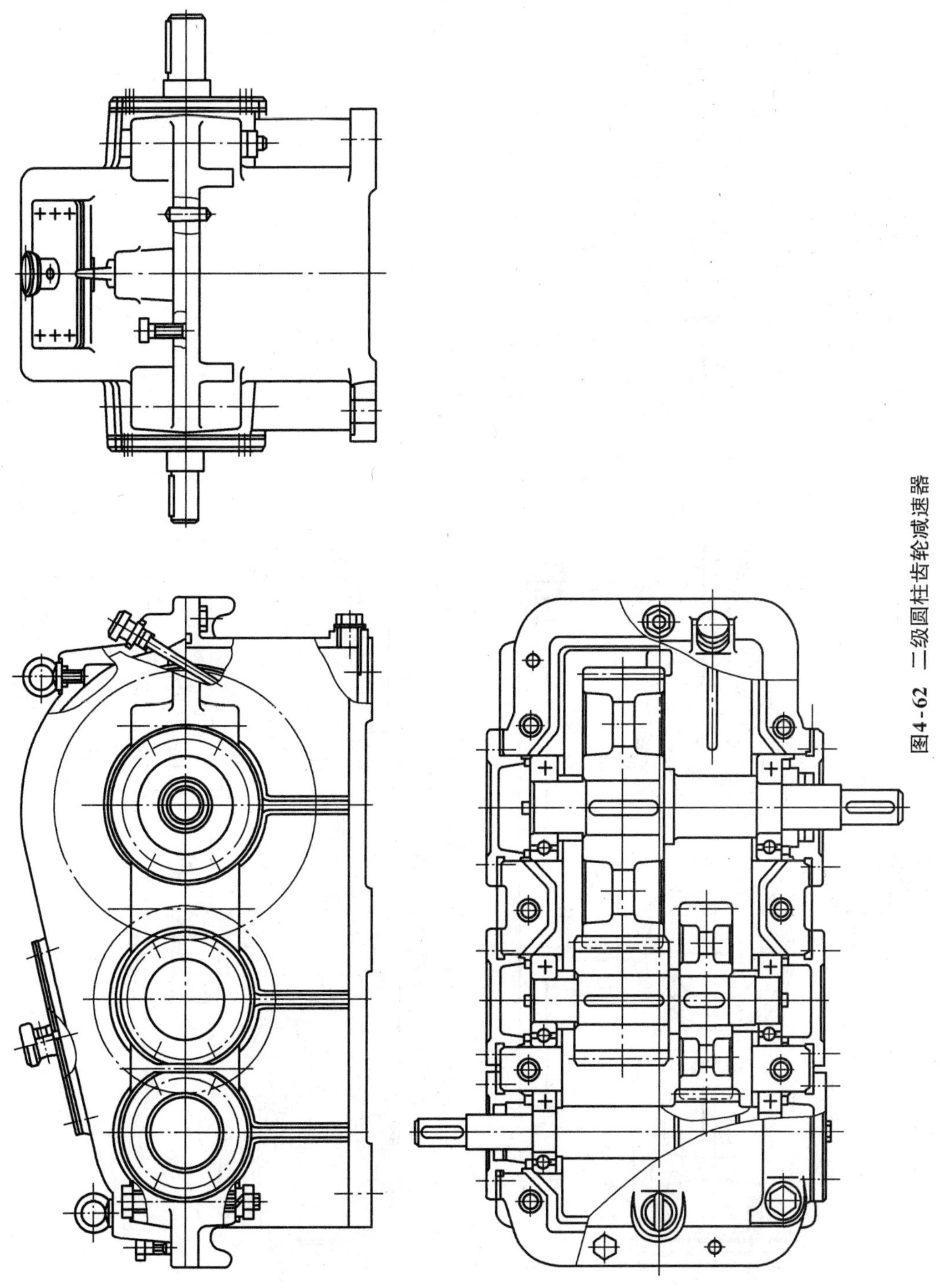

图 4-62　二级圆柱齿轮减速器

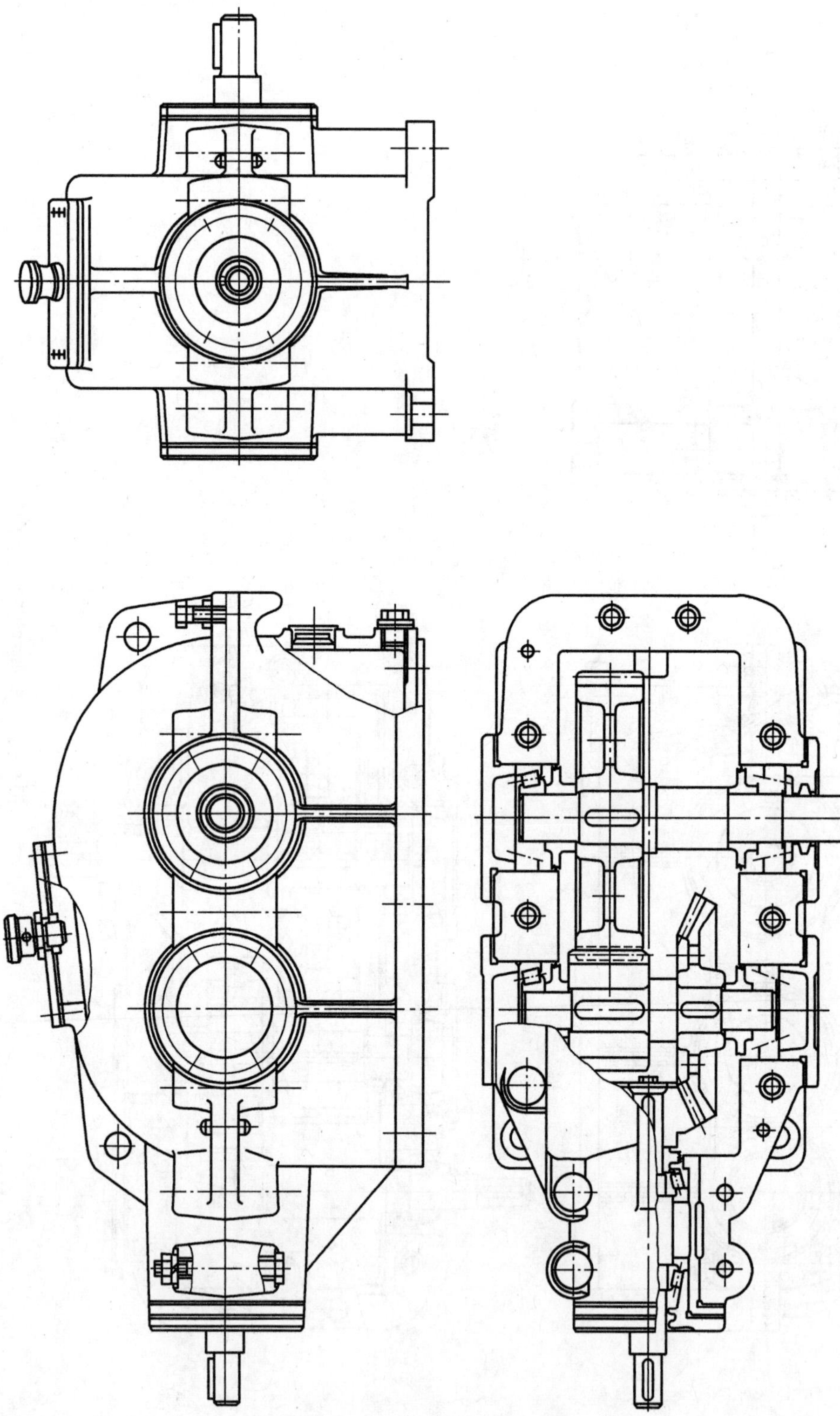

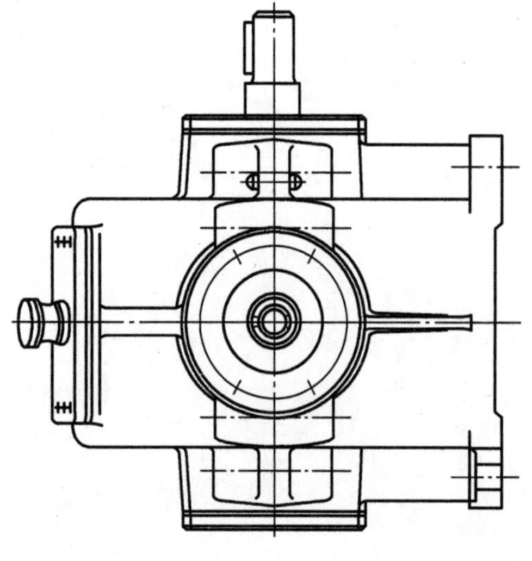

图4-63 圆锥-圆柱齿轮减速器

思　考　题

4－1　设计机器时为什么通常要先进行装配草图设计？减速器装配草图设计包括哪些内容？

4－2　绘制装配草图前应做哪些准备工作？

4－3　如何确定阶梯轴各段的径向尺寸及轴向尺寸？

4－4　如何保证轴上零件的周向固定及轴向固定？

4－5　轴承在轴承座上的位置如何确定？

4－6　确定轴承座宽度的依据是什么？选择轴承时应注意哪些问题？

4－7　锥齿轮高速轴的轴向尺寸如何确定？

4－8　轴承套杯的作用是什么？

4－9　对轴进行强度校核时，如何选取危险剖面？

4－10　当滚动轴承的寿命不能满足要求时，应如何解决？

4－11　键在轴上的位置如何确定，校核键的强度应注意哪些问题？

4－12　如何保证轴承的润滑与密封？

4－13　轴承盖有哪几种类型，各有何特点？

4－14　如何选择齿轮传动的润滑方式？

4－15　箱体的刚度为何特别重要，设计时可采取哪些保证措施？

4－16　箱体的加强肋有哪些结构形式，各有何特点？

4－17　设计轴承座旁的连接螺栓凸台时应考虑哪些问题？

4－18　输油沟如何加工，设计时应注意什么？

4－19　传动零件的浸油深度及箱座高度如何确定？

4－20　采取哪些措施保证箱体密封？

4－21　设计铸造箱体时如何考虑铸造工艺性及机加工工艺性？

4－22　减速器大齿轮顶圆与箱体内壁之间的距离如何确定？

4－23　减速器有哪些附件，它们的作用是什么？

4－24　指出图 4－64 结构设计不合理之处（铸件），并画出改进的图。

4－25　指出图 4－65 结构设计的错误，并画出正确的结构图。

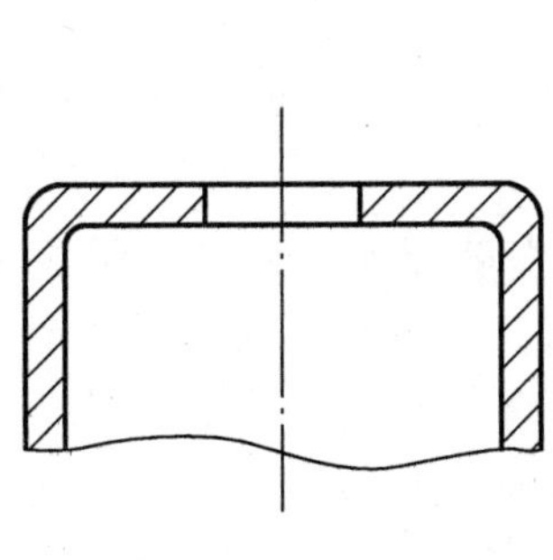

图 4－64　题 4－24 图

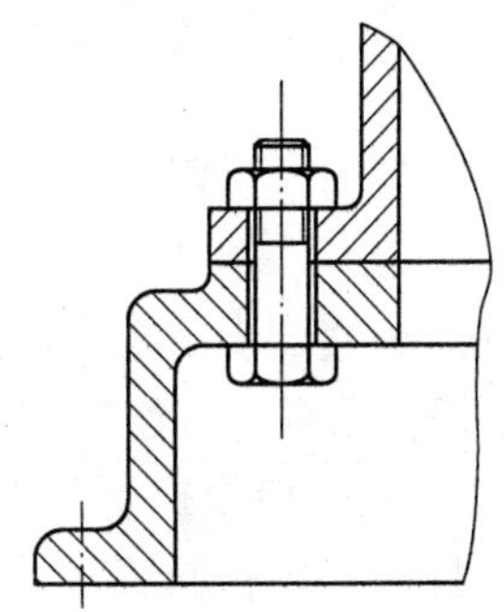

图 4－65　题 4－25 图

第5章　减速器装配图的设计

装配图是在装配草图的基础上绘制的，在设计时要综合考虑装配草图中各零件的材料、强度、刚度、加工、装拆、调整、润滑和密封等要求，修改草图中的错误或不合理之处，保证装配图的设计质量。

减速器装配图的主要内容有：按国家机械制图标准规定完成视图的绘制；标注必要的尺寸和配合关系；编写零部件的序号、明细栏及标题栏；编制机器的技术特性表；编注技术要求等工作。

5.1　绘制装配图

绘制装配图前应根据装配草图确定图纸幅面、图形比例，综合考虑装配图的各项设计内容，合理布置图面。减速器装配图选用两个或三个视图，必要时加辅助剖面、剖视或局部视图。在完整、准确地表达产品零、部件的结构形状、尺寸和各部分相互关系的前提下，视图数量应尽量少。

绘制剖视图时应注意：同一零件在各剖视图中的剖面线方向应一致，相邻的不同零件，其剖面线方向或间距应取不同，以示区别；对于剖面厚度尺寸较小（≤2 mm）的零件，如垫片，其剖面线允许采用涂黑表示。

装配图上某些结构可以采用机械制图标准中规定的简化画法，例如螺栓、螺母、滚动轴承等。装配图打完底稿后，最好先不要加深，因为设计零件图时可能还要修改装配图中的某些局部结构或尺寸。待零件图设计完成及对装配图进行必要的修改后，再加深完成装配图的设计。

5.2　尺寸标注

由于装配图是装配、安装减速器时所依据的图样，因此在装配图上应标注出以下四类尺寸。

（1）特性尺寸：表明减速器性能、规格和特征的尺寸作为减速器的特性，如传动零件的中心距及其偏差等。

（2）配合尺寸：减速器中主要零件的配合处都应标出基本尺寸、配合性质和公差等级。配合性质和公差等级的选择对减速器的工作性能、加工工艺及制造成本等都有很大影响，它们也是选择装配方法的依据，应根据有关资料认真确定。

（3）安装尺寸：减速器在安装时，要与基础、机架或机械设备相连接。同时减速器还要与电动机或其他传动部分相连接。这就需要在减速器的装配图上标注出与这些相关零件有关系的尺寸，即安装尺寸。

减速器装配图上的安装尺寸主要有:机体底座的尺寸,地脚螺栓孔的直径、间距、地脚螺栓孔的定位尺寸(地脚螺栓孔至高速轴中心线的水平距离),伸出轴端的直径和配合长度以及轴外伸端面与减速器基准轴线的距离,外伸端的中心高等。

(4)外形尺寸:外形尺寸是表示减速器大小的尺寸,如减速器的总长、总宽和总高的尺寸,以供考虑所需空间大小及工作范围,供车间布置及包箱运输时参考。

标注尺寸时,应使尺寸线布置整齐、清晰。并尽可能集中标注在反映主要结构关系的视图上,多数尺寸应标注在视图图形的外边,数字要书写得工整清楚。表 5-1 给出了减速器中主要零件的荐用配合,供设计时参考。

表 5-1　减速器主要零件的荐用配合

配合零件	荐用配合	装拆方法
大中型减速器的低速级齿轮(蜗轮)与轴的配合中,轮缘与轮芯的配合	$\frac{H7}{r6}, \frac{H7}{s6}$	用压力机或温差法(中等压力的配合,小过盈配合)
一般齿轮、蜗轮、带轮、联轴器与轴的配合	$\frac{H7}{r6}$	用压力机(中等压力的配合)
要求对中性良好及很少装拆的齿轮、蜗轮、联轴器与轴的配合	$\frac{H7}{n6}$	用压力机(较紧的过渡配合)
小锥齿轮及较常装拆的齿轮、联轴器与轴的配合	$\frac{H7}{m6}, \frac{H7}{k6}$	手锤打入(过渡配合)
滚动轴承内孔与轴的配合(内圈旋转)	j6(轻负荷),k6,m6(中等负荷)	用压力机(实际为过盈配合)
滚动轴承外圈与机体孔的配合(外圈不转)	H7,H6(精度高时要求)	木锤或徒手装拆
轴承套杯与机体孔的配合	$\frac{H7}{h6}$	木锤或徒手装拆

5.3　编写零件序号、标题栏和明细表

为了便于了解减速器的结构和组成,便于装配减速器必须对装配图上每个不同零件、部件进行编号,同时编制出相应的标题栏和明细表。

1. 零件编号

装配图中零件序号的编排应符合机械制图国家标准的规定。序号按顺时针或逆时针方向依次排列整齐,避免重复或遗漏,对于相同的零件用 1 个序号,一般只标注 1 次,序号字高比图中所注尺寸数字高度大一号。指引线相互不能相交,也不应与剖面线平行。一组紧固件及装配关系清楚的零件组,可以采用公共指引线(图 5-1)。

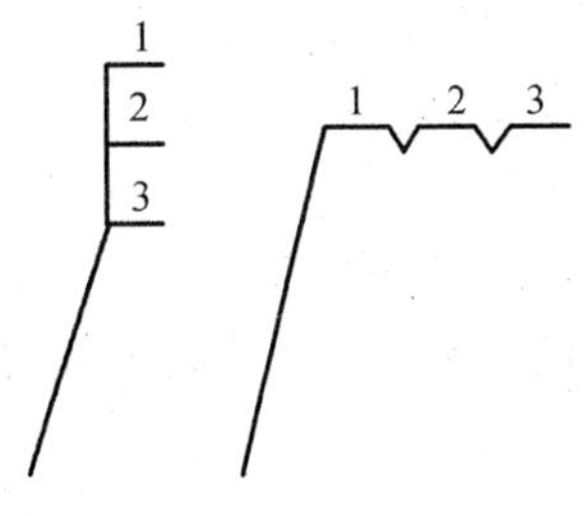

图 5-1　公共引线编号

标准件和非标准件可混编编号或分编编号。

2. 标题栏和明细表

标题栏是用来说明减速器的名称、图号、比例、质量和件数等,应置于图纸的右下角。

明细表是减速器所有零件的详细目录,应按序号完整地写出零件的名称、数量、材料、规格和标准等,对传动零件还应注明模数 m、齿数 z、螺旋角 β、导程角 γ 等主要参数。

编制明细表的过程也是最后确定材料及标准的过程,因此填写时应考虑到节约贵重材料,减少材料及标准件的品种和规格。

本课程用标题栏和明细表的格式如图 5-2、图 5-3 所示。

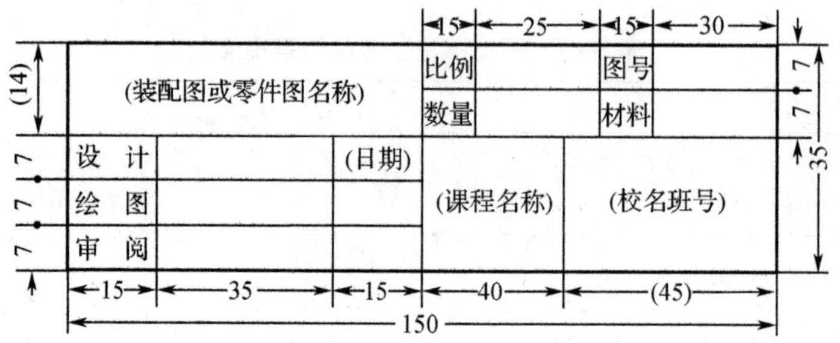

图 5-2 标题栏格式

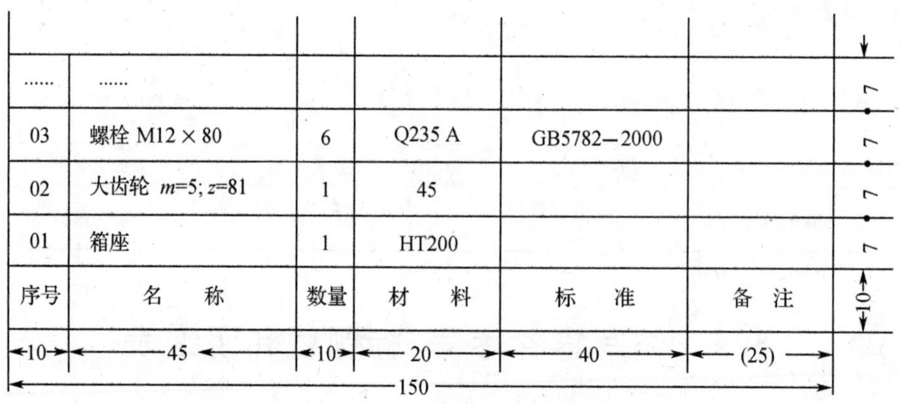

图 5-3 明细表格式

5.4 编制技术特性表

为了表明设计的减速器的各项运动参数、动力参数及传动件的主要几何参数,在减速器的装配图上还要以表格形式将这些参数列出。表 5-2 给出两级圆柱斜齿轮减速器的技术特性的示范表,供设计者参考。

表 5-2　技术特性

输入功率 P/kW	输入转速 n/(r/min)	效率 η	总传动比 i	传动特性							
				第一级				第二级			
				m_n	z_2/z_1	β	精度等级	m_n	z_2/z_1	β	精度等级

5.5　编写技术要求

装配图技术要求是用文字说明在视图上无法表示的有关装配、调整、检验、润滑和维修等方面的内容。正确地制定技术要求,以保证减速器的工作性能,减速器装配图主要有以下几方面的技术要求。

1. 对零件的要求

在装配前所有零件均用煤油或汽油清洗,配合表面涂上润滑油。箱体内不允许有任何杂物存在,箱体内壁涂上防侵蚀涂料。

2. 对润滑的要求

润滑对减速器的传动性能有很大影响,在技术要求中应注明传动件和轴承的润滑剂品种、用量和更换时间。

选择传动件的润滑剂时,应考虑传动特点、载荷性质、载荷大小及运转速度。在重载、高速、频繁启动、反复运转等情况,由于形成油膜的条件差,温升高,所以应选用黏度高、油性和极压性好的润滑油。例如,重型齿轮传动可选用黏度高、油性好的齿轮油;轻载、高速、间歇工作的传动件可选黏度较低的润滑油;开式齿轮传动可选耐蚀、抗氧化及减摩性好的开式齿轮油。

当传动件与轴承采用同一润滑剂时,应优先满足传动件的要求,适当兼顾轴承的要求。对多级传动,应按高速级和低速级对润滑剂黏度要求的平均值来选择润滑剂,传动件和轴承所用润滑剂的选择方法参见教材。减速器换油时间取决于油中杂质的多少和被氧化与被污染的程度,一般为半年左右。

3. 对密封的要求

减速器剖分面、各接触面和密封处均不允许漏油。剖分面上允许涂密封胶或水玻璃,不允许使用垫片或填料。

4. 传动副的侧隙和接触斑点的要求

齿轮安装后,所要求的传动侧隙和齿面接触斑点是由传动精度确定的,可由本书第 15 章中查出。

传动侧隙的检查可用塞尺或把铅丝放入相互啮合的两齿面间,然后测量塞尺或铅丝变形后的厚度。接触斑点的检查是在主动轮啮合齿面上涂色,将其转动2~3周后,观察从动轮啮合齿面的着色情况,分析接触区的位置和接触面积的大小。

当传动侧隙或接触斑点不符合要求时,可对齿面进行刮研、跑合或调整传动件的啮合位置。对于锥齿轮传动可通过垫片调整两轮位置,使其锥顶重合。对多级传动,如各级传动的侧隙和接触斑点要求不同时,应分别在技术要求中注明。

5. 滚动轴承轴向游隙的要求

在安装和调整滚动轴承时,必须保证一定的轴向游隙,否则会影响轴承的正常工作。轴向间隙的调整,可用垫片或螺钉来实现。对于可调游隙轴承(如角接触球轴承和圆锥滚子轴承),其轴向游隙值可查本书第11章,对于深沟球轴承,一般应留有$\Delta = 0.2 \sim 0.4$ mm的轴向间隙。

6. 对试验的要求

减速器装配后,应作空载试验和负载试验。空载试验是在额定转速下,正、反转各1~2 h,要求运转平稳、噪声小、连接不松动、不渗漏等。负载试验是在额定转速和额定功率下进行,要求油池温升不超过35 ℃,轴承温升不超过40 ℃。

7. 对外现、包装和运输的要求

箱体表面应涂漆,外伸轴及零件需涂油并包装严密,运输及装卸时不可倒置。

5.6 检查装配图

装配图完成后,应按下列项目认真检查:

(1)视图的数量是否足够,投影关系是否正确,是否清楚地表达减速器的工作原理和关系;

(2)各零件的结构是否合理,便于加工、装拆、调整、润滑、密封及维修;

(3)尺寸标注是否正确,配合和精度的选择是否适当;

(4)零件编号是否齐全,标题栏和明细表是否符合要求,有无重复或遗漏;

(5)技术要求和技术特性表是否完善、正确;

(6)图样及数字和文字是否符合机械制图国家标准规定。

图5-4为完成的二级圆柱齿轮减速器装配图,供设计时参考。

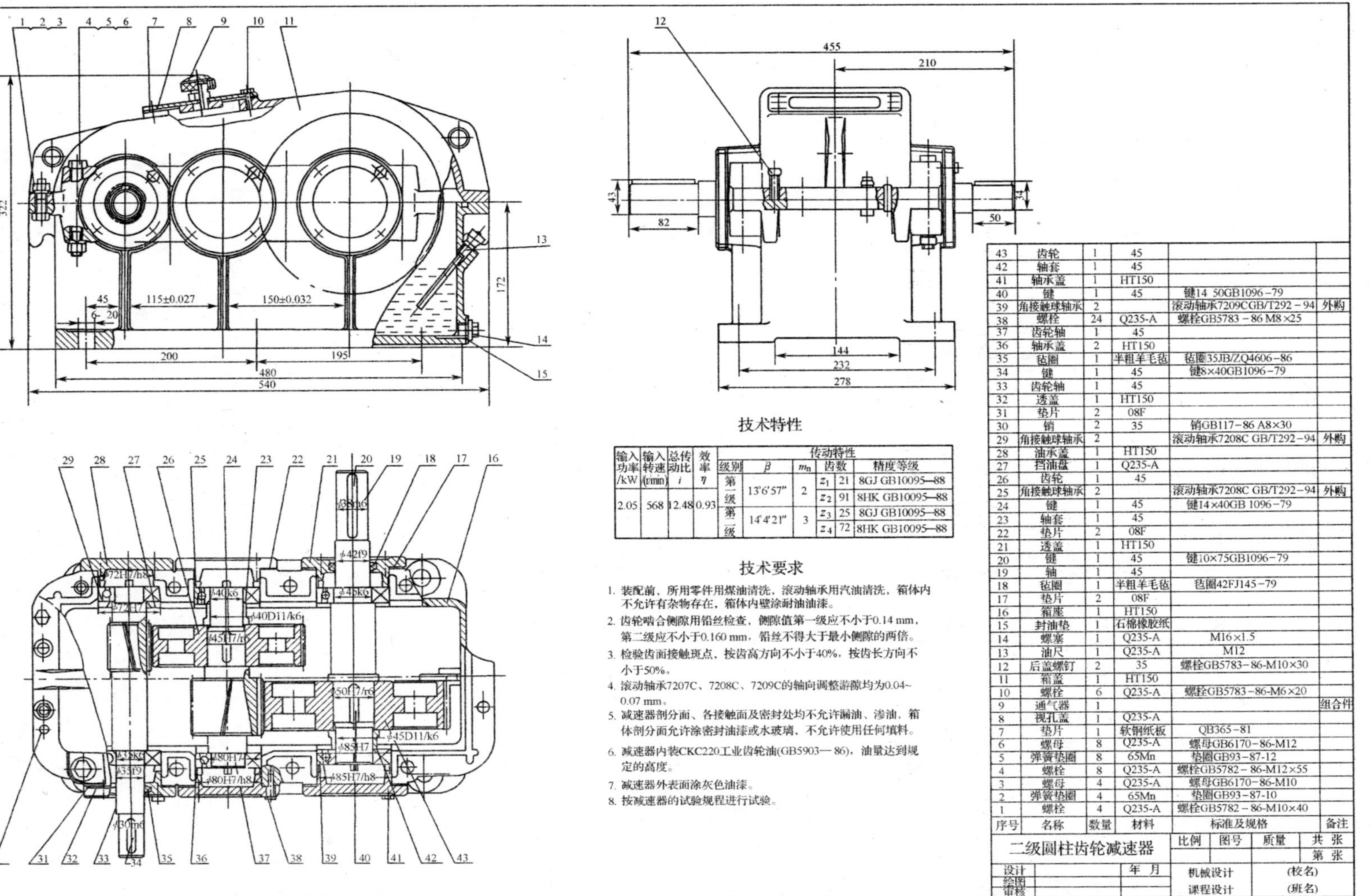

技术特性

输入功率/kW	输入转速/(r/min)	总传动比 i	效率 η	传动特性					
				级别	β	m_n	齿数		精度等级
2.05	568	12.48	0.93	第一级	13°6′57″	2	z_1	21	8GJ GB10095—88
							z_2	91	8HK GB10095—88
				第二级	14°4′21″	3	z_3	25	8GJ GB10095—88
							z_4	72	8HK GB10095—88

技术要求

1. 装配前，所用零件用煤油清洗，滚动轴承用汽油清洗，箱体内不允许有杂物存在，箱体内壁涂耐油油漆。
2. 齿轮啮合侧隙用铅丝检查，侧隙值第一级应不小于0.14 mm，第二级应不小于0.160 mm，铅丝不得大于最小侧隙的两倍。
3. 检验齿面接触斑点，按齿高方向不小于40%，按齿长方向不小于50%。
4. 滚动轴承7207C、7208C、7209C的轴向调整游隙均为0.04~0.07 mm。
5. 减速器剖分面、各接触面及密封处均不允许漏油、渗油，箱体剖分面允许涂密封油漆或水玻璃，不允许使用任何填料。
6. 减速器内装CKC220工业齿轮油(GB5903—86)，油量达到规定的高度。
7. 减速器外表面涂灰色油漆。
8. 按减速器的试验规程进行试验。

序号	名称	数量	材料	标准及规格	备注
43	齿轮	1	45		
42	轴套	1	45		
41	轴承盖	1	HT150		
40	键	1	45	键14 50GB1096－79	
39	角接触球轴承	2		滚动轴承7209CGB/T292－94	外购
38	螺栓	24	Q235-A	螺栓GB5783－86 M8×25	
37	齿轮轴	1	45		
36	轴承盖	2	HT150		
35	毡圈	1	半粗羊毛毡	毡圈35JB/ZQ4606－86	
34	键	1	45	键8×40GB1096－79	
33	齿轮轴	1	45		
32	透盖	1	HT150		
31	垫片	2	08F		
30	销	2	35	销GB117－86 A8×30	
29	角接触球轴承	2		滚动轴承7208C GB/T292－94	外购
28	油承盖	1	HT150		
27	挡油盘	1	Q235-A		
26	齿轮	1	45		
25	角接触球轴承	2		滚动轴承7208C GB/T292－94	外购
24	键	1	45	键14×40GB 1096－79	
23	轴套	1	45		
22	垫片	2	08F		
21	透盖	1	HT150		
20	键	1	45	键10×75GB1096－79	
19	轴	1	45		
18	毡圈	1	半粗羊毛毡	毡圈42FJ145－79	
17	垫片	2	08F		
16	箱座	1	HT150		
15	封油垫	1	石棉橡胶纸		
14	螺塞	1	Q235-A	M16×1.5	
13	油尺	1	Q235-A	M12	
12	后盖螺钉	2	35	螺栓GB5783－86-M10×30	
11	箱盖	1	HT150		
10	螺栓	6	Q235-A	螺栓GB5783－86-M6×20	
9	通气器	1			组合件
8	视孔盖	1	Q235-A		
7	垫片	1	软钢纸板	QB365－81	
6	螺母	8	Q235-A	螺母GB6170－86-M12	
5	弹簧垫圈	8	65Mn	垫圈GB93－87-12	
4	螺栓	8	Q235-A	螺栓GB5782－86-M12×55	
3	螺母	4	Q235-A	螺母GB6170－86-M10	
2	弹簧垫圈	4	65Mn	垫圈GB93－87-10	
1	螺栓	4	Q235-A	螺栓GB5782－86-M10×40	

二级圆柱齿轮减速器			比例	图号	质量	共　张
						第　张
设计		年　月	机械设计		(校名)	
绘图			课程设计		(班名)	
审核						

图5-4　二级圆柱齿轮减速装配图

思 考 题

5-1 装配图的作用是什么,它包括哪些内容?

5-2 装配图中应标注哪几类尺寸,其作用是什么?

5-3 如何选择减速器主要零件的配合与精度?传动零件与轴的配合如何选择?滚动轴承与轴和箱体孔的配合如何选择?

5-4 装配图的技术要求主要包括哪些内容?

5-5 滚动轴承在安装时为什么要留出轴向游隙,如何调整?

5-6 如何检查传动件的齿面接触斑点,它与传动精度的关系如何?

5-7 减速器中哪些零件需要润滑,如何润滑?

5-8 为什么在减速器剖分面处不允许使用垫片,如何防止漏油?

第6章 零件工作图的设计

6.1 零件工作图的要求

机器的装配图设计完成之后,必须设计和绘制各非标准件的零件工作图。零件工作图是零件制造、检验和制定工艺规程的基本技术文件,它既反映设计意图,又考虑到制造、使用的可能性和合理性。因此,必须保证图形、尺寸、技术要求和标题栏等零件图的基本内容完整、无误、合理。

每个零件图应单独绘制在一个标准图幅中,其基本结构和主要尺寸应与装配图一致,不应随意改动,如必须改动,应对装配图作相应的修改。对于装配图中未曾注明的一些细小结构如圆角、倒角、斜度等在零件图上也应完整给出。视图比例优先选用1:1,应合理安排视图,用各种视图清楚地表达结构形状及尺寸数值,特殊的细部结构可以另行放大绘制。

零件图上的尺寸是加工与检验的依据。尺寸标注要选择好基准面,标注在最能反映形体特征的视图上。尺寸标注要做到尺寸完整,便于加工测量,避免尺寸重复、遗漏、封闭及数值差错。

零件中所有表面均应注明表面粗糙度值。对于重要表面单独标注,当较多表面具有同一表面粗糙度时,可在图纸右上角统一标注,并加“其余”字样,具体数值按表面作用及制造经济原则选取。对于要求精确的小尺寸及配合尺寸,应注明尺寸极限偏差,并根据不同要求,标注零件的表面形状和位置公差。尺寸公差和形位公差都应按表面作用及必要的制造经济精度确定,对于不便用符号及数值表明的技术要求,可用文字说明。

对传动零件(如齿轮、蜗轮等),应列出啮合特性表,反映特性参数、精度等级和误差检验要求。

对于零件在制造或检验时必须保证的要求和条件,不便用图形或符号表示时,可在零件图技术要求中注出。它的内容根据不同的零件和不同的加工方法的要求而定。

图纸右下角应画出标题栏,用来说明零件的名称、图号、数量、材料、比例等内容,其格式与尺寸可按相应国标绘制,也可参考本书第8章。

6.2 典型零件的工作图

1. 轴类零件工作图

(1)视图

轴类零件为回转体,一般按轴线水平位置布置主视图,在有键槽和孔的地方,增加必要的剖视图或断面图。对于不易表达清楚的局部,如螺纹退刀槽、砂轮越程槽、中心孔等,必要时应加局部放大图。

(2)尺寸标注

轴类零件的尺寸标注主要是径向、轴向及键槽等细部结构的尺寸。径向尺寸以轴线为基准,所有配合处的直径尺寸都应标出尺寸偏差;轴向尺寸的基准面,通常有轴孔配合端面基准面及轴端基准面。

标注长度尺寸时,应根据设计及工艺要求确定主要基准和辅助基准,并选择合理的标注形式,尽量使标注的尺寸反映加工工艺及测量的要求,尺寸标注应完整,不可因尺寸数值相同而省略,但不允许出现封闭尺寸链。所有细部结构的尺寸(如倒角、圆角等)等,都应标注或在技术要求中说明。

图6-1为轴类零件尺寸标注示例,它反映了如表6-1所示的主要加工过程。基准面1是齿轮的定位面,为主要基准。轴段长度59,108,10都以基准面1作为基准注出,这样可以减少加工时的测量误差。标注ϕ45轴段的长度是为保证齿轮轴向定位的可靠性,标注ϕ50轴段的长度是为控制轴承的支点跨距。基准面2为辅助基准面,由该面注出的ϕ30轴段长度为固定联轴器。ϕ35的轴右端如ϕ40轴段长度是次要尺寸,其误差不影响装配精度。因而分别取它们作为封闭环,使加工误差积累在该轴段上,避免了封闭的尺寸链。

表6-1 轴的车削主要工序过程 (单位:mm)

序号	工序名称	工序草图	加工尺寸	
			轴向	径向
1	下料、车外圆	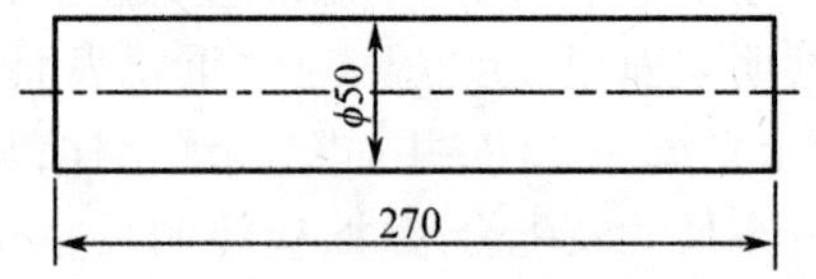 ϕ50; 270	270	ϕ50
2	卡住一头,车ϕ45	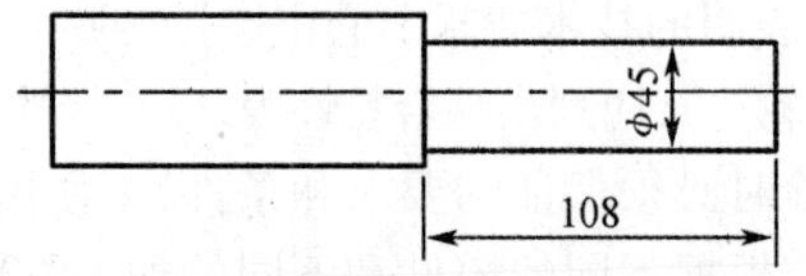 ϕ45; 108	108	ϕ45
3	车ϕ40	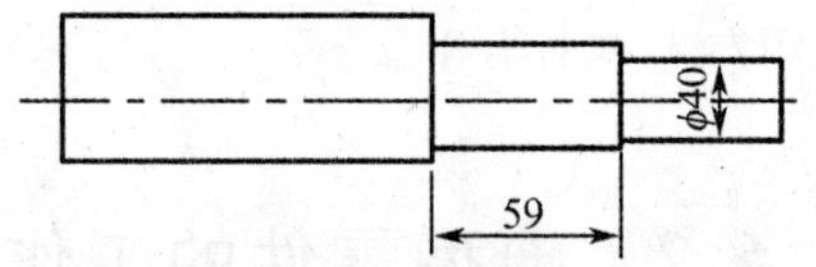 ϕ40; 59	55	ϕ40
4	圆头,车ϕ40	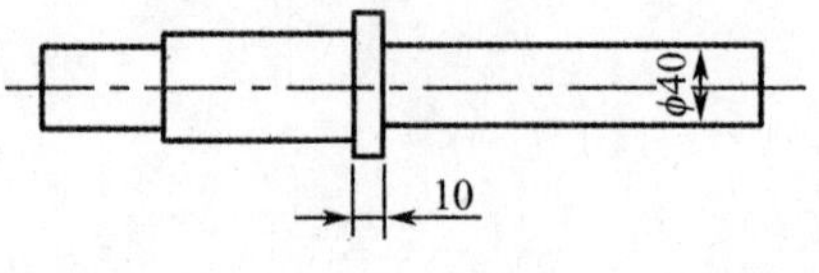 ϕ40; 10	10	ϕ40

表 6－1　（续）

序号	工序名称	工序草图	加工尺寸	
			轴向	径向
5	车 $\phi35$		30	$\phi35$
6	车 $\phi30$		60	$\phi30$

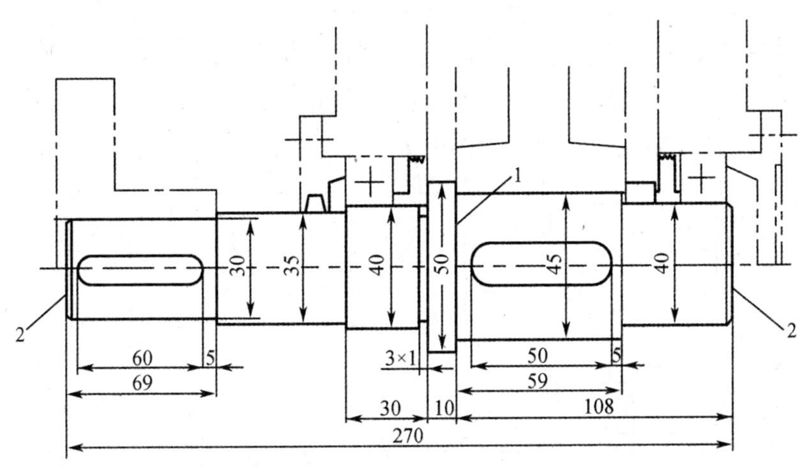

图 6－1　轴的尺寸标注

1—主要基准；2—辅助基准

(3)技术要求

凡有精度要求的配合尺寸都应标出尺寸公差，加工表面应标注表面粗糙度。为了保证轴的加工及装配精度，还应标注必要的形位公差。

图中无法标注或比较统一的一些技术要求，需要用文字在技术要求中说明，这主要包括以下几方面：

①对材料的力学性能及化学成分的要求；

②对材料表面力学性能的要求，如热处理、表面硬度等；

③对加工的要求，如中心孔、与其他零件配合加工等；

④对图中未标注圆角、倒角及表面粗糙度的说明及其他特殊要求。

有关轴的表面粗糙度及形位公差等级，可参考表 6－2 及表 6－3，轴的零件工作图示例见图 6－2。

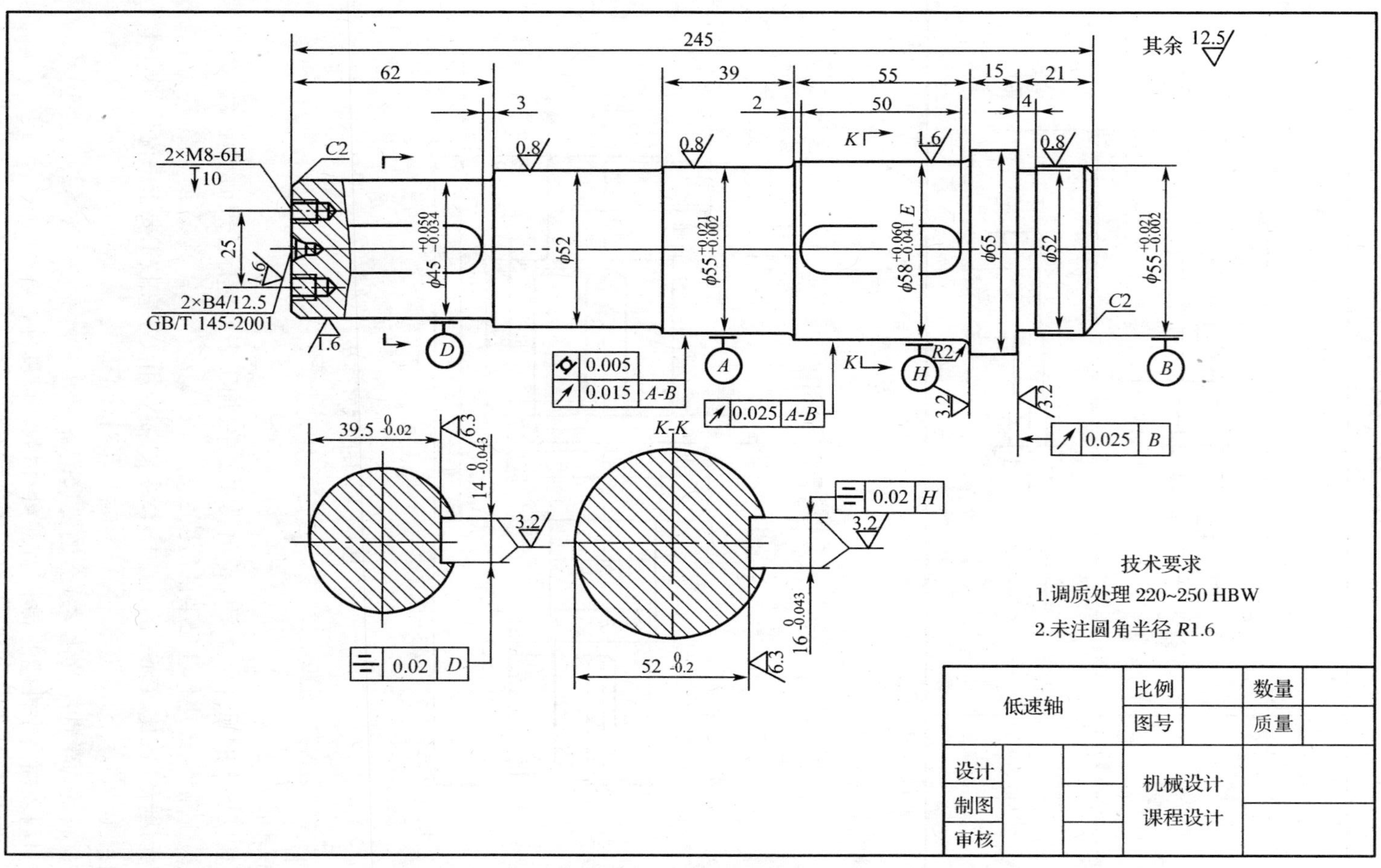

其余 12.5
245
62
3
39
2
55
50
15
21
4
2×M8-6H
10
C2
25
2×B4/12.5
GB/T 145-2001
1.6
0.8
K-K
0.005
0.015 A-B
0.025 A-B
0.025 B
0.02 H
0.02 D
技术要求
1.调质处理 220~250 HBW
2.未注圆角半径 R1.6
低速轴
比例
数量
图号
质量
设计
制图
审核
机械设计
课程设计

图6-2 轴零件工作图

表 6－2　轴的工作表面粗糙度

加工表面	R_a/μm	加工表面	R_a/μm
与传动件及联轴器轮毂相配合表面	3.2～0.8	与传动件及联轴器轮毂配合轴肩端面	6.3～3.2
与普通级滚动轴承配合的表面	1.6～0.8	与普通级滚动轴承配合的轴肩	3.2
平键键槽的工作面	3.2～1.6	平键键槽的非工作面	6.3

表 6－3　轴的形位公差等级

类别	项　　目	等级	作　　用
形状公差	轴承配合表面的圆度或圆柱度	6～7	影响轴与承配合的松紧和对中性
	传动轴孔配合的圆度或圆柱度	7～8	影响传动性与轴配合的松紧和对中性
位置公差	轴承配合表面对轴线的圆跳动	6～8	影响传动性及轴承的运转偏心
	轴承定位端面对轴线的圆跳动	6～8	影响轴承定位及受载均匀性
	传动性轴孔配合表面对轴线的圆跳动	6～8	影响齿轮等传动性的正常运转
	传动性定位端面对轴线的圆跳动	6～8	影响齿轮等传动性的定位及受载均匀性
	键槽对轴线的对称度	7～9	影响键受载的均匀性及装拆难易程度

2. 齿轮类零件工作图

(1)视图

齿轮类零件常采用两个基本视图表示。主视图轴线水平放置，左视图反映轮辐、辐板及键槽等结构。也可采用一个视图，附加轴孔和键槽局部剖视图来表示。

对于组合式的蜗轮结构，则应先画出组件，再分别画出各组件的零件图。齿轮轴与的蜗杆轴的视图与轴类零件图相似。有时为了表达齿形的有关特征及参数，应画出局部剖视图。

(2)尺寸标注

齿轮类零件图的径向尺寸以轴线为基准标出，轴向尺寸则以加工端面为基准标出。分度圆和齿顶圆是设计及制造的重要尺寸，在图中必须标出，齿根圆一般不必标注。轮毂轴孔是加工、装配的重要基准，应标出尺寸及极限偏差。锥齿轮的锥距和锥角是保证啮合的重要尺寸，也必须标注。组合式蜗轮结构,应标出轮缘与轮毂的配合尺寸、配合精度及配合性质。

(3)技术要求

齿轮类零件的表面粗糙度 R_a 值的推荐值,参考本书第15章。齿轮类零件轮坯的形位公差等级确定,参考表6-4。

表6-4 齿轮(蜗轮)轮坯的形位公差

类别	项目	等级	作用
形状公差	轴孔配合的圆度或圆柱度	6~8	影响轴孔的配合性能及对中性
位置公差	齿顶圆对轴线的圆跳动	按齿轮精度等级及尺寸确定	在齿形加工后引起运动误差,齿向误差影响传动精度及载荷分布的均匀性
	齿轮基准端面对轴对的端面圆跳动		
	轮毂键槽对孔轴线的对称度	7~9	影响键受载的均匀性及装拆的难易

文字叙述的主要技术要求有:

①对铸件、锻件或其他类型坯件的要求;

②对材料的力学性能和化学性能的要求;

③对材料表面力学性能的要求;

④对未注倒角、圆角及表面粗糙度值的说明及其他特殊要求。

(4)啮合特性表

齿轮类零件的啮合特性表应布置在图幅的右上方,主要项目包括齿轮(蜗轮或蜗杆)的主要参数及误差检验项目等。齿轮类零件的精度等级和相应的误差检验项目的极限偏差、公差可参考第15章。原则上啮合精度等级、齿厚偏差等级应按齿轮运动及受载情况、受载性质诸因素,结合制造工艺水准而定。

圆柱齿轮、蜗轮及蜗轮各零件的工作图示例见图6-3~图6-6。

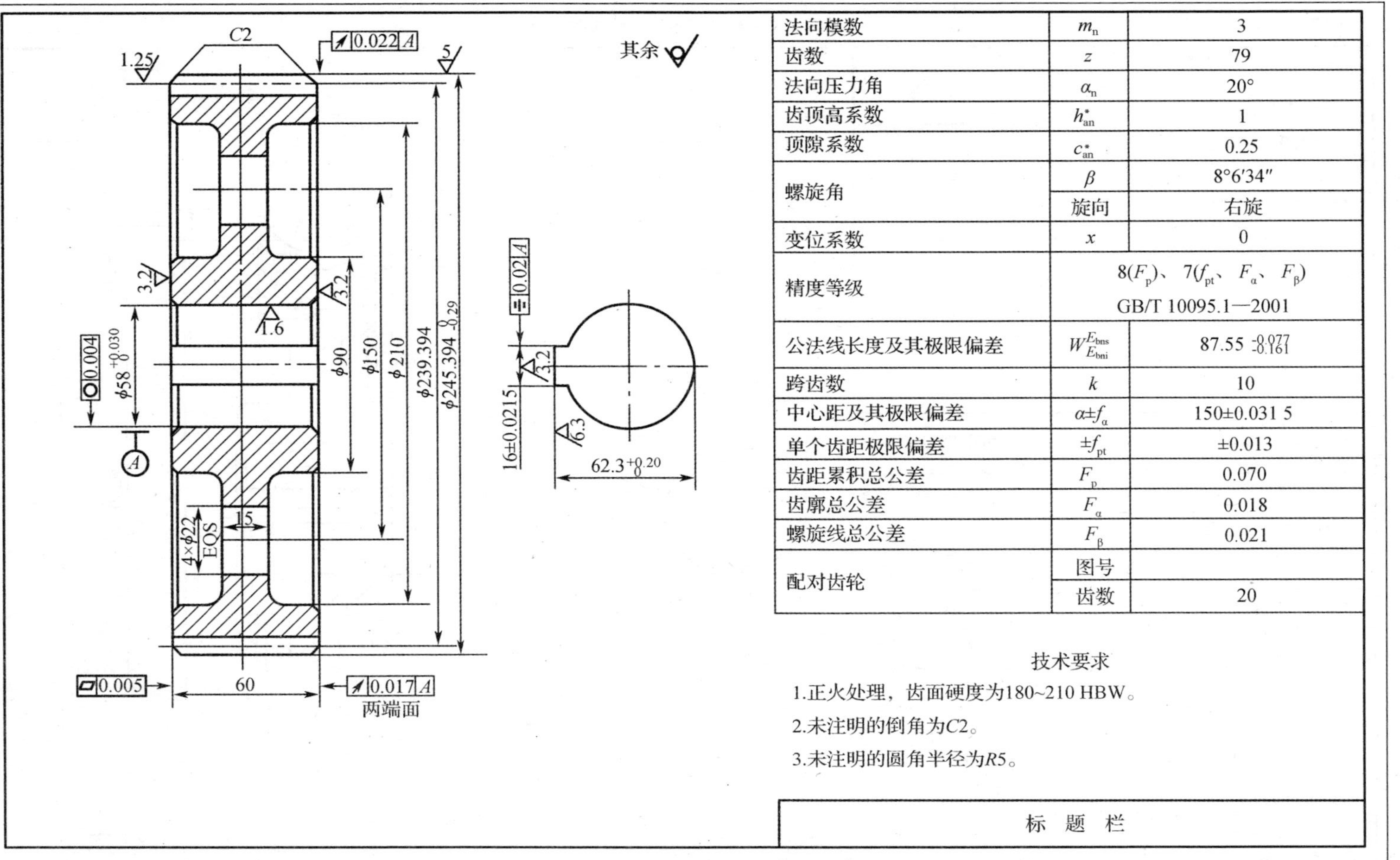

法向模数	m_n	3
齿数	z	79
法向压力角	α_n	20°
齿顶高系数	h^*_{an}	1
顶隙系数	c^*_{an}	0.25
螺旋角	β	8°6′34″
	旋向	右旋
变位系数	x	0
精度等级	8(F_p)、7(f_{pt}、F_α、F_β) GB/T 10095.1—2001	
公法线长度及其极限偏差	$W^{E_{bns}}_{E_{bni}}$	$87.55^{-0.077}_{-0.161}$
跨齿数	k	10
中心距及其极限偏差	$\alpha \pm f_\alpha$	150±0.031 5
单个齿距极限偏差	$\pm f_{pt}$	±0.013
齿距累积总公差	F_p	0.070
齿廓总公差	F_α	0.018
螺旋线总公差	F_β	0.021
配对齿轮	图号	
	齿数	20

技术要求

1.正火处理，齿面硬度为180~210 HBW。

2.未注明的倒角为$C2$。

3.未注明的圆角半径为$R5$。

标　题　栏

图6-3　圆柱齿轮零件工作图

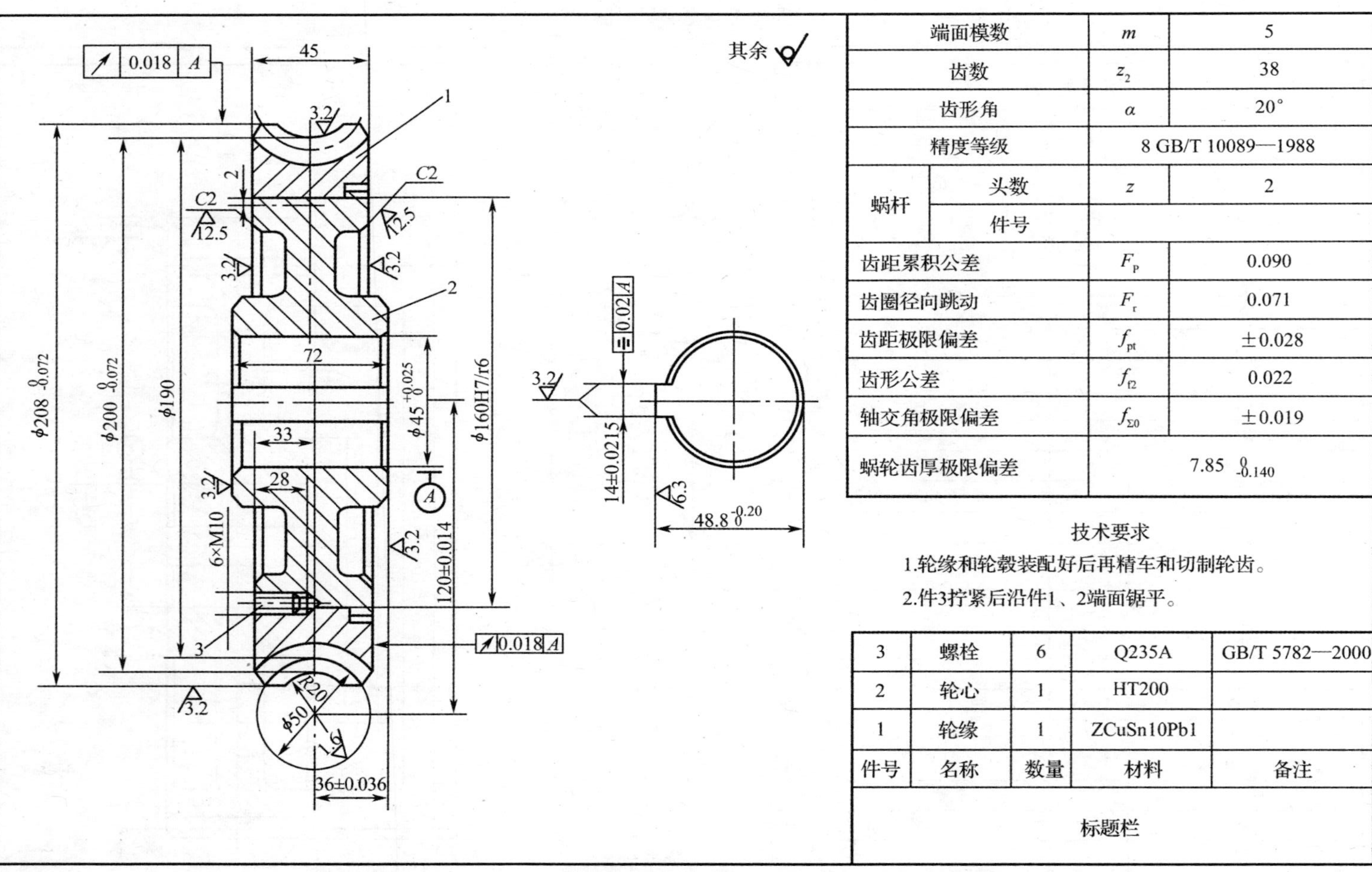

端面模数		m	5
齿数		z_2	38
齿形角		α	20°
精度等级		8 GB/T 10089—1988	
蜗杆	头数	z	2
	件号		
齿距累积公差		F_P	0.090
齿圈径向跳动		F_r	0.071
齿距极限偏差		f_{pt}	±0.028
齿形公差		f_{f2}	0.022
轴交角极限偏差		$f_{\Sigma 0}$	±0.019
蜗轮齿厚极限偏差		$7.85_{-0.140}^{0}$	

技术要求

1.轮缘和轮毂装配好后再精车和切制轮齿。

2.件3拧紧后沿件1、2端面锯平。

3	螺栓	6	Q235A	GB/T 5782—2000
2	轮心	1	HT200	
1	轮缘	1	ZCuSn10Pb1	
件号	名称	数量	材料	备注

标题栏

图6-4 蜗轮工作图

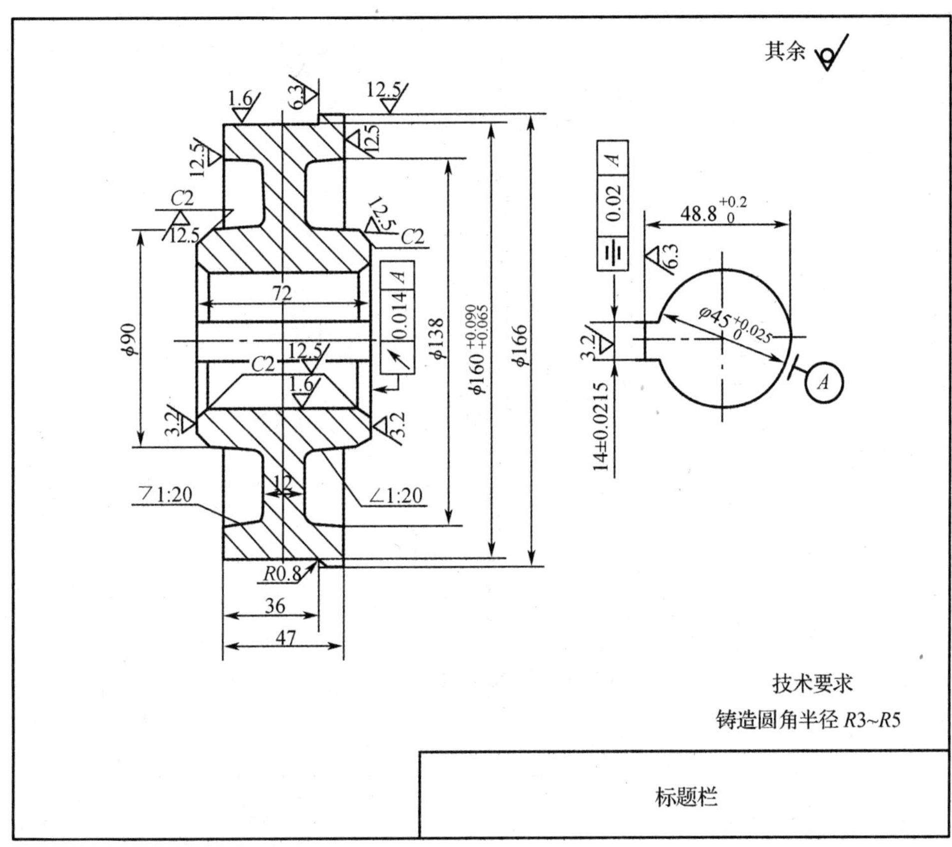

图 6－5　蜗轮轮心零件工作图

3. 箱体类零件工作图

(1)视图

减速器箱体零件的结构比较复杂,一般需要三个视图表示。为表达清楚其内部和外部结构,还需增加一些局部视图、局部剖视图和局部放大图等。

(2)尺寸标注

与轴类及齿轮类零件相比,箱体的尺寸标注要复杂得多,在标注时应注意以下几方面。

①要选好基准,最好采用加工基准作为标注尺寸的基准。例如:箱盖或箱座的高度方向尺寸最好以剖分面为基准;箱体的宽度方向尺寸应以宽度的对称中心线为基准;箱体的长度方向一般以轴承孔中心线为基准。

②功能尺寸应直接标出,如轴承孔中心距、减速器中心高等。

③标全箱体形状和定位尺寸,形状尺寸是箱体各部位形状大小的尺寸,应直接标出;定位尺寸是确定箱体各部分相对位置的尺寸,应从基准直接标出。

④箱体多为铸件,应按形体标注尺寸,以便于制作木模。

⑤箱体尺寸繁多,应避免尺寸遗漏、重复,同时要检查尺寸链是否封闭等,倒角、圆角、起模斜度等必须在图中标注或在技术要求中说明。

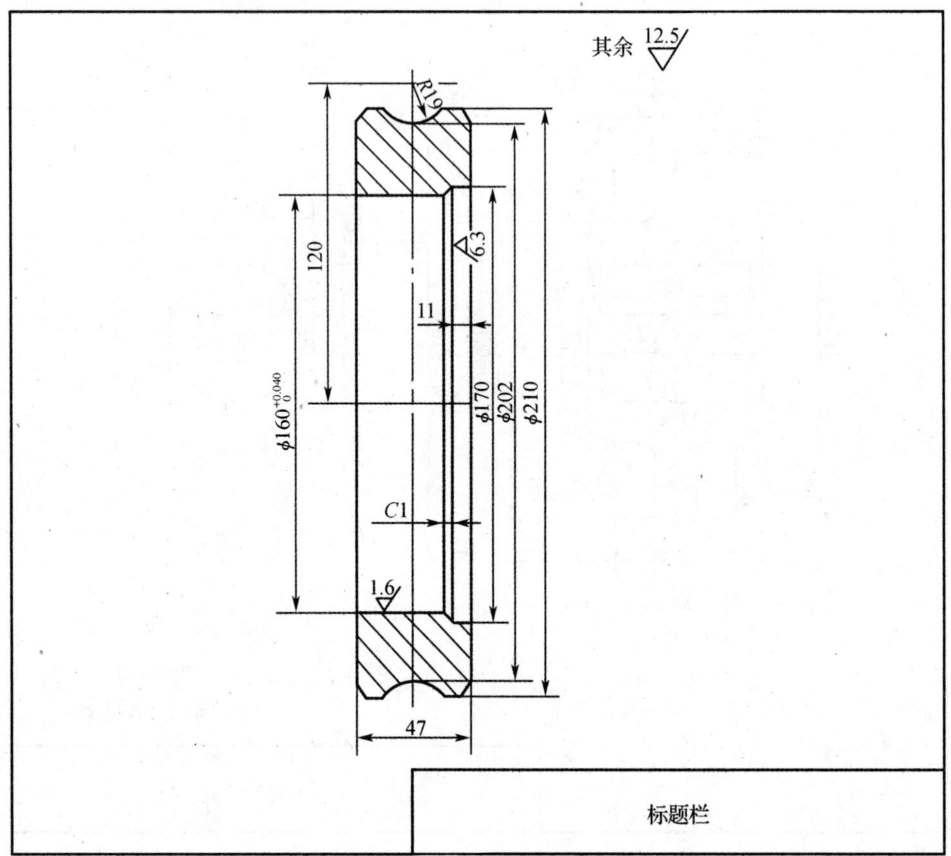

图6-6 蜗轮轮缘零件工作图

(3)技术要求

重要的配合尺寸应标注出极限偏差,加工表面应标注表面粗糙度,其数值可参考表6-5。为了保证加工及装配精度,还应标出形状及位置公差,其公差等级可参表6-6。

表6-5 箱体零件的工作表面粗糙度

加工表面	R_a/μm	加工表面	R_a/μm
减速器剖分面	3.2~1.6	减速器底面	12.5~6.3
轴承座孔面	3.2~1.6	轴承座孔外端面	6.3~3.2
圆锥销孔面	3.2~1.6	螺栓孔座面	12.5~6.3
嵌入盖凸缘槽面	6.3~3.2	油塞孔座面	12.5~6.3
视孔盖接触面	12.5	其他表面	>12.5

表6-6　箱体的形位公差

类别	项　目	等级	作　用
形状公差	轴承座孔的圆度或圆柱度	6~7	影响箱体与轴承配合性能及对中性
	剖分面的平面度	7~8	
位置公差	轴承座孔轴线间的平行度	6~7	响传动性的传动平稳性及载荷分布的均匀性
	轴承座孔轴线间的垂直度	7~8	
	两轴承座孔轴线的同轴度	6~8	影响轴系安装及齿面载荷分布的均匀性
	轴承座孔轴线与端面的垂直度	7~8	影响轴承固定及轴向载荷受载的均匀性
	轴承座孔轴线对剖分面的位置度	<0.3 mm	影响孔系精度及轴系装配

零件图中未能表达的技术要求,可用文字说明,包括以下几个方面:

①铸件的清砂、去毛刺和时效处理要求;

②剖分面上的定位销孔应将箱座和箱盖固定后配钻、配铰;

③箱座和箱盖轴承孔的加工,应在箱座和箱盖用螺栓连接,并装入定位销后进行;

④箱体内表面需用煤油清洗后涂防锈漆;

⑤图中未注的铸造斜度及圆角半径;

⑥其他需要文字说明的特殊要求;

箱盖及箱座的零件工作图示例见图6-7和图6-8。

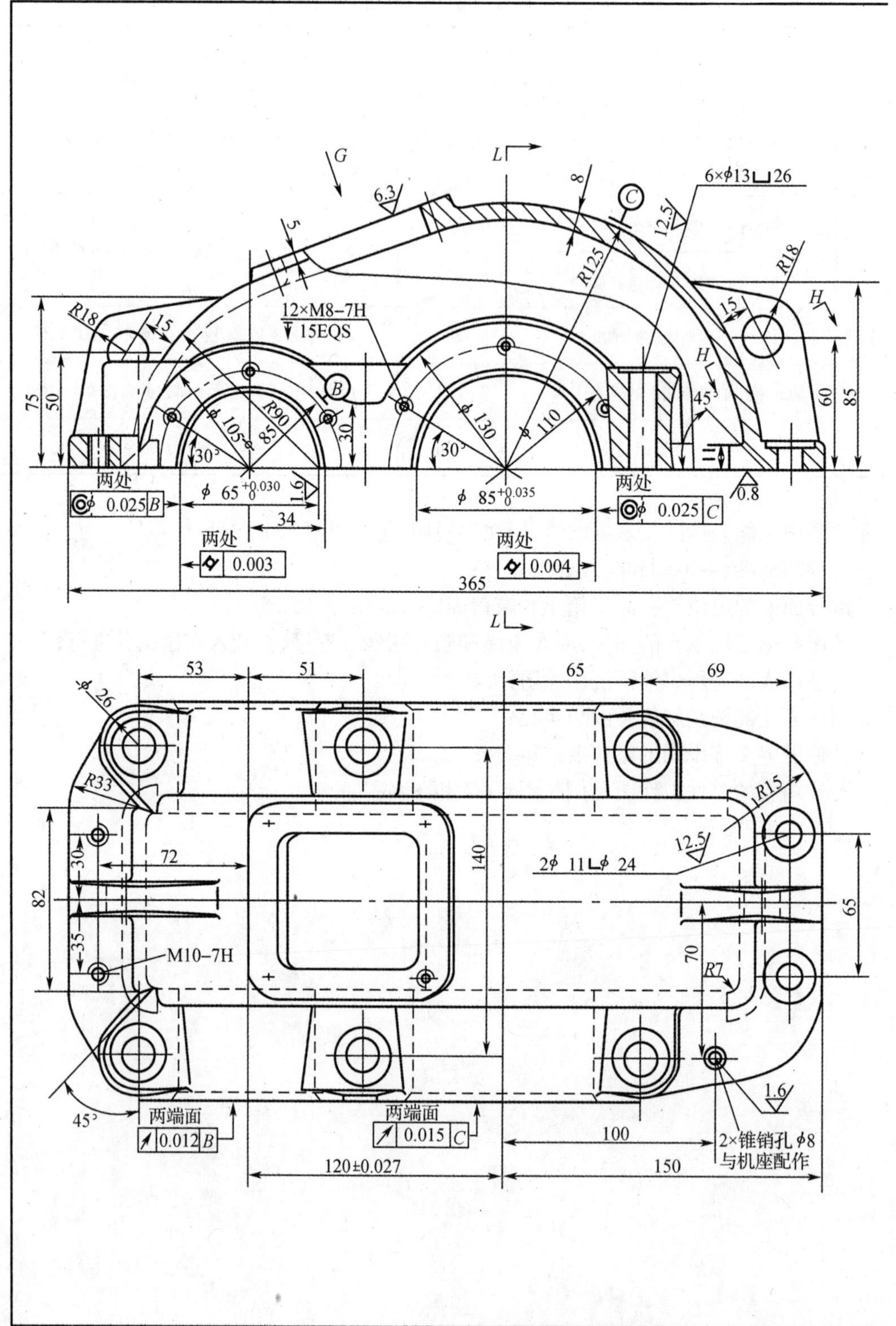
12×M8-7H
15EQS
6×ϕ13⊔26
两处
0.025 B
0.025 C
ϕ 65 +0.030 0
ϕ 85 +0.035 0
0.003
0.004
365
两端面
0.012 B
0.015 C
120±0.027
100
150
2ϕ 11⌴ϕ 24
M10-7H
2×锥销孔 ϕ8
与机座配作

图6-7 箱盖零

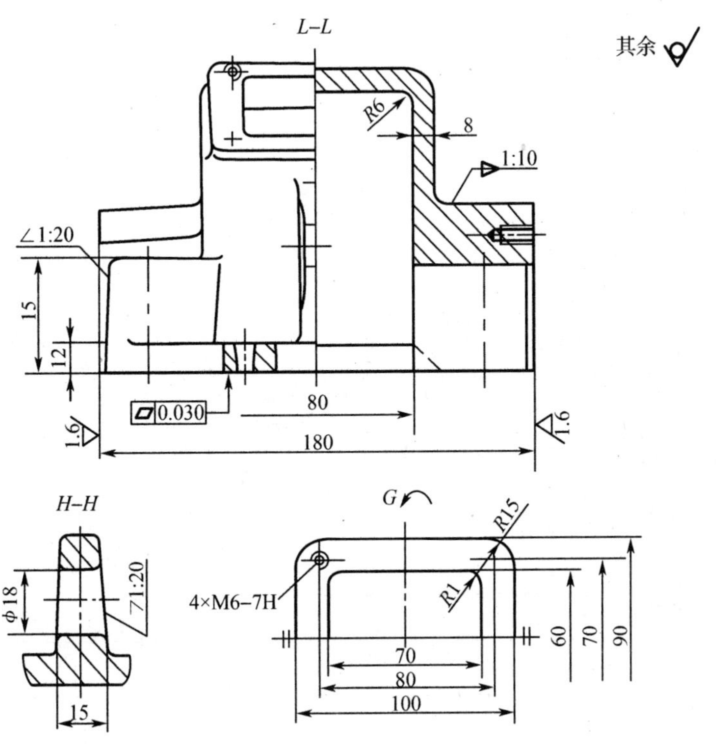

技术要求

1.箱盖铸成后,应清理并进行时效处理。

2.箱盖和箱座合箱后，边缘应平齐，相互错位不大于2。

3.应检查与箱座结合面的密封性，用0.05塞尺塞入深度不得大于结合面宽度的1/3。用涂色法检查接触面积达每平方厘米一个斑点。

4.与箱座连接后，打上定位销进行镗孔，镗孔时结合面处禁放任何衬垫。

5.轴承孔轴线与剖分面的位置度为0.5。

6.两轴承孔轴线在水平面内的轴线平行度公差为0.025；两轴承孔轴线在垂直面内轴线平行度公差为0.012。

7.机械加工未注公差按GB/T B04—f。

8.未注铸造圆角半$R3$~$R5$。

9.加工后应清除污垢，内表面涂漆，不得漏油。

箱盖			比例	1:1	材料	
			图号		数量	
设计			机械设计课程设计			
制图						
审核						

件工作图

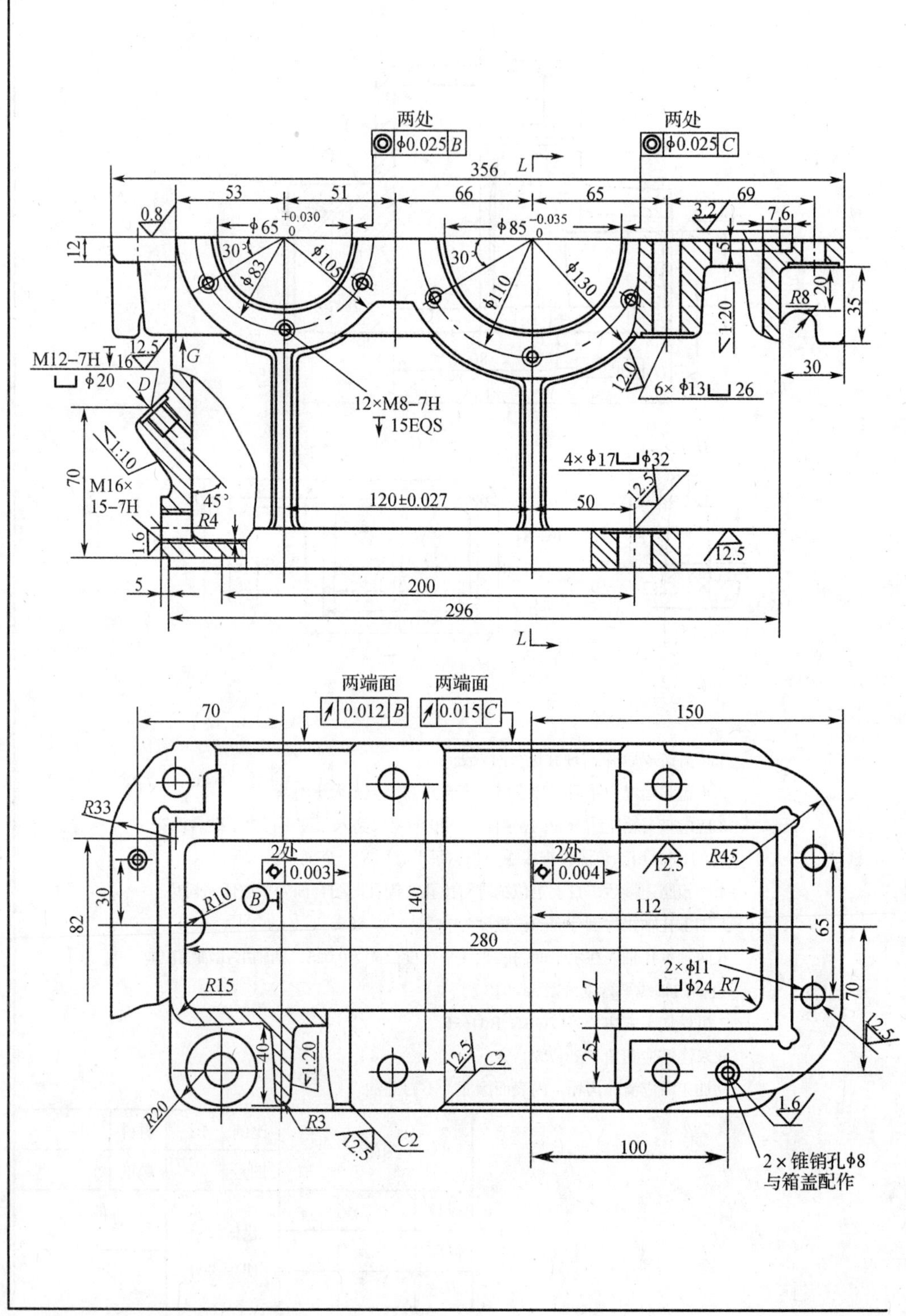
两处
ϕ0.025 B
ϕ0.025 C
356
53
51
66
65
69
ϕ65 +0.030 0
ϕ85 −0.035 0
ϕ83
ϕ105
ϕ110
ϕ130
30°
0.8
3.2
7.6
12
5
20
35
R8
30
1:20
12.0
6× ϕ13 26
12×M8-7H
15EQS
M12-7H 16
12.5
ϕ20
G
D
1:10
70
M16×
15-7H
45°
R4
1.6
120±0.027
50
4× ϕ17 ϕ32
12.5
5
200
296
L
两端面
0.012 B
0.015 C
70
150
R33
2处
0.003
0.004
R45
30
82
R10
B
140
112
280
65
70
2×ϕ11
ϕ24
R7
R15
7
25
40
1:20
R20
R3
C2
12.5
1.6
100
2×锥销孔ϕ8
与箱盖配作

图 6-8 箱座零

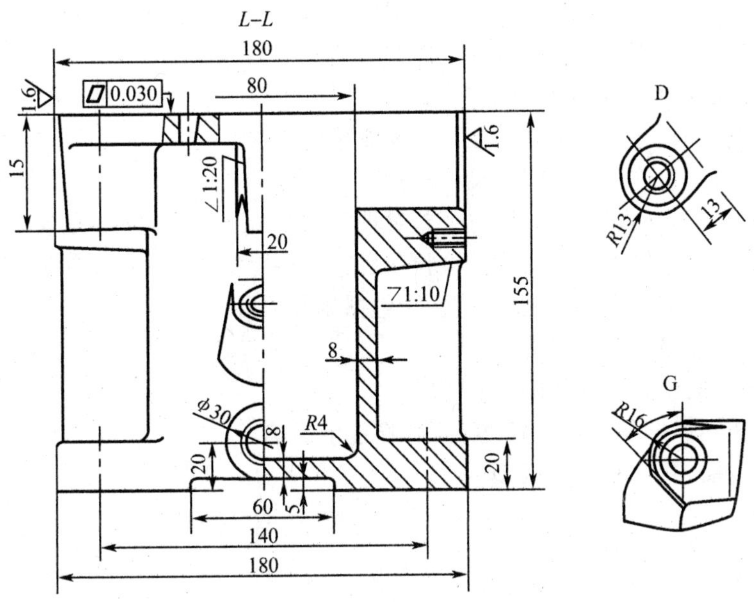

技术要求

1.箱盖铸成后,应清理并进行时效处理。

2.箱盖和箱座合箱后，边缘应平齐，相互错位不大于2。

3.应检查与箱座结合面的密封性，用0.05塞尺塞入深度不得大于结合面宽度的1/3。用涂色法检查接触面积达每平方厘米一个斑点。

4.与箱座连接后，打上定位销进行镗孔，镗孔时结合面处禁放任何衬垫。

5.轴承孔轴线与剖分面的位置度为0.5。

6.两轴承孔轴线在水平面内的轴线平行度公差为0.025；两轴承孔轴线在垂直面内轴线平行度公差为0.012。

7.机械加工未注公差按GB/T B04—f。

8.未注铸造圆角半$R3$~$R5$。

9.加工后应清除污垢，内表面涂漆，不得漏油。

箱盖			比例	1:1		材料
			图号			数量
设计			机械设计 课程设计			
制图						
审核						

件工作图

思　考　题

6－1　零件图的作用是什么？设计零件图包括哪些内容？

6－2　标注尺寸时,如何选取基准？

6－3　轴的标准尺寸如何反映加工工艺及测量的要求？

6－4　为什么不允许出现封闭的尺寸链？

6－5　分析轴的表面粗糙度和形位公差对轴的加工精度和装配质量的影响。

6－6　如何选择齿轮类零件的误差检验项目？它和齿轮精度的关系如何？

6－7　为什么要标注齿轮的毛坯公差,它包括哪些项目？

6－8　如何标注箱体零件图的尺寸？

6－9　箱体孔的中心距及其偏差如何标注？

6－10　分析箱体形位公差对减速器工作性能的影响。

6－11　零件图中哪些尺寸需要圆整？

第7章　编写设计计算说明书及准备答辩

7.1　设计计算说明书的内容

图样设计完成之后，应编写设计计算说明书。设计计算说明书是全部设计计算的整理和总结，是设计的理论基础和基本依据，同时也是审核设计的基本技术文件。因此，编写设计计算说明书是设计工作的重要组成部分。

设计计算说明书的内容视设计对象而定，以减速器为主的传动装置设计主要包括如下内容。

(1)目录(标题、页次)。

(2)设计任务书。

(3)传动方案的拟定(对方案的简要说明及传动装置简图)。

(4)电动机的选择、传动系统的运动和动力参数(包括电动机功率及转速、电动机型号、总传动比及各级分传动比、各轴的转速、功率和转矩等)的选择和计算。

(5)传动零件的设计计算(确定传动件的主要参数和尺寸)。

(6)轴的设计计算(初估轴径、结构设计及强度校核)。

(7)键连接的选择计算。

(8)滚动轴承的类型、代号选择及寿命计算。

(9)联轴器的选择。

(10)箱体设计(主要结构尺寸的设计与计算)。

(11)润滑密封的选择(润滑方式、润滑剂牌号及装油量)。

(12)设计小结(设计体会，设计的优、缺点及改进意见等)。

(13)参考资料(资料编号、著者、书名、出版单位和出版年月)。

7.2　编写设计计算说明书的要求和注意事项

编写设计计算说明书应准确、简要地说明设计中所考虑的主要问题和全部计算项目，并注意以下几点：

(1)计算部分只列出计算公式，代入有关数据，略去计算过程，直接得出计算结果。最后，应有对计算结果有简单结论。

(2)为了清楚地说明计算内容，应附必要的简图(如传动方案简图，轴的结构、受力、弯矩和转矩图等)。

(3)全部计算过程中所采用的符号、角标等应前后一致，且单位要统一。

(4)计算说明书用 A4 纸编写，应标出页次，编号目录，最后加封面装订成册。

7.3 设计计算说明书的格式示例

设计说明书编写格式如表7-1所示。

表7-1 设计计算说明书编写格式

计算项目及内容	主要结果
…… 三、…… …… 四、V带传动的设计计算 $P=4.0$ kW, $n=1\ 440$ r/min 1. 确定V带型号和带轮直径工作情况系数 查表得 $K_A=1.2$ 选带型号　查图得 …… 大带轮直径 $D_2=(1-\varepsilon)\ D_1 i=(1-0.01)\times 100\times 2.5=247.5$ mm 2. 计算带长 $D_m=\frac{D_1+D_2}{2}=\frac{100+250}{2}=175$ mm $\Delta=\frac{D_2-D_1}{2}=\frac{250-100}{2}=75$ mm 初取中心距　$a=600$ mm 带长 $L=\pi D_m+2a+\frac{\Delta^2}{a}$ $=\pi\times 175+2\times 600+\frac{75^2}{600}=1\ 759$ mm 查图得 …… 五、高速级齿轮转动设计 $P_1=3.84$ kW, $n_1=576$(r/min), $T_1=63.7$(N·m) 大小齿轮均采用45钢,小齿调质处理,硬度为260 HBW,大齿轮正火处理,平均硬度200 HBW。 1. 齿面接触疲劳强度计算 (1)初步计算 …… (2)校核计算	30 mm ⟷ A型 选 $D_2=250$ mm $L=1\ 759$ mm $L_d=1\ 800$ mm

设计说明书封面如图7-1所示。

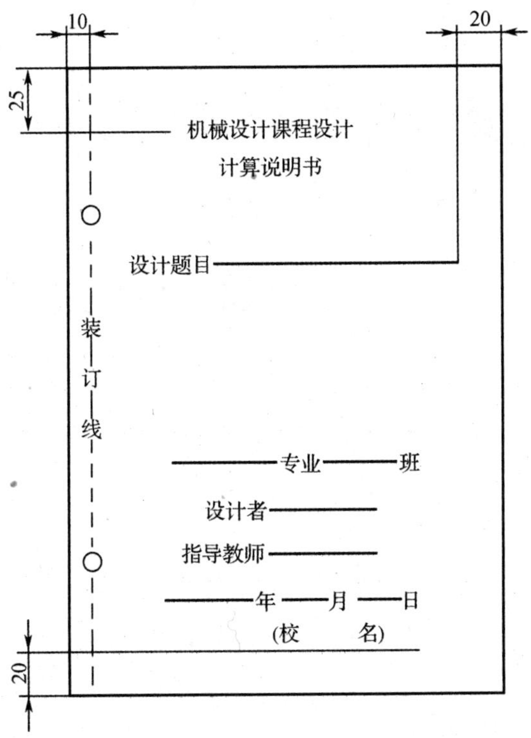

图7-1 设计说明书封面

7.4 答辩前的准备

答辩是课程设计的最后一个环节,是对整个设计过程的总结和必要的检查。通过答辩准备和答辩,可以对所做设计的优缺点作较全面的分析,发现今后设计工作中应注意的问题,总结初步掌握的设计方法,巩固分析和解决工程实际问题的能力。

答辩前,应做好以下工作:

(1)总结、巩固所学知识,系统回顾和总结整个设计过程,把设计过程中的问题理清楚、搞明白。

(2)将装订好的说明书和叠好的图样一起装入图样袋内。

答辩是一种手段,通过答辩达到系统总结设计方法,巩固和提高解决工程实际问题的能力才是真正的目的。

第二编　机械设计常用标准和规范

第8章　常用数据及一般标准与规范

8.1　常用数据

机械传动效率值概略值如表8－1所示。

表8－1　机械传动效率概略值

种类		效率η
圆柱齿轮传动	经过跑合的6级精度和7级精度齿轮传动（油润滑）	0.98～0.99
	8级精度的一般齿轮传动（油润滑）	0.97
	9级精度的齿轮传动（油润滑）	0.96
	加工齿的开式齿轮传动（脂润滑）	0.94～0.96
	铸造齿的开式齿轮传动	0.90～0.93
圆锥齿轮传动	经过跑合的6级和7级精度的齿轮传动（油润滑）	0.97～0.98
	8级精度的一般齿轮传动（油润滑）	0.94～0.97
	加工齿的开式齿轮传动（油润滑）	0.92～0.95
	铸造齿的开式齿转传动	0.88～0.92
蜗杆传动	自锁蜗杆（油润滑）	0.40～0.45
	单头蜗杆（油润滑）	0.70～0.75
	双头蜗杆（油润滑）	0.75～0.82
	三头和四头蜗杆（油润滑）	0.80～0.92
联轴器	弹性联轴器	0.99～0.995
	十字滑块联轴器	0.97～0.99
	齿轮联轴器	0.99
	万向联轴器（$\alpha>3°$）	0.95～0.97
	万向联轴器（$\alpha\leqslant3°$）	0.97～0.98

种类		效率η
带传动	平带无张紧轮的传动	0.98
	平带有张紧轮的传动	0.97
	平带交叉传动	0.90
	V带传动	0.96
链传动	片式销轴链	0.95
	滚子链	0.96
	齿形链	0.97
滑动轴承	润滑不良	0.94（一对）
	润滑正常	0.97（一对）
	润滑很好（压力润滑）	0.98（一对）
	液体摩擦润滑	0.99（一对）
滚动轴承	球轴承	0.99（一对）
	滚子轴承	0.98（一对）
丝杆传动	滑动丝杠	0.30～0.60
	滚动丝杠	0.85～0.95
	卷筒	0.94～0.97
	飞溅润滑和密封摩擦	0.95～0.99

8.2　一 般 标 准

机械设计一般标准如表 8.2 ~ 表 8.22 所示。

表 8-2　优先数系列

基本系列(常用值)				基本系列(常用值)				基本系统(常用值)			
R5	R10	R20	R40	R5	R10	R20	R40	R5	R10	R20	R40
1.00	1.00	1.00	1.00			2.24	2.24		5.00	5.00	5.00
			1.06				2.36				5.30
		1.12	1.12	2.50	2.50	2.50	2.50			5.60	5.60
			1.18				2.65				6.00
	1.25	1.25	1.25			2.80	2.80	6.30	6.30	6.30	6.30
			1.32				3.00				6.70
		1.40	1.40		3.15	3.15	3.15			7.10	7.10
			1.50				3.35				7.50
1.60	1.60	1.60	1.60			3.55	3.55		8.00	8.00	8.00
			1.70				3.75				8.50
		1.80	1.80	4.00	4.00	4.00	4.00			9.00	9.00
			1.90				4.25				9.50
	2.00	2.00	2.00			4.50	4.50	10.00	10.00	10.00	10.00
			2.12				4.75				

表 8-3　一般用途圆锥的锥度和锥角(摘自 GB/T 157—2001)

基本值		推算值		
系列 1	系列 2	圆锥角 α		锥度 C
120°		-	-	1:0.288 675
90°		-	-	1:0.500 000
	75°	-	-	1:0.651 613
60°		-	-	1:0.866 025
45°		-	-	1:1.207 107
30°		-	-	1:1.866 025
1:3		18°55′28.7″	18.924 644°	-
	1:4	14°15′0.1″	14.250 033°	-
1:5		11°25′16.3″	11.421 186°	-
	1:6	9°31′38.2″	9.527 283°	-
	1:7	8°10′16.4″	8.171 234°	-
	1:8	7°9′9.6″	7.152 669°	-

表8-3 (续)

基本值		推算值		
系列1	系列2	圆锥角 α		锥度 C
1:10		5°43′29.3″	5.724 810°	–
	1:12	4°46′18.8″	4.771 888°	–
	1:15	3°49′5.9″	3.818 305°	–
1:20		2°51′51.1″	2.864 192°	–
1:30		1°54′34.9″	1.909 682°	–
1:50		1°8′45.2″	1.145 877°	–
1:100		0°34′22.6″	0.572 953°	–
1:200		0°17′11.3″	0.286 478°	–
1:500		0°6′52.5″	0.114 591°	–

表8-4 A型、B型、R型中心孔(摘自GB/T 4459.5—1999) (单位:mm)

A型 不带护锥中心孔　　B型 带护锥的中心孔　　R型 弧形中心孔

D			D_1			t_1(参考)		t(参考)		l_{min}	r		选择中心孔的参考数据		
											max	min	原料端部最小直径	轴状原料最小直径	工件最大质量/t
A型	B型	R型	A型	B型	R型	A型	B型	A型	B型	R型					
(0.50)	–	–	1.06	–	–	0.48	–	0.5	–	–	–	–	–	–	–
(0.63)	–	–	1.32	–	–	0.60	–	0.6	–	–	–	–	–	–	–
(0.80)	–	–	1.70	–	–	0.78	–	0.7	–	–	–	–	–	–	–
1.00			2.12	3.15	2.12	0.97	1.27	0.9		2.3	3.15	2.50	–	–	–
(1.25)			2.65	4.00	2.65	1.21	1.60	1.1		2.8	4.00	3.15	–	–	–
1.60			3.35	5.00	3.35	1.52	1.99	1.4		3.5	5.00	4.00	–	–	–
2.00			4.25	6.30	4.25	1.95	2.54	1.8		4.4	6.30	5.00	8	10~18	0.12
2.50			5.30	8.00	5.30	2.42	3.20	2.2		5.5	8.00	6.30	10	18~30	0.2
3.15			6.70	10.00	6.70	3.07	4.03	2.8		7.0	10.00	8.00	12	30~50	0.5
4.00			8.50	12.50	8.50	3.90	5.05	3.5		8.9	12.50	10.00	15	50~80	0.8
(5.00)			10.60	16.00	10.60	4.85	6.41	4.4		11.2	16.00	12.50	20	80~120	1
6.30			13.20	18.00	16.20	5.98	7.36	5.5		14.0	20.00	16.00	25	120~180	1.5
(8.00)			17.00	22.40	17.00	7.79	9.36	7.0		17.9	25.00	20.00	30	180~220	2
10.00			21.20	28.00	21.20	9.70	11.66	8.7		22.5	31.50	25.00	42	220~260	3

注:①括号内尺寸尽量不用。

②不要求保留中心孔的零件采用A型,要求保留中心孔的零件采用B型。

表 8 – 5　C 型中心孔（摘自 GB/T145—2001）　（单位：mm）

C 型　带螺纹的中心孔	D	D_1	D_2	t	l_1（参考）	选择中心孔的参考数据		
						原料端部最小直径	轴状原料直径范围	工作最大质量/t
	M3	3.2	5.8	2.6	1.8	12	30 ~ 50	0.5
	M4	4.3	7.4	3.2	2.1	15	50 ~ 80	0.8
	M5	5.3	8.8	4.0	2.4	20	80 ~ 120	1
	M6	6.4	10.5	5.0	2.8	25	120 ~ 180	1.5
	M8	8.4	13.2	6.0	3.3	30	180 ~ 220	2
	M10	10.5	16.3	7.5	3.8	–	–	–
	M12	13.0	19.8	9.5	4.4	42	220 ~ 260	3
	M16	17.0	25.3	12.0	5.2	50	260 ~ 300	5
	M20	21.0	31.3	15.0	6.4	60	300 ~ 360	7
	M24	26.0	38.0	18.0	8.0	70	>360	10

表 8 – 6　零件倒圆和倒角（摘自 GB/T 6403.4—2008）　（单位：mm）

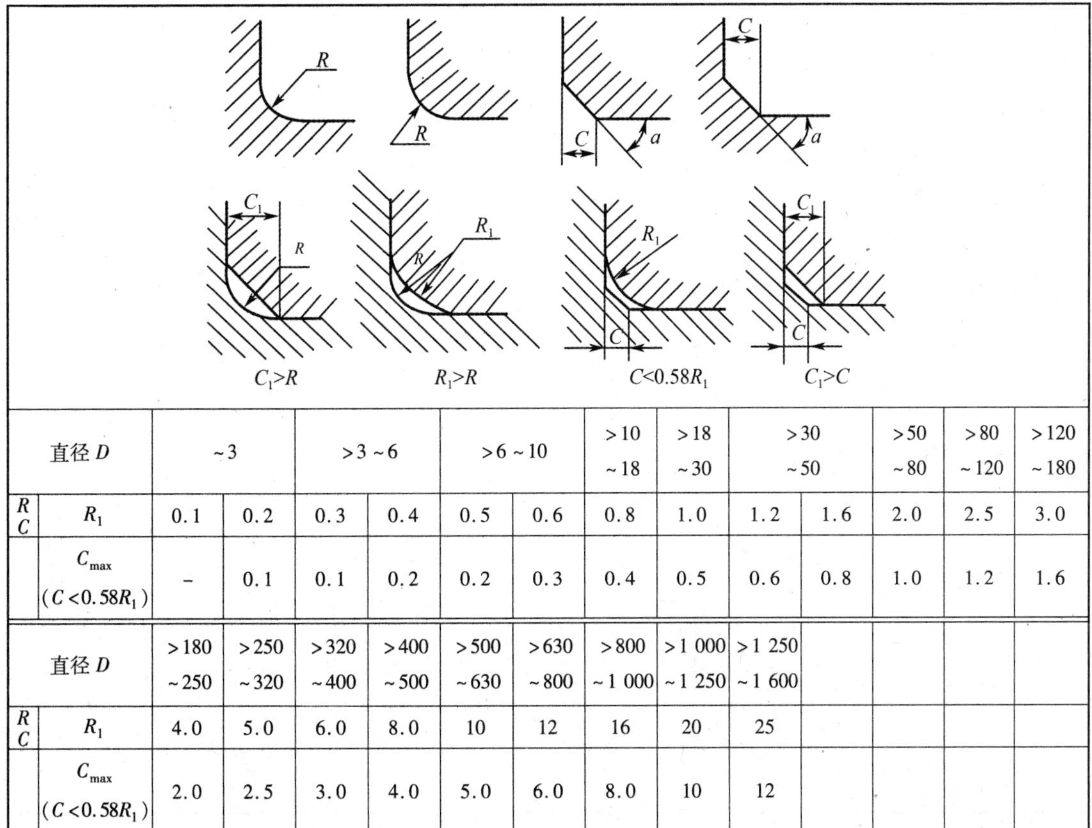

直径 D		~3		>3 ~ 6		>6 ~ 10		>10 ~ 18	>18 ~ 30	>30 ~ 50		>50 ~ 80	>80 ~ 120	>120 ~ 180
R C	R_1	0.1	0.2	0.3	0.4	0.5	0.6	0.8	1.0	1.2	1.6	2.0	2.5	3.0
	C_{max} ($C<0.58R_1$)	–	0.1	0.1	0.2	0.2	0.3	0.4	0.5	0.6	0.8	1.0	1.2	1.6

直径 D		>180 ~ 250	>250 ~ 320	>320 ~ 400	>400 ~ 500	>500 ~ 630	>630 ~ 800	>800 ~ 1 000	>1 000 ~ 1 250	>1 250 ~ 1 600				
R C	R_1	4.0	5.0	6.0	8.0	10	12	16	20	25				
	C_{max} ($C<0.58R_1$)	2.0	2.5	3.0	4.0	5.0	6.0	8.0	10	12				

注：α 一般采用 45°，也可采用 30°或 60°。

表 8-7 砂轮越程槽(摘自 GB/T 6403.5—2008) (单位:mm)

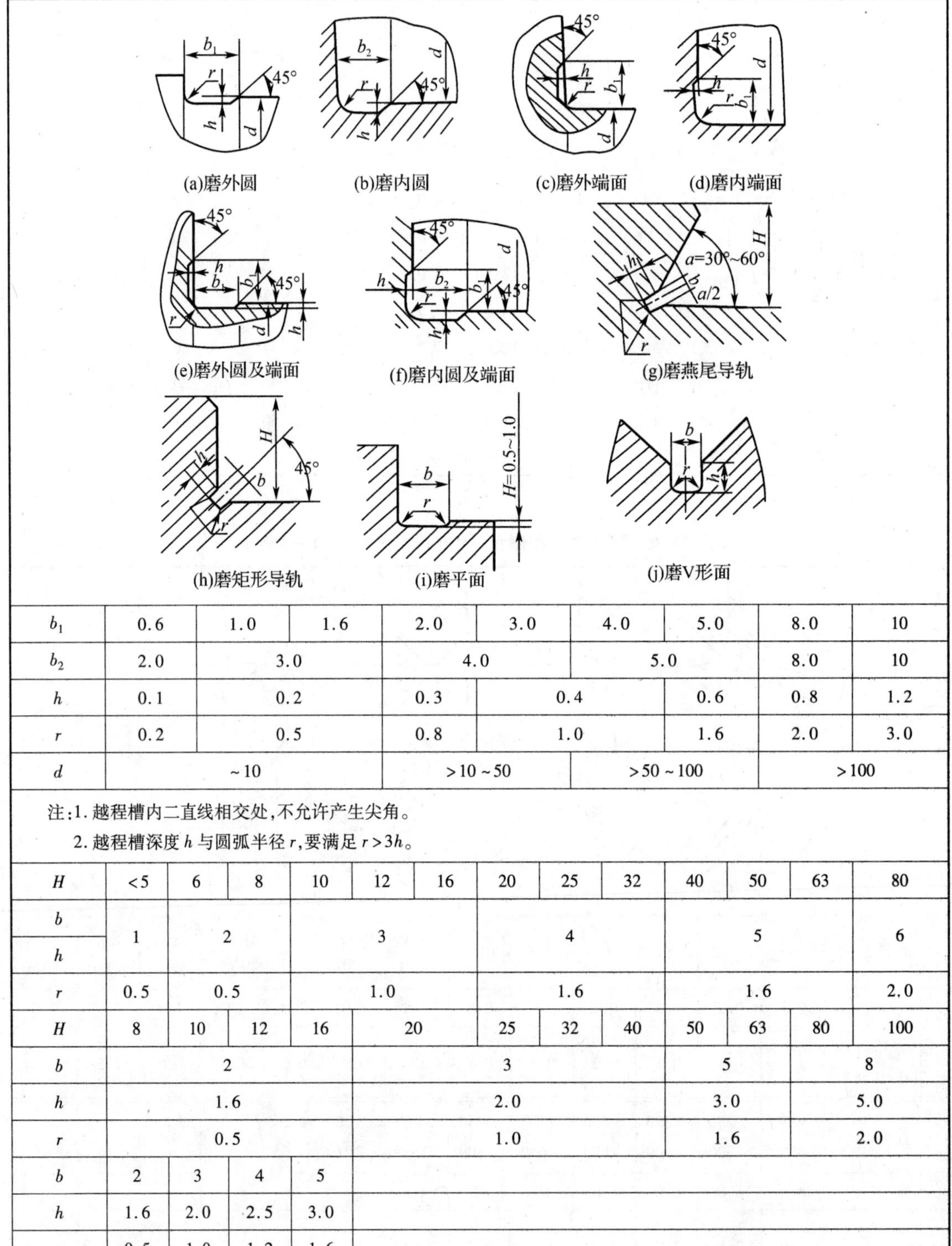

(a)磨外圆 (b)磨内圆 (c)磨外端面 (d)磨内端面

(e)磨外圆及端面 (f)磨内圆及端面 (g)磨燕尾导轨

(h)磨矩形导轨 (i)磨平面 (j)磨V形面

b_1	0.6	1.0	1.6	2.0	3.0	4.0	5.0	8.0	10
b_2	2.0	3.0		4.0		5.0		8.0	10
h	0.1	0.2		0.3	0.4		0.6	0.8	1.2
r	0.2	0.5		0.8	1.0		1.6	2.0	3.0
d	~10			>10~50		>50~100		>100	

注:1. 越程槽内二直线相交处,不允许产生尖角。

2. 越程槽深度 h 与圆弧半径 r,要满足 $r>3h$。

H	<5	6	8	10	12	16	20	25	32	40	50	63	80
b、h	1	2		3			4			5			6
r	0.5	0.5		1.0			1.6			1.6			2.0

H	8	10	12	16	20	25	32	40	50	63	80	100
b	2				3				5		8	
h	1.6				2.0				3.0		5.0	
r	0.5				1.0				1.6		2.0	

b	2	3	4	5
h	1.6	2.0	2.5	3.0
r	0.5	1.0	1.2	1.6

表 8－8　插齿退刀槽

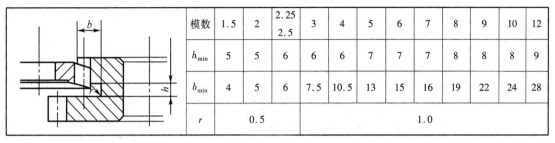

模数	1.5	2	2.25 2.5	3	4	5	6	7	8	9	10	12
h_{min}	5	5	6	6	6	7	7	7	8	8	8	9
b_{min}	4	5	6	7.5	10.5	13	15	16	19	22	24	28
r	0.5			1.0								

表 8－9　刨削、插削越程槽

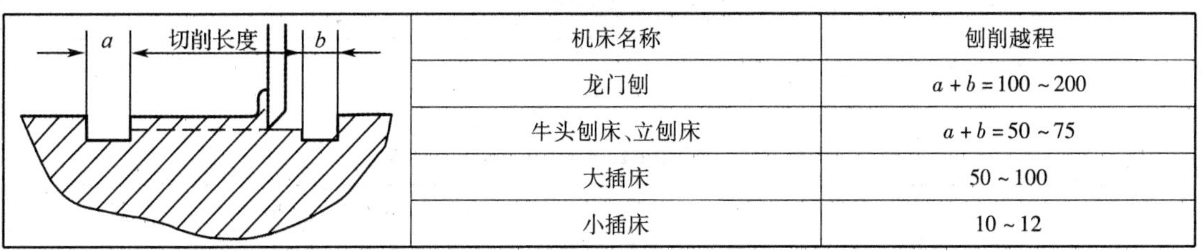

机床名称	刨削越程
龙门刨	$a+b=100\sim200$
牛头刨床、立刨床	$a+b=50\sim75$
大插床	50 ~ 100
小插床	10 ~ 12

表 8－10　齿轮滚刀外径尺寸(GB/T 6083—2001)

模　数		1	1.5	2	2.5	3	4	5	6	7	8	9	10
滚刀外径	Ⅰ型	63	71	80	90	100	112	125	140	140	160	180	200
	Ⅱ型	50	63	71	71	80	90	100	112	118	125	140	150

注：Ⅰ型适用于滚刀 7 级齿轮的 AA 级精度的滚刀。Ⅱ型适用于 AA，A 和 B 级精度的滚刀。

表 8－11　弧形键槽铣刀外径尺寸

<table>
<tr><th colspan="4">直齿三面铣刀(GB/T 6119.1—1996)</th><th colspan="4">半圆键槽铣刀(GB/T 1127—1997)</th></tr>
<tr><th>铣刀宽度
B</th><th>铣刀直径
D</th><th>铣刀宽度
B</th><th>铣刀直径
D</th><th>键公称尺寸
$B\times d$</th><th>铣刀直径
D</th><th>键公称尺寸
$B\times d$</th><th>铣刀直径
D</th></tr>
<tr><td>4
5
6</td><td rowspan="5">63</td><td>14</td><td rowspan="2">80</td><td>1×4</td><td>4.5</td><td>5×16</td><td>16.9</td></tr>
<tr><td>7
8</td><td>16
18
20</td><td>1.5×7</td><td rowspan="2">7.5</td><td>4×19</td><td rowspan="2">19.5</td></tr>
<tr><td>10</td><td>6
7
8</td><td rowspan="6">100</td><td>2×7</td><td>5×19</td></tr>
<tr><td>12</td><td>10
12</td><td>2×10</td><td rowspan="2">10.5</td><td>5×22</td><td rowspan="2">22.5</td></tr>
<tr><td>14
16</td><td>14</td><td>2.5×10</td><td>6×22</td></tr>
<tr><td>5
6
7</td><td rowspan="3">80</td><td>16
18</td><td>3×13</td><td>13.5</td><td>6×25</td><td>25.5</td></tr>
<tr><td>8
10</td><td>20
22</td><td>3×16</td><td rowspan="2">16.5</td><td>8×28</td><td>28.5</td></tr>
<tr><td>12</td><td>25</td><td>4×16</td><td>10×32</td><td>32.5</td></tr>
</table>

8.3 一般规范

机械设计一般规范如表 8 – 12 ~ 表 8 – 15 所示。

表 8 – 12 图样比例(GB/T 14690—1993)

与实物相同	缩小的比例	放大的比例
1:1	1:1.5;1:2;1:2.5;1:3;1:4;1:5;1:10^n 1:1.5×10^n;1:2×10^n;1:2.5×10^n;1:5×10^n	2:1;2.5:1;4:1;5:1;(10×n):1

注:n 为正整数。

表 8 – 13 图纸幅面(GB/T 14689—1993)

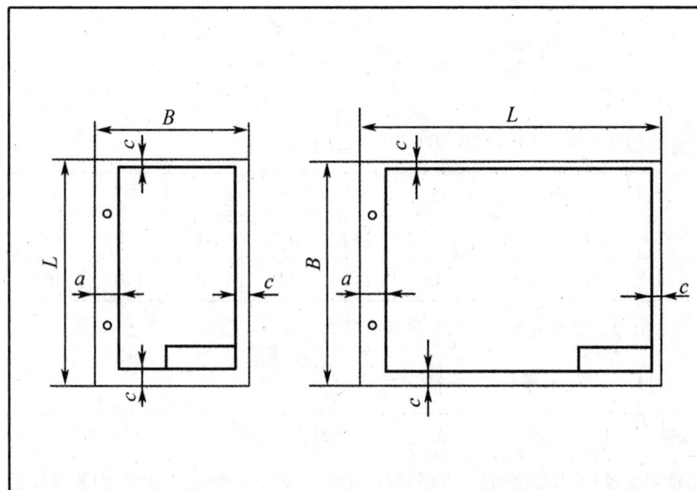

幅面代号	$B \times L$	c	a
A0	841 × 1 189	10	25
A1	594 × 841		
A2	420 × 594		
A3	297 × 420	5	
A4	210 × 297		
A5	148 × 210		

注:必要时可以将表中幅面的长边加长。对于 A0,A2,A4 幅面加长量按 A0 幅面长边的 1/8 的倍数增加;对于 A1,A3 幅面加长量按 A0 幅面短边的 1/4 倍数增加。A0 及 A1 允许同时加长两边

表 8 – 14 相同要素的简化画法(GB/T 16675.1—1996)

说明	图例
当机件具有若干相同结构(如齿槽等)并按一定规律分布时,只需画出几个完整的结构,其余用细实线连接,在零件图中则必须注明该结构的总数(图(a))	×个　×个 (a)

表 8－14　(续)

说　　明	图　　例
若干直径相同且成规律分布的孔,可以仅画一个或少量几个,其余只需用细点画线或"+"表示其中心位置,在零件图中应注明孔的总数(图(b)(c))	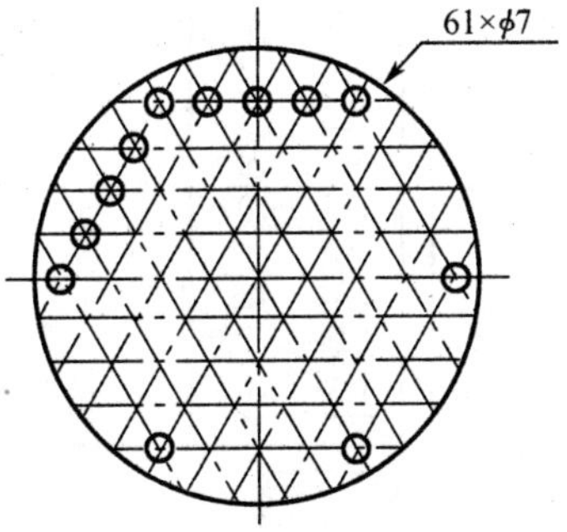 61×ϕ7 23×ϕ4 (b) 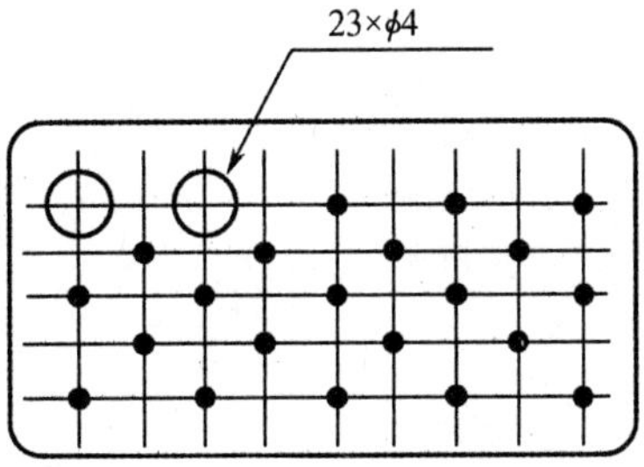　(c)
组成的重要因素,可以将其中一组表示清楚,其余各组仅用细点画线表示中心位置(图(d))	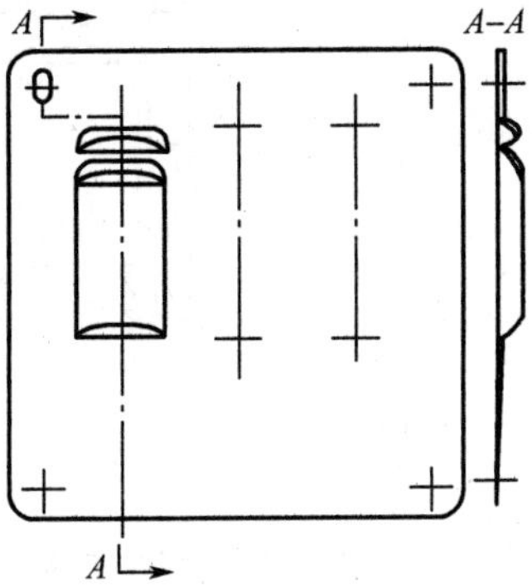 A　A–A　A (d)
对于装配图中若干相同的零、部件组,可以仅详细画出一组,其余只需用细点画线表示其位置(图(e))	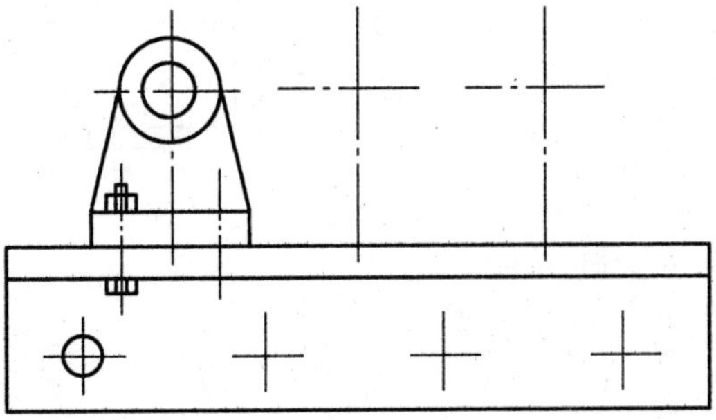 (e)

表 8-14 (续)

说　　明	图　　例
对于装配图中若干相同的单元,可仅详细画出一组,其余可采用图(f)所示的方法表示	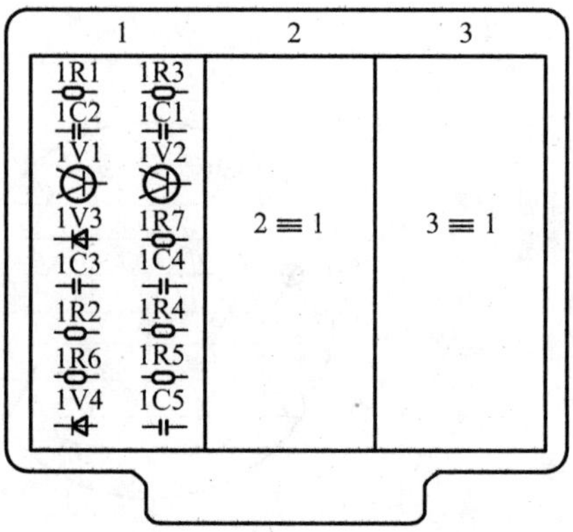 1　2　3 1R1 1R3 1C2 1C1 1V1 1V2 1V3 1R7 1C3 1C4 1R2 1R4 1R6 1R5 1V4 1C5 2 ≡ 1　3 ≡ 1 (f)
在剖视图中,类似牙嵌式离合器的齿等相同结构可按图(g)表示。	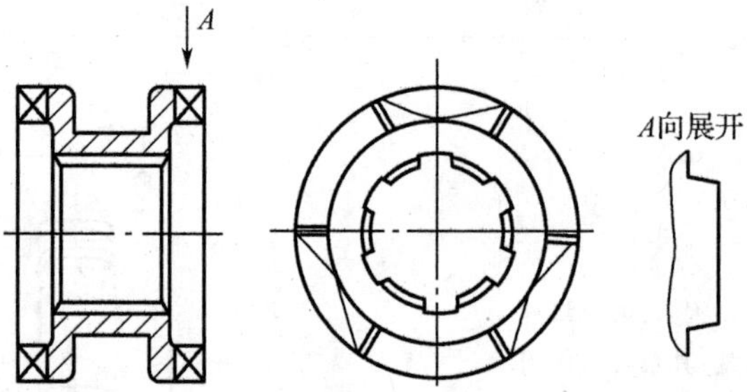 A　A向展开 (g)

表 8-15 尺寸标注一般规定(GB/T 4458.4—2003)

尺寸要素	规定	图　　例
尺寸数字的线性尺寸	线性尺寸的数字一般应注写在尺寸线的上方,或在尺寸中断处(图(a)(b))。 线性尺寸的数字方向标注如图(c),尽可能避免在30°内标注,无法避免时按图(d)标注。 在不致引起误解时,对非水平方向尺寸,其数字可以水平标注在尺寸中断处(图(e))。 一张图样上尽可能采用同一种方法注写尺寸	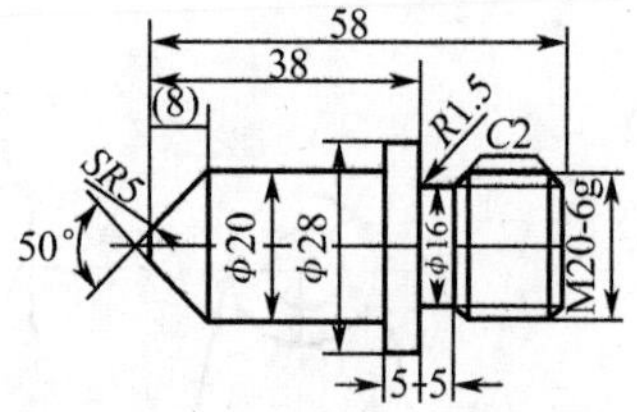 58　38　(8)　R1.5　C2　SR5　50°　φ20　φ28　φ16　M20-6g　5　5 (a) 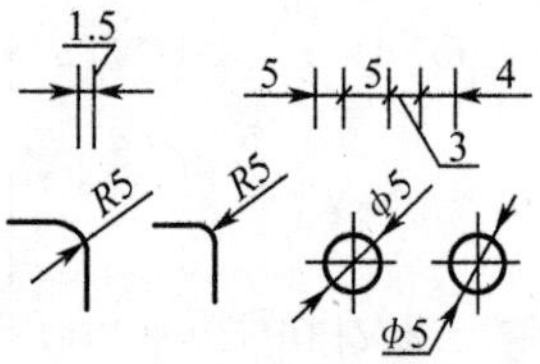 1.5　5　5　4　3　R5　R5　φ5　φ5 (b) 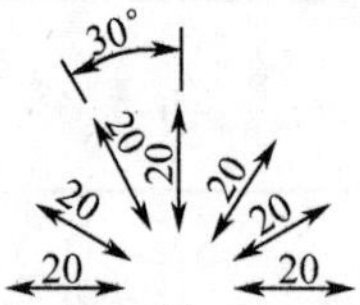 30°　20　20　20　20　20　20　20　20 (c) 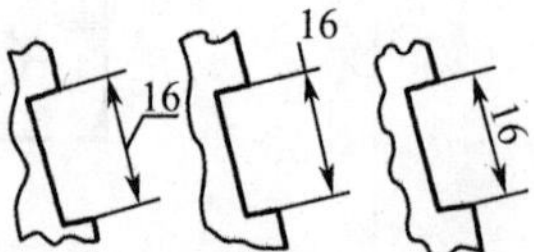 16　16　16 (d) 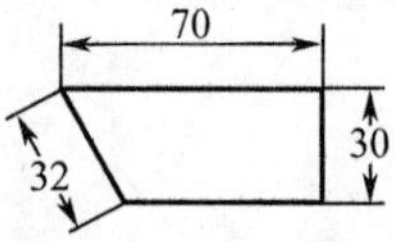 70　30　32 (e)

表 8－15　（续）

尺寸要素	规定	图　例
尺寸数字的角度尺寸	角度的尺寸数字一律写成水平方向，一般标注在尺寸线的中断处，必要时注写在尺寸线的上方或引出标注（图（f））	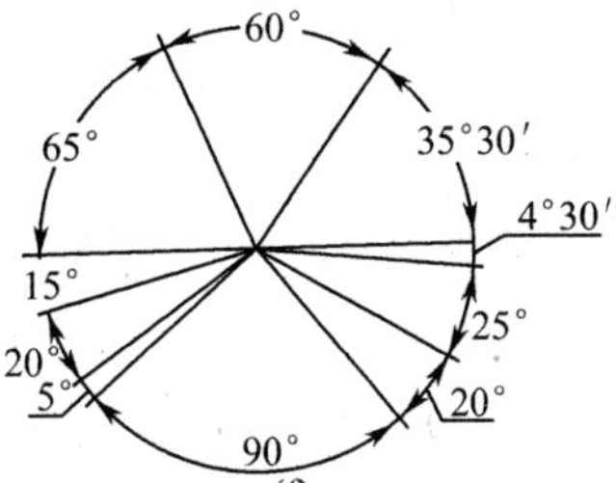 (f)
尺寸线	绘制尺寸线的箭头时，一般应尽量画在所注尺寸的区域之内，只有当所注尺寸的区域太小时才允许将箭头画在尺寸区域之外，并指向尺寸界线（图（h）），当尺寸十分密集而无法画出时，允许用点/斜线代替箭头（图（i））	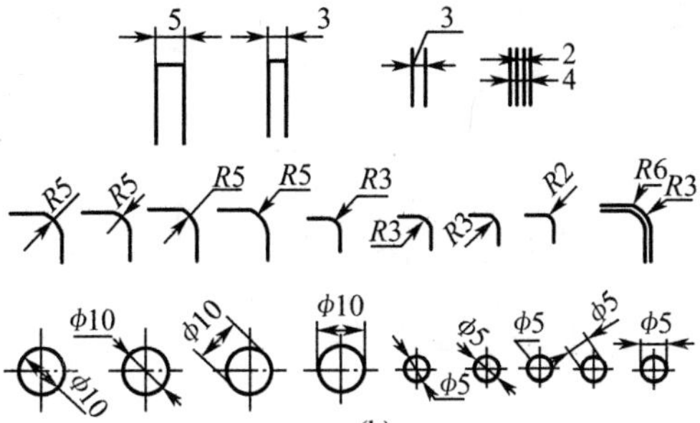 (h) 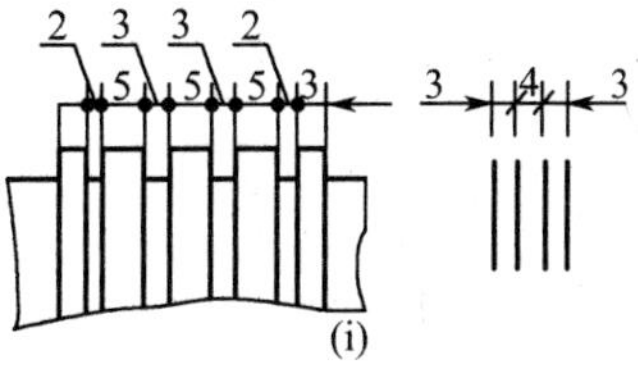 (i)
直径与半径注法	标注直径时，应在尺寸数字前加注符号“ϕ”（图（a）（b）），标注半径时，应在尺寸数字前加注符号“R”（图（c）（d））。 圆的直径和圆弧半径尺寸线的终端应画箭头，并按图（a）（b）（c）（d）（e）方法标注	 (a) 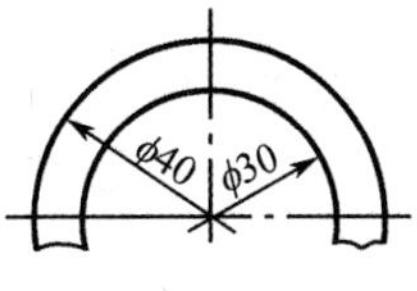　(b) 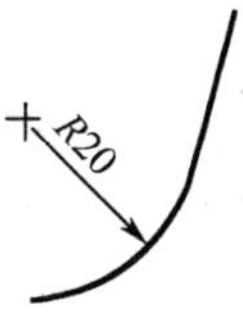　(c) 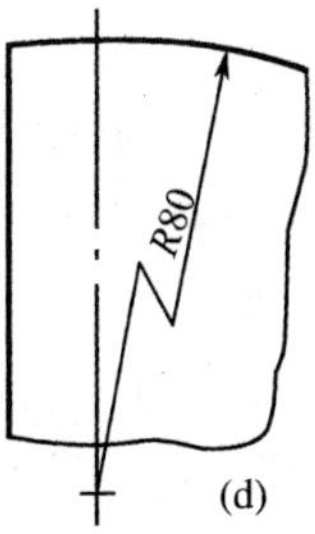 (d) 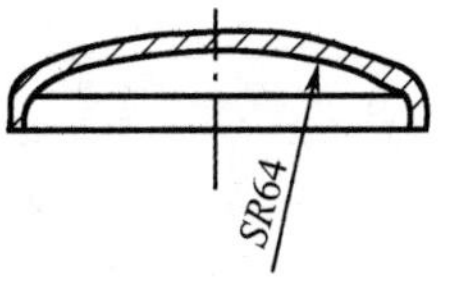　(e)

表 8-15 (续)

尺寸要素	规定	图例
球面直径和半径标注	标注球面直径和半径时,应在符号 ϕ,R 前加注符号"S"。 对于螺钉和铆钉的头部、轴的端部,在不引起误解的情况下可以省略"S"	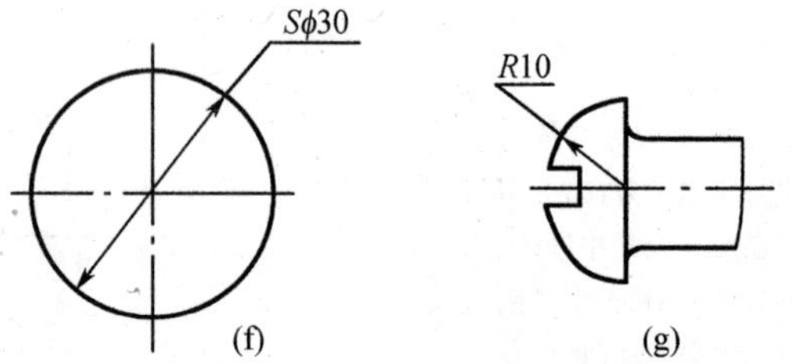 $S\phi30$ (f) $R10$ (g)
倒角注法	45°倒角和非 45°倒角标注形式	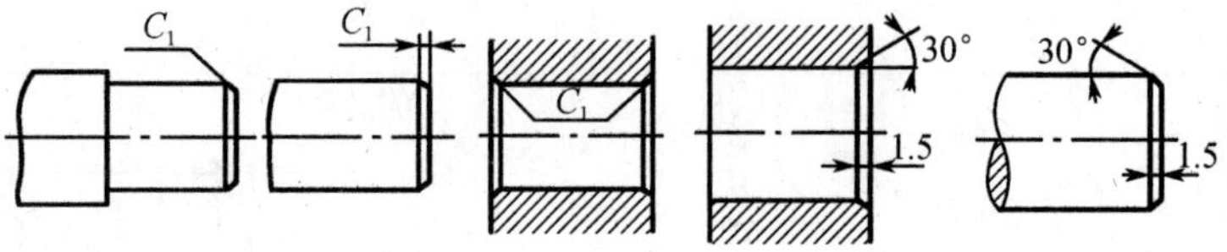 C_1 C_1 C_1 30° 1.5 30° 1.5
正方形结构注法	标注断面为正方形结构的尺寸时,可在正方形边长尺寸数字前加注符号"□"或"$B \times B$"	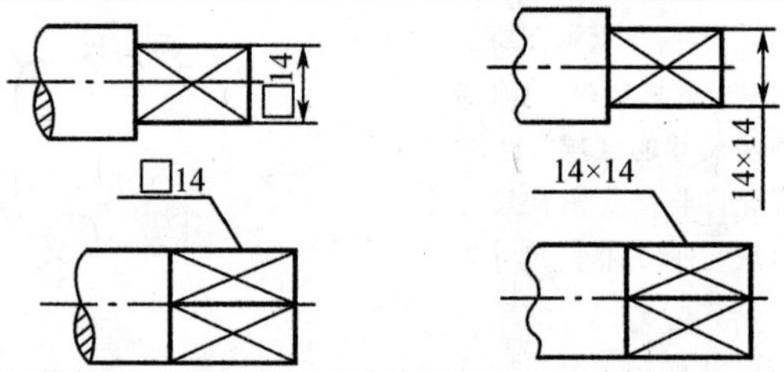 □14 □14 14×14 14×14
长圆孔注法	如长圆孔的宽度尺寸有严格的公差要求,而两端必须为圆弧,圆弧半径的实际尺寸必须随着宽度变化而变化,此时半径尺寸线上仅注出符号"R"	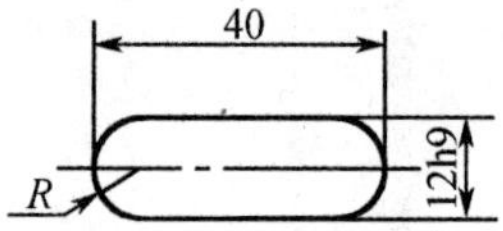 40 12h9 R

8.4 铸件设计

铸件设计常用标准如表 8-16~表 8-20 所示。

表 8-16 铸件最小壁厚 (单位:mm)

铸造方法	铸件尺寸	铸钢	灰铸铁	球墨铸铁	可锻铸铁	铝合金	镁合金	铜合金
砂型	~200×200	8	~6	6		3	3	3~5
	>200×200~500×500	10~12	>6~10	12	5	4		6~8
	>500×500	15~20	15~20		8	6		

表 8－17　铸造斜度(JB/ZQ 4257—1986)

角度 $a:h$	角度 β	使用范围
1:5	11°30′	$h<25$ mm 的钢和铁铸件
1:10 1:20	5°30′ 3°	h 在 25～500 mm 时的钢和铁铸件
1:50	1°	$h>500$ mm 时的钢和铁铸件
1:100	30′	有色金属铸件

表 8－18　铸件过度尺寸(JB/ZQ 4254—2006)　　(单位:mm)

用于减速器、连接管、汽缸及其他连接法兰

铸铁和铸钢件的壁厚 δ		x	y	R_0
大于	至			
10	15	3	15	5
15	20	4	20	5
20	25	5	25	5
25	30	6	30	8
30	35	7	35	8
35	40	8	40	10
40	45	9	45	10
45	50	10	50	10

表 8－19　铸造内圆角(JB/ZQ 4255—1997)

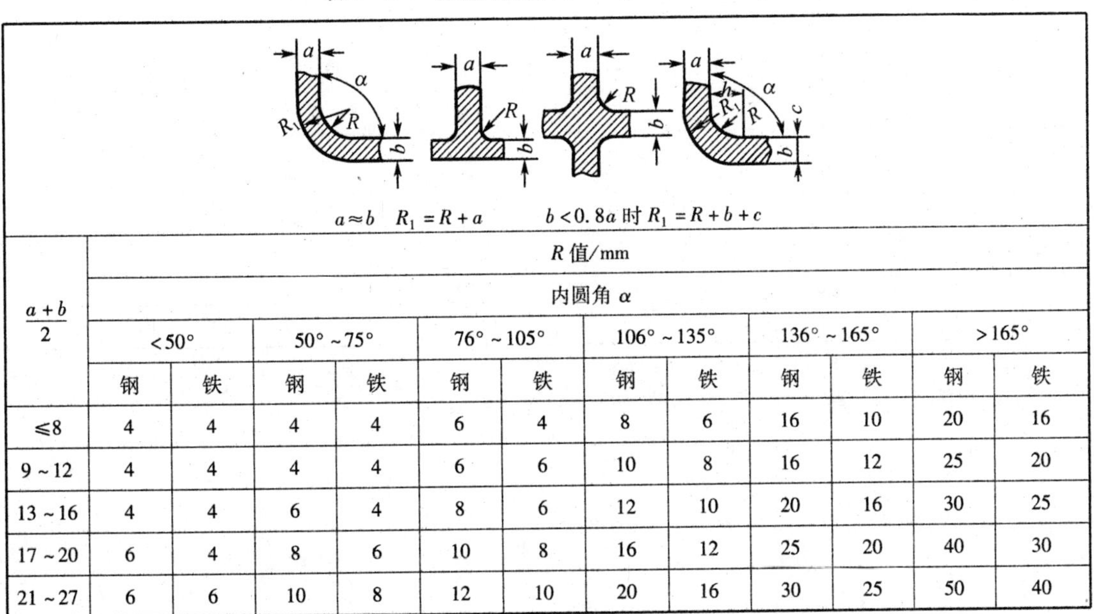

$a\approx b$　$R_1=R+a$　　$b<0.8a$ 时 $R_1=R+b+c$

$\frac{a+b}{2}$	R 值/mm											
	内圆角 α											
	<50°		50°～75°		76°～105°		106°～135°		136°～165°		>165°	
	钢	铁	钢	铁	钢	铁	钢	铁	钢	铁	钢	铁
≤8	4	4	4	4	6	4	8	6	16	10	20	16
9～12	4	4	4	4	6	6	10	8	16	12	25	20
13～16	4	4	6	4	8	6	12	10	20	16	30	25
17～20	6	4	8	6	10	8	16	12	25	20	40	30
21～27	6	6	10	8	12	10	20	16	30	25	50	40

表 8－19 （续）

$\frac{a+b}{2}$	R 值/mm											
	内圆角 α											
	<50°		50°～75°		76°～105°		106°～135°		136°～165°		>165°	
	钢	铁	钢	铁	钢	铁	钢	铁	钢	铁	钢	铁
28～35	8	6	12	10	16	12	25	20	40	30	60	50

C 和 h 值/mm					
b/a		<0.4	0.5～0.65	0.66～0.8	>0.8
$\approx c$		$0.7(a-b)$	$0.8(a-b)$	$a-b$	–
$\approx h$	钢	$8c$			
	铁	$9c$			

表 8－20 铸件外圆角(JB/ZQ 4256—2006)

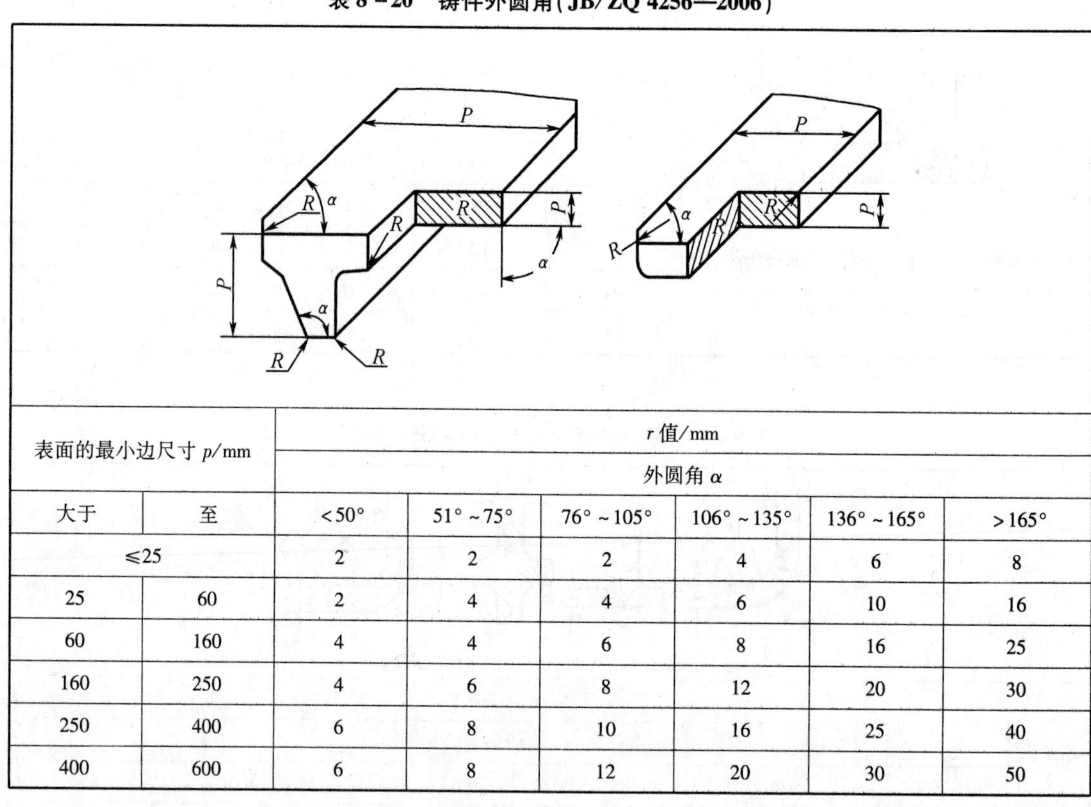

表面的最小边尺寸 p/mm		r 值/mm					
		外圆角 α					
大于	至	<50°	51°～75°	76°～105°	106°～135°	136°～165°	>165°
≤25		2	2	2	4	6	8
25	60	2	4	4	6	10	16
60	160	4	4	6	8	16	25
160	250	4	6	8	12	20	30
250	400	6	8	10	16	25	40
400	600	6	8	12	20	30	50

第 9 章　机械设计中常用材料

9.1　黑 色 金 属

碳素结构钢力学性能如表 9－1 所示。

表 9－1　碳素结构钢力学性能(摘自 GB/T 700—2006)

牌号	质量等级	机械性能								应用举例
		屈服点 σ_s/MPa						抗拉强度 σ_b/MPa	伸长率 δ_5/%（不小于）	
		材料厚度(直径)/ mm								
		≤16	16～40	40～60	60～100	100～150	>150			
Q195	–	195	185					315～1 430	33	不重要的钢结构及农机零件
Q215	A B	215	205	195	185	175	165	335～450	31	
Q235	A B C D	235	225	215	205	195	185	370～500	26	一般轴及零件
Q275	A B C D	275	265	255	245	225	215	410～540	22	车轮、钢轨、农机零件

注:①伸长率为材料厚度(直径)≤10 mm 时的性能,按 σ_s 栏尺寸分段,每一段 δ_5/% 值降低 1 个值。

②A 级不做冲击试验;B 级做常温冲击试验;C,D 级重要焊接结构用

优质碳素结构钢力学性能如表 9－2 所示。

表 9－2　优质碳素结构钢力学性能(摘自 GB/T 699—1999)

牌号	推荐热处理温度/℃			机械性能					应用举例
	正火	淬火	回火	σ_b/MPa	σ_s/MPa	δ_5/%	ψ/%	A_k/J	
08F	930			≥295	≥175	≥35	≥60		垫片、垫圈、摩擦片等
20	910			≥410	≥245	≥25	≥55		拉杆、轴套、吊钩等
30	880	860	600	≥490	≥295	≥21	≥50	≥630	销轴、套环、螺栓等
35	870	850	600	≥530	≥315	≥20	≥45	≥550	轴、圆盘、销轴、螺栓
40	860	840	600	≥570	≥335	≥19	≥45	≥470	轴、齿轮、链轮、键等
45	850	840	600	≥600	≥355	≥16	≥40	≥390	
50	830	830	600	≥630	≥375	≥14	≥40	≥310	弹簧、凸轮、轴、轧辊
60	810			≥675	≥400	≥12	≥36		

注:①表中机械性能是试样毛坯尺寸为 25 mm 的值。

②热处理保温时间为:正火、淬火不小于 0.5 小时,回火不小于 1 小时。

灰铸铁力学性能如表9-3所示。

表9-3 灰铸铁力学性能(摘自GB/T 9439—2010)

编号	铸件壁厚/mm		抗拉强度 σ_b/(N/mm²)
	>	≤	
HT100	5	40	≥100
HT150	5 10 20	10 20 40	≥155 ≥130 ≥110
HT200	5 10 20	10 20 40	≥205 ≥180 ≥150
HT250	5 10 20	10 20 40	≥250 ≥225 ≥190
HT300	10 20 40	20 40 80	≥270 ≥250 ≥220
HT350	10 20 40	20 40 80	≥315 ≥290 ≥260

9.2 其他材料

相关其他材料性能标准如表9-4～表9-6所示。

表9-4 工程塑料(摘自GB/T 1176—1987)

品种		机械性能							热性能				应用举例
		抗拉强度/MPa	抗压强度/MPa	抗弯强度/MPa	延伸率/%	冲击值/(kJ·m⁻²)	弹性模量/10³ MPa	硬度HRR	熔点/℃	马丁耐热/℃	脆化温度/℃	线胀系数/(10⁻⁵℃)	
尼龙6	干态	55	88.2	98	150	带缺口3	0.254	114	215～223	40～50	-20～-30	7.9～8.7	机械强度和耐磨性优良,广泛用做机械、化工及电气零件。如轴承、齿轮、凸轮、蜗轮、螺钉、螺母、垫圈等。尼龙粉喷涂于零件表面,可提高耐磨性和密封性
	含水	72～76.4	58.2	68.8	250	>53.4	0.813	85					
尼龙66	干态	46	117	98～107.8	60	3.8	0.313～0.323	118	265	50～60	-25～-30	9.1～10	
	含水	81.3	88.2		200	13.5	0.137	100					

表 9－4　（续）

品种	机械性能							热性能				应用举例
	抗拉强度/MPa	抗压强度/MPa	抗弯强度/MPa	延伸率/%	冲击值/(kJ·m^{-2})	弹性模量/10^3 MPa	硬度HRR	熔点/℃	马丁耐热/℃	脆化温度/℃	线胀系数/(10^{-5}℃)	
MC 尼龙（无填充）	90	105	156	20	无缺口 0.520～0.624	3.6（拉伸）	HBS 21.3		55		8.3	强度特高。用于制造大型齿轮、蜗轮、轴套、滚动轴承保持架、导轨、大型阀门密封面等
聚甲醛（POM）	69（屈服）	125	96	15	带缺口 0.0076	2.9（弯曲）	HBS 17.2		60～64		8.1～10.0（当温度在0～40 ℃时）	有良好的摩擦、磨损性能、干摩擦性能更优。可制造轴承、齿轮、凸轮、滚轮、辊子、垫圈、垫片等
聚碳酸酯（PC）	65～69	82～86	104	100	带缺口 0.064～0.075	2.2～2.5（拉伸）	HRS 9.7～10.4	220～230	110～130	－100	6～7	有高的冲击韧性和优异的尺寸稳定性。可制造齿轮、蜗轮、蜗杆、齿条、凸轮、心轴、轴承、滑轮、铰链、传动链、螺栓、螺母、垫圈、铆钉、泵叶轮等

注：由于尼龙 6 和尼龙 66 吸水性很大，因此其各项性能上下差别很大。

表 9－5　工业用毛毡（摘自 FZ/T 25001—1992）

类型	品号	断裂强度/(N/cm^2)	断裂时延伸率≤	备注
细毛	T112－25～31	196～490	90%～144%	用作密封、防漏油、振动缓冲衬垫等
半粗毛	T122－24～29	196～392	95%～150%	
粗毛	T132－32～36	196～294	110%～156%	

表 9－6　软钢纸板（摘自 QB/T 2200—1996）

厚度/mm		长×宽/(mm×mm)		备注
公称尺寸	偏差	公称尺寸	偏差	
0.5～0.8 0.9～2.0 2.1～3.0	±0.12 ±0.15 ±0.20	920×650 650×490 650×400 400×300	±10	适用于密封连接处的垫片

第10章 连　接

10.1 螺纹连接

螺纹连接相关标准如表10－1～表10－19所示。

表10－1　普通螺纹的基本尺寸(摘自GB/T 196—2003)　(单位:mm)

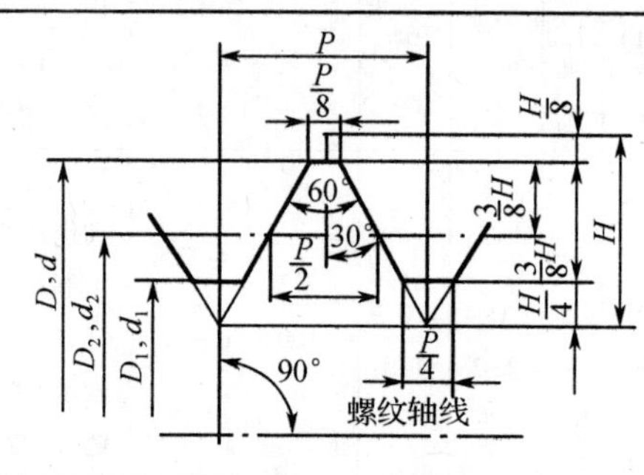

D—内螺纹大径　D_2—内螺纹中径
D_1—内螺纹小径　d—外螺纹大径
d_2—外螺纹中径　d_1—外螺纹小径
P—螺距　H—原始三角形高度

公称直径(大径) D,d	螺距 P	中径 D_2,d_2	小径 D_1,d_1	公称直径(大径) D,d	螺距 P	中径 D_2,d_2	小径 D_1,d_1
6	1	5.530	4.917	30	3.5	27.727	26.211
	0.75	5.513	5.188		3	28.051	26.752
8	1.25	7.188	6.647		2	28.701	27.835
	1	7.350	6.917		1.5	29.026	28.376
	0.75	7.513	7.188		1	29.350	28.917
10	1.5	9.026	8.376	33	3.5	30.727	29.211
	1.25	9.188	8.647		3	31.051	29.752
	1	9.350	8.917		2	31.701	30.835
	0.75	9.513	9.188		1.5	32.026	31.376
12	1.75	10.863	10.106	36	4	33.402	31.670
	1.5	11.026	10.376		3	34.051	32.752
	1.25	11.188	10.647		2	34.701	33.835
	1	11.350	10.917		1.5	35.026	34.376
14	2	12.701	11.835	39	4	36.402	34.670
	1.5	13.026	12.376		3	37.051	35.752
	1.25	13.188	12.647		2	37.701	36.835
	1	13.350	12.917		1.5	38.026	37.376
16	2	14.701	13.835	42	4.5	39.077	37.129
	1.5	15.026	14.376		4	39.402	37.670
	1	15.350	14.917		3	40.051	38.752
					2	40.701	39.835
					1.5	41.026	40.376

表 10-1 （续）

公称直径(大径) D,d	螺距 P	中径 D_2,d_2	小径 D_1,d_1
18	2.5	16.376	15.294
	2	16.701	15.835
	1.5	17.026	16.376
	1	17.350	16.917
20	2.5	18.376	17.294
	2	18.701	17.835
	1.5	19.026	18.376
	1	19.350	18.917
22	2.5	20.376	19.294
	2	20.701	19.835
	1.5	21.026	20.376
	1	21.350	20.917
24	3	22.051	20.752
	2	22.701	21.835
	1.5	23.026	22.376
	1	23.350	22.917
27	3	25.051	23.752
	2	25.701	24.835
	1.5	26.026	25.376
	1	26.350	25.917

公称直径(大径) D,d	螺距 P	中径 D_2,d_2	小径 D_1,d_1
45	4.5	42.077	40.129
	4	42.402	40.670
	3	43.051	41.752
	2	43.701	42.835
	1.5	44.026	43.376
48	5	44.752	42.587
	4	45.402	43.670
	3	46.051	44.752
	2	46.701	45.835
	1.5	47.026	46.376
50	3	48.051	46.752
	2	48.701	47.835
	1.5	49.026	48.376
52	5	48.752	46.587
	4	49.402	47.670
	3	50.051	48.752
	2	50.701	49.835
	1.5	51.026	50.376

表 10-2 普通螺纹的旋合长度(摘自 GB/T 197—2003) （单位:mm）

基本大径 D,d		螺距 P	旋合长度			
			S	N		L
>	≤		≤	>	≤	>
0.99	1.4	0.2	0.5	0.5	1.4	1.4
		0.25	0.6	0.6	1.7	1.7
		0.3	0.7	0.7	2	2
1.4	2.8	0.2	0.5	0.5	1.5	1.5
		0.25	0.6	0.6	1.9	1.9
		0.35	0.8	0.8	2.6	2.6
		0.4	1	1	3	3
		0.45	1.3	1.3	3.8	3.8
2.8	5.6	0.35	1	1	3	3
		0.5	1.5	1.5	4.5	4.5
		0.6	1.7	1.7	5	5
		0.7	2	2	6	6
		0.75	2.2	2.2	6.7	6.7
		0.8	2.5	2.5	7.5	7.5

基本大径 D,d		螺距 P	旋合长度			
			S	N		L
>	≤		≤	>	≤	>
22.4	45	1	4	4	12	12
		1.5	6.3	6.3	19	19
		2	8.5	8.5	25	25
		3	12	12	36	36
		3.5	15	15	45	45
		4	18	18	53	53
		4.5	21	21	63	63
45	90	1.5	7.5	7.5	22	22
		2	9.5	9.5	28	28
		3	15	15	45	45
		4	19	19	56	56
		5	24	24	71	71
		5.5	28	28	85	85
		6	32	32	95	95

表 10－2 （续）

基本大径 D,d >	基本大径 D,d ≤	螺距 P	旋合长度 S ≤	旋合长度 N >	旋合长度 N ≤	旋合长度 L >
5.6	11.2	0.75	2.4	2.4	7.1	7.1
		1	3	3	9	9
		1.25	4	4	12	12
		1.5	5	5	15	15
11.2	22.4	1	3.8	3.8	11	11
		1.25	4.5	4.5	13	13
		1.5	5.6	5.6	16	16
		1.75	6	6	18	18
		2	8	8	24	24
		2.5	10	10	30	30

基本大径 D,d >	基本大径 D,d ≤	螺距 P	旋合长度 S ≤	旋合长度 N >	旋合长度 N ≤	旋合长度 L >
90	180	2	12	12	36	36
		3	18	18	53	53
		4	24	24	71	71
		6	36	36	106	106
		8	45	45	132	132
180	355	3	20	20	60	60
		4	26	26	80	80
		6	40	40	118	118
		8	50	50	150	150

注：旋合长度影响螺纹的公差精度，螺纹越长加工越困难，需给予更大的公差值。标准将螺纹的旋合长度分为短(S)、中(N)、长(L)表示。

表 10－3 C 级六角头螺栓(摘自 GB/T 5780—2000)和全螺纹六角头螺栓(GB/T 5781—2000) （单位：mm）

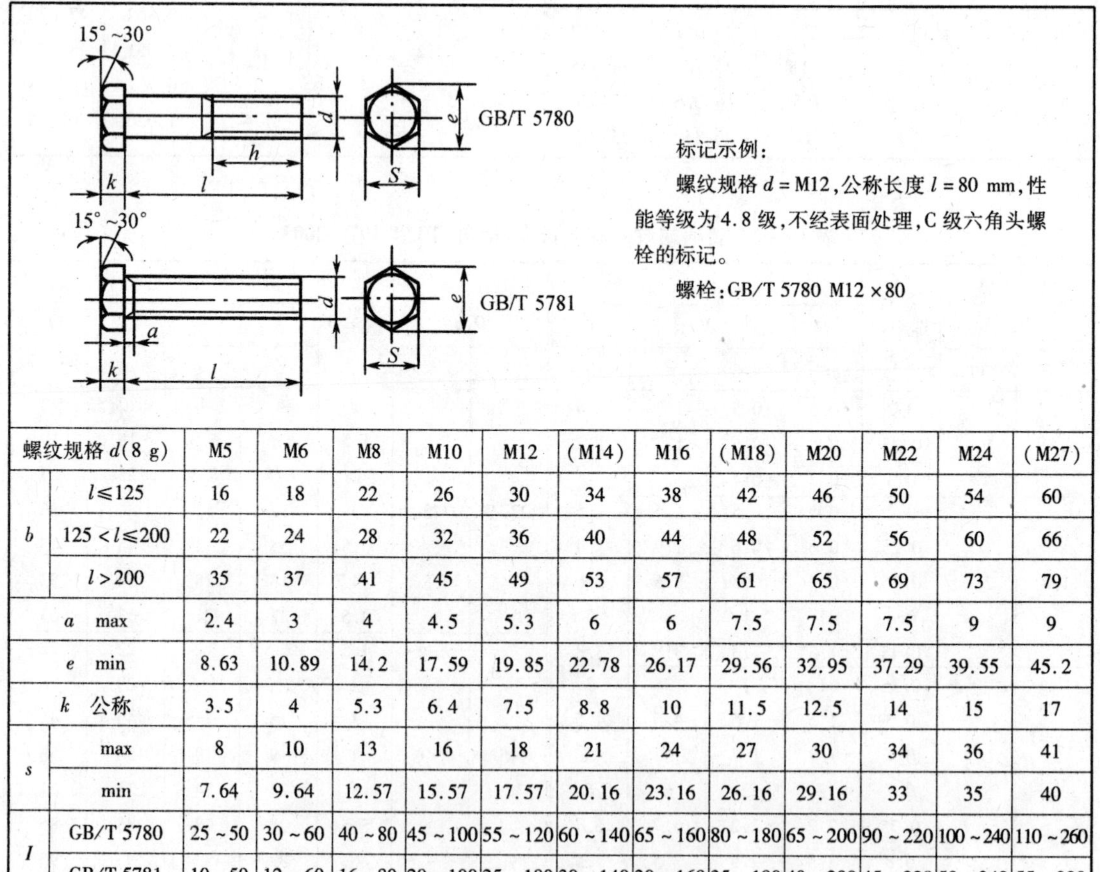

标记示例：

螺纹规格 d = M12，公称长度 l = 80 mm，性能等级为 4.8 级，不经表面处理，C 级六角头螺栓的标记。

螺栓：GB/T 5780 M12 × 80

螺纹规格 d(8 g)		M5	M6	M8	M10	M12	(M14)	M16	(M18)	M20	M22	M24	(M27)
b	l≤125	16	18	22	26	30	34	38	42	46	50	54	60
	125 < l≤200	22	24	28	32	36	40	44	48	52	56	60	66
	l > 200	35	37	41	45	49	53	57	61	65	69	73	79
a	max	2.4	3	4	4.5	5.3	6	6	7.5	7.5	7.5	9	9
e	min	8.63	10.89	14.2	17.59	19.85	22.78	26.17	29.56	32.95	37.29	39.55	45.2
k	公称	3.5	4	5.3	6.4	7.5	8.8	10	11.5	12.5	14	15	17
s	max	8	10	13	16	18	21	24	27	30	34	36	41
	min	7.64	9.64	12.57	15.57	17.57	20.16	23.16	26.16	29.16	33	35	40
l	GB/T 5780	25 ~ 50	30 ~ 60	40 ~ 80	45 ~ 100	55 ~ 120	60 ~ 140	65 ~ 160	80 ~ 180	65 ~ 200	90 ~ 220	100 ~ 240	110 ~ 260
	GB/T 5781	10 ~ 50	12 ~ 60	16 ~ 80	20 ~ 100	25 ~ 180	30 ~ 140	30 ~ 160	35 ~ 180	40 ~ 200	45 ~ 220	50 ~ 240	55 ~ 280

表 10－3 （续）

螺纹规格 d(8 g)	M5	M6	M8	M10	M12	(M14)	M16	(M18)	M20	M22	M24	(M27)
性能等级 钢	3.6,4.6,4.8											
表面处理 钢	1.不经处理 2.电镀 3.非电解锌粉覆盖层											

螺纹规格 d(8 g)		M30	(M33)	M36	(M39)	M42	(M45)	M48	(M52)	M56	(M60)	M64
b	$l \leqslant 125$	66	72									
	$125 < l \leqslant 200$	72	78	84	90	96	102	108	116		132	
	$l > 200$	85	91	97	103	109	115	121	129	137	145	153
a max		10.5	10.5	12	12	13.5	13.5	15	15	16.5	16.5	18
e min		50.85	55.37	60.79	66.44	72.02	76.95	82.6	82.25	93.56	99.21	104.86
k 公称		18.7	21	22.5	25	26	28	30	33	35	38	40
s	max	46	50	55	60	65	70	75	80	85	90	95
	min	45	49	53.8	58.8	63.8	68.1	73.1	78.1	82.8	87.8	92.8
l①长度范围	GB/T 5780	120～300	130～320	140～360	150～400	180～420	180～440	200～480	200～500	240～500	240～500	260～500
	GB/T 5781	60～300	65～360	70～360	80～400	80～420	90～440	100～480	100～500	110～500	120～500	120～500
性能等级 钢		3.6,4.6,4.8 按协议										
表面处理 钢		1.不经处理 2.电镀 3.非电解锌粉覆盖层										

注:尽可能不采用括号内的规格。

①长度系列(单位为 mm)为 10,12,16,20～70(5 进位),70～180(10 进位);180～500(20 进位)。

表 10－4 六角头铰制孔用螺栓(摘自 GB/T 27—1988) (单位:mm)

标记示例:

螺纹规格 d = M12,公称长度 l = 80 mm,性能等级为 8.8 级,表面氧化,A 级六角头铰制孔用螺栓的标记:

螺栓 GB/T 27 M12×80

d_s 按 m6 制造时应加标记 m6;

螺栓 GB/T 27 M12×m6×80

螺纹规格 d	d_s(最大)(h9)	S(最大)	k(公称)	r(最小)	d_p	l_2	e(最小) A	e(最小) B	b	l 范围	l_0	l 系列
M6	7	10	4	0.25	4	1.5	11.05	10.89	2.5	25～65	12	25,(28),30,(32),35,(38),40,45,50,(55),60,(65),70,(75),80,85,90,(95),100～260(10 进位)
M8	9	13	5	0.4	5.5	1.5	14.38	14.20		25～80	15	
M10	11	16	6	0.4	7	2	17.7	17.59		30～120	18	
M12	13	18	7	0.6	8.5	2	20.03	19.85		35～180	22	
M16	17	24	9	0.6	12	3	26.75	26.17	3.5	45～200	28	
M20	21	30	11	0.8	15	4	33.53	32.95		55～200	32	
M24	25	36	13	0.8	18	4	39.00	39.55	5	65～200	38	
M30	32	46	17	1.1	23	5	–	50.85		80～230	50	
M36	38	55	20	1.1	28	6	–	60.79		90～300	55	

表10-5 双头螺杆 $b_m=1d$(摘自GB 897—1998)、$b_m=1.25d$(摘自GB 898—1988)、$b_m=1.5d$(摘自GB 899—1988)

(单位:mm)

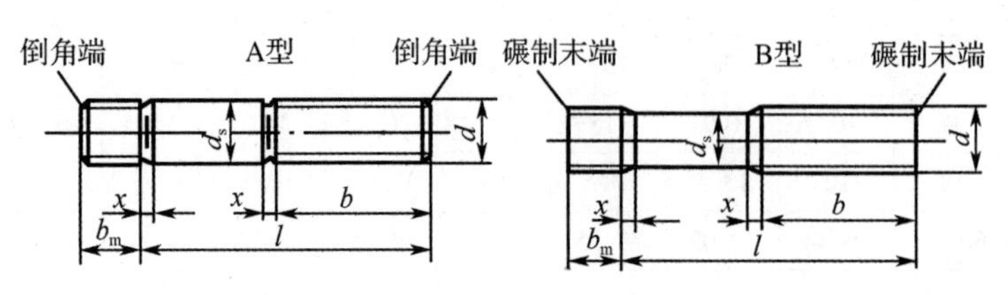

标记示例:

两端均为粗牙普通螺纹,$d=10$ mm,$l=50$ mm,性能等级为4.8级,不经表面处理,B型,$b_m=1d$的双头螺柱的标记;

螺柱 GB/T 897 M10×50

旋入机体一端为过渡配合螺纹的第一种配合,旋入螺母一端为粗牙普通螺纹,$d=10$ mm,$l=50$ mm,性能等为8.8级,镀锌纯化,B型,$b_m=1d$的双头螺柱的标记:

螺柱:GB/T 897 GM10-M10×50-8.8-Zn·D

螺纹规格 d		5	6	8	10	12	(14)	16	(18)	20	24	30
b_m 公称	GB 897	5	6	8	10	12	14	16	18	20	24	30
	GB 898	6	8	10	12	15	18	20	22	25	30	38
	GB 899	8	10	12	15	18	21	24	27	30	36	45
d_s	最大	=d										
	最小	4.7	5.7	7.64	9.64	11.57	13.57	15.57	17.57	19.48	23.48	29.48
$\frac{1}{d}$		16~22/10	20~22/10	20~22/12	25~28/14	25~30/16	25~30/18	30~38/20	35~40/22	35~40/25	45~50/30	60~65/40
		25~50/16	25~30/14	25~30/16	30~38/16	32~40/20	38~45/25	40~55/30	45~60/35	45~65/35	55~75/45	70~90/50
			32~75/18	32~90/22	40~120/26	45~120/30	50~120/34	60~120/42	65~120/42	70~120/46	80~120/54	90~120/66
					130/32	130~180/36	130~180/40	130~200/44	130~200/48	130~200/56	130~200/60	130~200/72
												210~250/85
范围		16~50	20~75	20~90	25~130	25~180	30~180	30~200	35~200	35~200	45~200	60~250
l 系列		16,(18),20,(22),25,(28),30,(32),35,(38),40~100(5进位),110~260(10进位),280,300										

注:①尽可能不采用括号内的规格。

②过度配合螺纹代号GM,G_2M,性能等级:钢为4.8,5.8,6.8,8.8,10.9,12.0;合金钢为A2-50,A2-70。

③GB 898 $d=5\sim20$ mm 为商品规格,其余均为通用规格。

④末端按GB 2—1985的规定。

表10-6 内六角圆柱头螺钉(摘自GB/T 70.1—2008) (单位:mm)

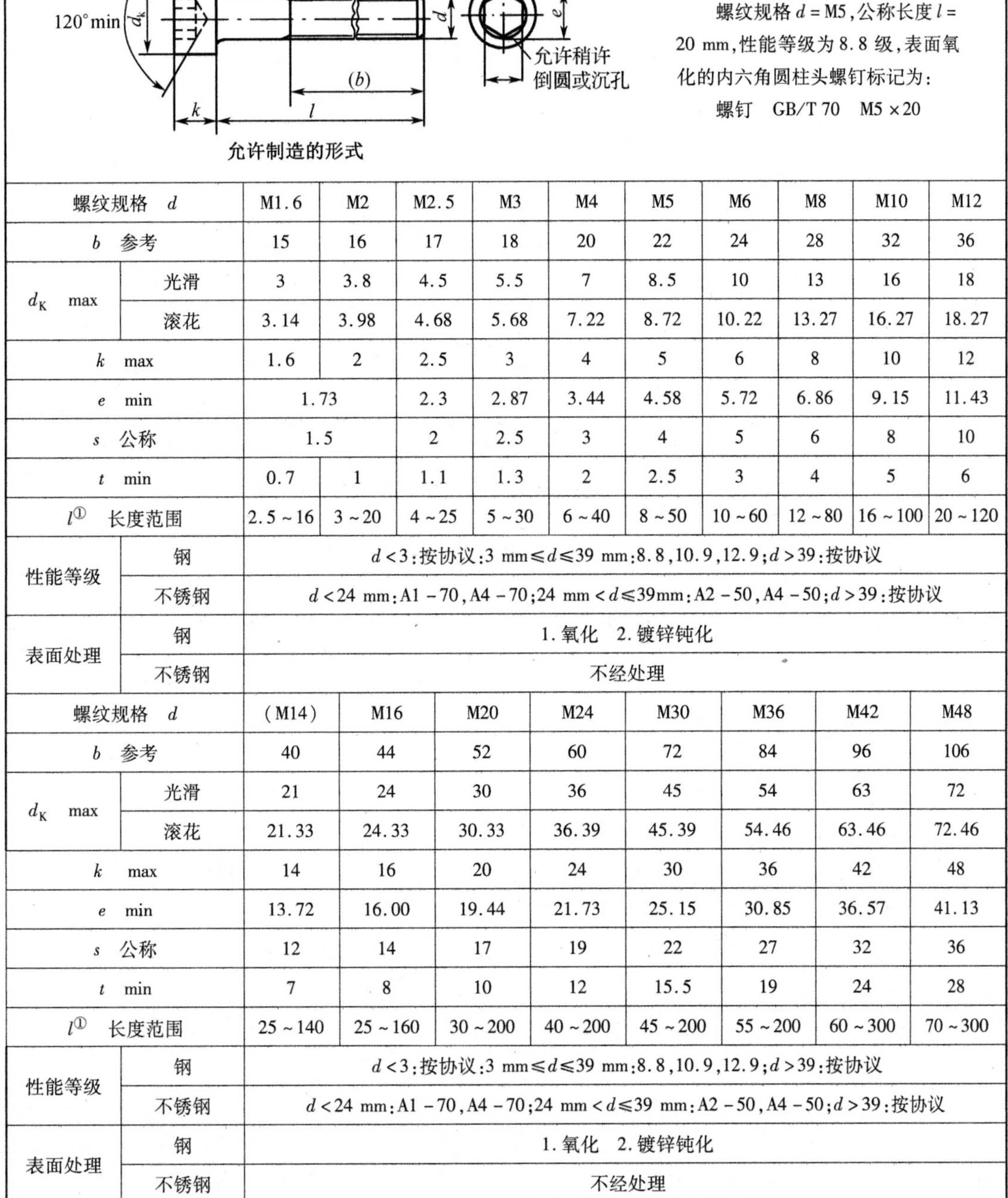

标记示例:

螺纹规格 d = M5,公称长度 l = 20 mm,性能等级为8.8级,表面氧化的内六角圆柱头螺钉标记为:

螺钉 GB/T 70 M5×20

螺纹规格 d		M1.6	M2	M2.5	M3	M4	M5	M6	M8	M10	M12
b 参考		15	16	17	18	20	22	24	28	32	36
d_K max	光滑	3	3.8	4.5	5.5	7	8.5	10	13	16	18
	滚花	3.14	3.98	4.68	5.68	7.22	8.72	10.22	13.27	16.27	18.27
k max		1.6	2	2.5	3	4	5	6	8	10	12
e min		1.73		2.3	2.87	3.44	4.58	5.72	6.86	9.15	11.43
s 公称		1.5		2	2.5	3	4	5	6	8	10
t min		0.7	1	1.1	1.3	2	2.5	3	4	5	6
l① 长度范围		2.5~16	3~20	4~25	5~30	6~40	8~50	10~60	12~80	16~100	20~120
性能等级	钢	d<3:按协议;3 mm≤d≤39 mm:8.8,10.9,12.9;d>39:按协议									
	不锈钢	d<24 mm:A1-70,A4-70;24 mm<d≤39mm:A2-50,A4-50;d>39:按协议									
表面处理	钢	1.氧化 2.镀锌钝化									
	不锈钢	不经处理									

螺纹规格 d		(M14)	M16	M20	M24	M30	M36	M42	M48
b 参考		40	44	52	60	72	84	96	106
d_K max	光滑	21	24	30	36	45	54	63	72
	滚花	21.33	24.33	30.33	36.39	45.39	54.46	63.46	72.46
k max		14	16	20	24	30	36	42	48
e min		13.72	16.00	19.44	21.73	25.15	30.85	36.57	41.13
s 公称		12	14	17	19	22	27	32	36
t min		7	8	10	12	15.5	19	24	28
l① 长度范围		25~140	25~160	30~200	40~200	45~200	55~200	60~300	70~300
性能等级	钢	d<3:按协议;3 mm≤d≤39 mm:8.8,10.9,12.9;d>39:按协议							
	不锈钢	d<24 mm:A1-70,A4-70;24 mm<d≤39 mm:A2-50,A4-50;d>39:按协议							
表面处理	钢	1.氧化 2.镀锌钝化							
	不锈钢	不经处理							

注:尽可能不采用括号内规格

① 长度系列(单位为 mm)2.5,3,4,5,6~12(2进位),(14),16,20~50(5进位),(55),60,(65),70~160(10进位),180~200。

表 10－7　十字槽沉头螺钉(摘自 GB/T 819.1—2000)、十字槽盘头螺钉(摘自 GB/T 818—2000)

(单位:mm)

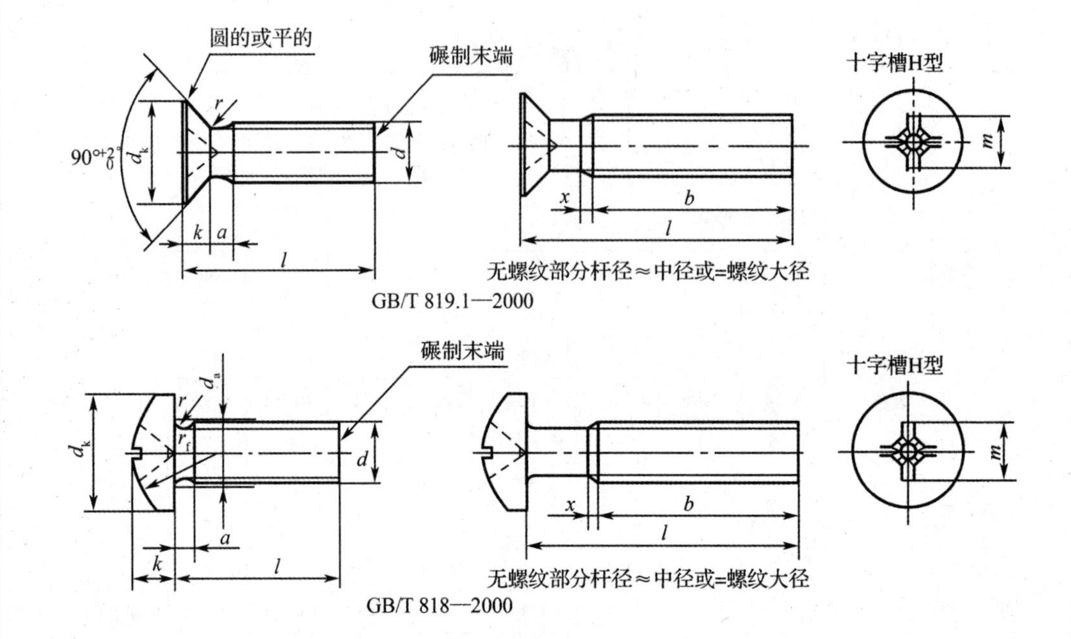

标记示例:

螺纹规格:d = M5,公称长度 l = 20 mm,性能等级为 4.8 级,不经表面处理的 H 型十字槽沉头螺钉;

螺钉　GB/T 819.1—2000　M5 × 20

螺纹规格:d = M5,公称长度 l = 20 mm,性能等级为 4.8 级,不经表面处理的 H 型十字槽盘头螺钉;

螺钉　GB/T 818—2000　M5 × 20

螺纹规格 d	螺距 P	a max	b max	x	GB/T 819.1—2000					GB/T 818—2000							l 商品规格范围	l 系列
					d_k max	k max	r max	十字槽 H 型插入深度 m 参考	十字槽 H 型插入深度 max	d_k max	k max	r max	r_f ≈	d_a max	十字槽 H 型插入深度 m 参考	十字槽 H 型插入深度 max		
M4	0.7	1.4	38	1.75	8.4	2.7	1	4.6	2.6	8	3.1	0.2	6.5	4.7	4.4	2.4	5～40	5,6,8,10,12,16,20,25,30,35,40,45,50,60
M5	0.8	1.6		2	9.3	2.7	1.3	5.2	3.2	9.5	3.7	0.2	8	5.7	4.9	2.9	GB 818—2000 6－45 GB 819.1—2000 6－50	
M6	1	2		2.5	11.3	3.3	1.5	6.8	3.5	12	4.6	0.25	10	6.8	6.9	3.6	8－60	
M8	1.25	2.5		3.2	15.8	4.65	2	8.9	4.6	16	6	0.4	13	9.2	9	4.6	10－60	
M10	1.5	3		3.8	18.3	5	2.5	10	5.7	20	7.5	0.4	16	11.2	10.1	5.8	12－60	

注:L≤45 mm,制出全螺纹。

表10-8 开槽沉头螺钉(摘自GB/T 68—2000) (单位:mm)

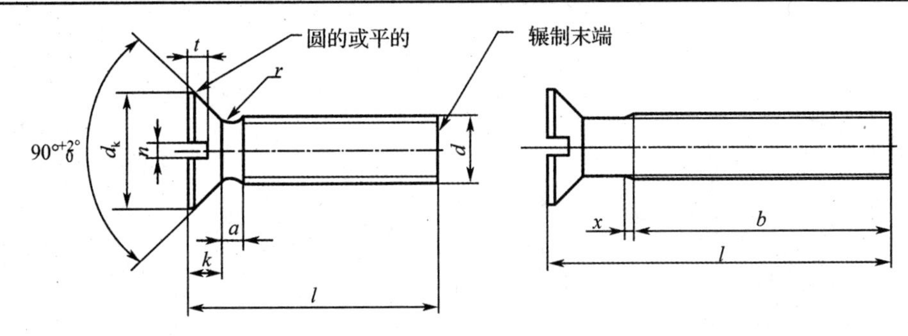

标记示例:螺钉 GB/T 68—2000 M5×20

螺纹规格 d	螺距 P	a	b	d_k 实际值		k	n	r	t		x	公称长度 l 的范围
		max	min	max	min	max	公称	max	max	min	max	
M1.6	0.35	0.7	25	3	2.7	1	0.4	0.4	0.5	0.32	0.9	2.5~16
M2	0.4	0.8	25	3.8	3.5	1.2	0.5	0.5	0.6	0.4	1	3~20
M2.5	0.45	0.9	25	4.7	4.4	1.5	0.6	0.6	0.75	0.5	1.1	4~25
M3	0.5	1	25	5.5	5.2	1.65	0.8	0.8	0.85	0.6	1.25	5~30
M4	0.7	1.4	38	8.4	8	2.7	1.2	1	1.3	1	1.75	6~40
M5	0.8	1.6	38	9.3	8.9	2.7	1.2	1.3	1.4	1.1	2	8~50
M6	1	2	38	11.3	10.9	3.3	1.6	1.5	1.6	1.2	2.5	8~60
M8	1.25	2.5	38	15.8	15.4	4.65	2	2	2.3	1.8	3.2	10~80
M10	1.5	3	38	18.3	17.8	5	2.5	2.5	2.6	2	3.8	12~80
公称长度 l 的系列	2.5,3,4,5,6,8,10,12,(14),16,20~80(5进位)											

表 10－9　吊环螺钉(摘自 GB/T 825—1988)　　(单位:mm)

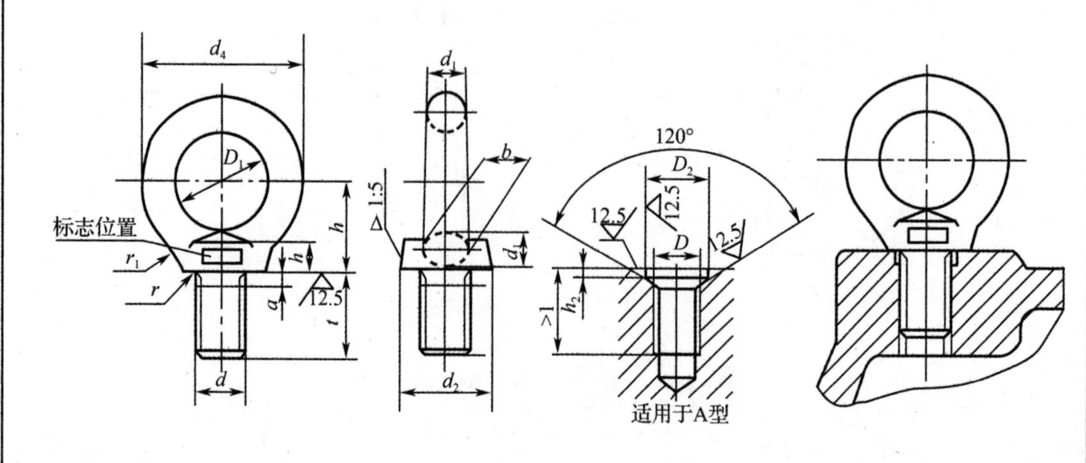

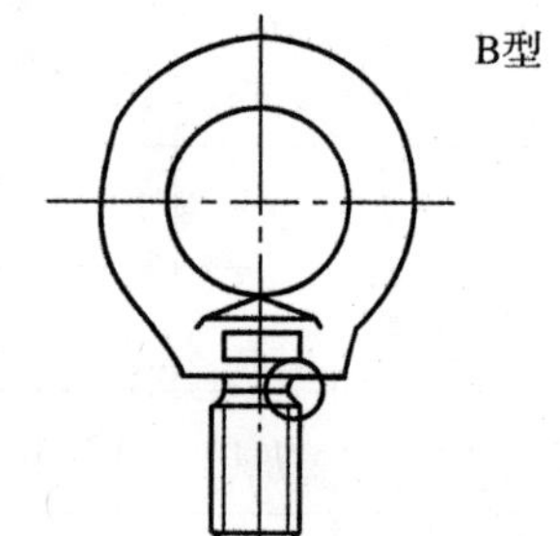

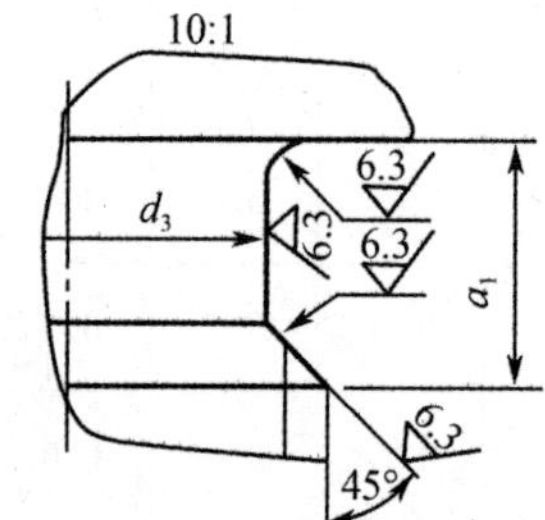

A 型无螺纹部分杆径≈螺纹中径或≈螺纹大径

标记示例:

规格为 20 mm、材料为 20 钢、径正火处理、不经表面处理的 A 型吊环螺钉;

螺钉　GB/T 825—1988　M20

螺纹规格　d	M8	M10	M12	M16	M20	
d_1　max	9.1	11.1	13.1	15.2	17.4	
D_1　公差	20	24	28	34	40	
d_2　max	21.1	25.1	29.1	35.2	41.4	
h_1　max	7	9	11	13	15.1	
h	18	22	26	31	36	
d_4　参考	36	44	52	62	72	
r_1	4	4	6	6	8	
r　min	1					
l　公称	16	20	22	28	35	
a_1　max	3.75	4.5	5.25	6	7.5	
a　max	2.5	3	3.5	4	5	
b　max	10	12	14	16	19	
d_3　公称(max)	6	7.7	9.4	13	16.4	
D_2　公称(min)	13	15	17	22	28	
h_2　公称(min)	2.5	3	3.5	4.5	5	

表 10－10 Ⅱ型六角螺母－C级（摘自 GB/T 41—2000）

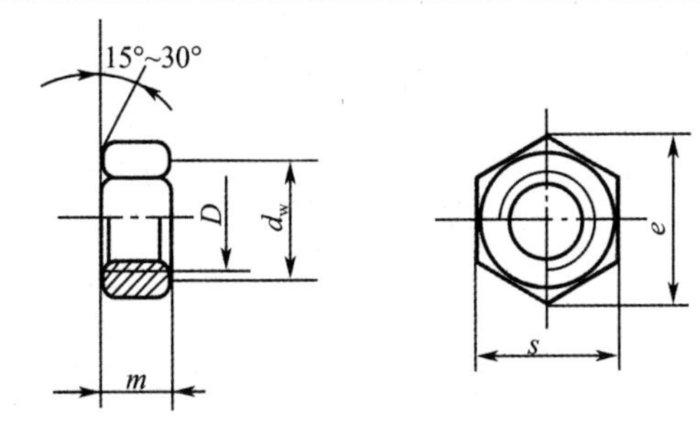

标记示例：

螺纹规格 D = M12、性能等级为 5 级，不经表面处理，C 级的Ⅱ型六角螺母：

螺母 GB/T 41—2000 M12

螺纹规格	M5	M6	M8	M10	M12	M16	M20	M24	M30
d_w min	6.9	8.7	11.5	14.5	16.5	22	27.7	33.2	42.7
e min	8.63	10.89	14.2	17.59	19.85	26.17	32.95	39.55	50.85
m min	5.6	6.1	7.9	9.5	12.2	15.9	18.7	22.3	26.4
s min	8	10	13	16	18	24	30	36	46

表 10－11 圆螺母（摘自 GB/T 812—2000）

（单位：mm）

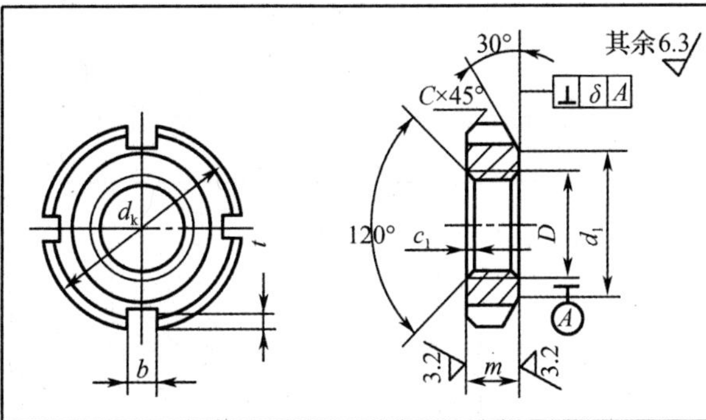

$D \leqslant M100\times2$，槽数 $n=4$

$D \geqslant M105\times2$，槽数 $n=6$

标记示例：

螺纹规格 $D\times P = M16\times1.5$，材料为 45 钢，槽或全部热处理后，硬度为 35～45HRC，表面氧化的圆螺母的标记：

螺母 GB/T 812—2000 M16×1.5

<table>
<tr><th>螺纹规格
D×P</th><th>dd_k</th><th>d_1</th><th>m</th><th>h
min</th><th>t
min</th><th>c</th><th>c_1</th><th>螺纹规格
D×P</th><th>d_k</th><th>d_1</th><th>m</th><th>h
min</th><th>t
min</th><th>c</th><th>c_1</th></tr>
<tr><td>M10×1</td><td>22</td><td>16</td><td rowspan="6">8</td><td rowspan="3">4</td><td rowspan="3">2</td><td rowspan="7">0.5</td><td rowspan="12">0.5</td><td>M35×1.5*</td><td>52</td><td>43</td><td rowspan="6">10</td><td rowspan="6">6</td><td rowspan="6">3</td><td rowspan="2">1</td><td rowspan="10">0.5</td></tr>
<tr><td>M12×1.25</td><td>25</td><td>19</td><td>M36×1.5</td><td>55</td><td>46</td></tr>
<tr><td>M14×1.5</td><td>28</td><td>20</td><td>M39×1.5</td><td>58</td><td>49</td><td rowspan="10">1.5</td></tr>
<tr><td>M16×1.5</td><td>30</td><td>22</td><td rowspan="8">5</td><td rowspan="8">2.5</td><td>M40×1.5*</td><td>58</td><td>49</td></tr>
<tr><td>M18×1.5</td><td>32</td><td>24</td><td>M42×1.5</td><td>62</td><td>53</td></tr>
<tr><td>M20×1.5</td><td>35</td><td>27</td><td>M45×1.5</td><td>68</td><td>59</td></tr>
<tr><td>M22×1.5</td><td>38</td><td>30</td><td rowspan="6">10</td><td>M48×1.5</td><td>72</td><td>61</td><td rowspan="6">12</td><td rowspan="6">8</td><td rowspan="6">3.5</td></tr>
<tr><td>M24×1.5</td><td>42</td><td>34</td><td rowspan="5">1</td><td>M50×1.5*</td><td>72</td><td>61</td></tr>
<tr><td>M25×1.5</td><td>42</td><td>34</td><td>M52×1.5</td><td>78</td><td>67</td></tr>
<tr><td>M27×1.5</td><td>45</td><td>37</td><td>M55×2*</td><td>78</td><td>67</td></tr>
<tr><td>M30×1.5</td><td>48</td><td>40</td><td>M56×2</td><td>85</td><td>74</td><td rowspan="2">1</td></tr>
<tr><td>M33×1.5</td><td>52</td><td>43</td><td>6</td><td>3</td><td>M60×2</td><td>90</td><td>79</td></tr>
</table>

注：* 仅用于滚动轴承锁紧装置。

表 10－12 标准型弹簧垫圈(摘自 GB/T 93—1987) (单位:mm)

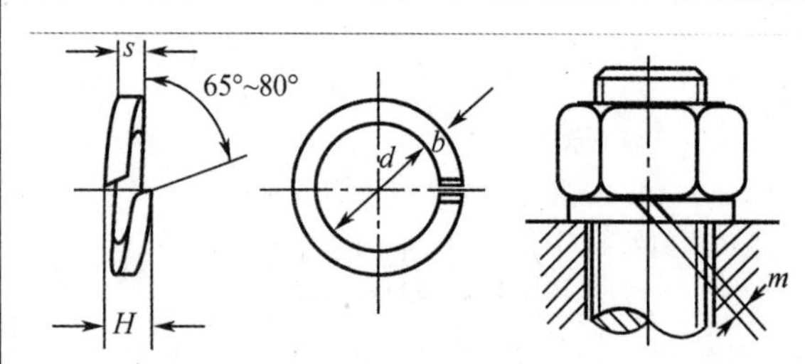

标记示例:

规格 16 mm、材料为 65 Mn,表面氧化的标准型弹簧垫圈。

垫圈 GB/T 93—1987 16

规格(螺纹大径)		5	6	8	10	12	(14)	16	(18)	20
d	min	5.1	6.1	8.1	10.2	12.2	14.2	16.2	18.2	20.2
	max	5.4	6.68	8.68	10.9	12.9	14.9	16.9	19.04	21.04
S(b)	公称	1.3	1.6	2.1	2.6	3.1	3.6	4.1	4.5	5
	min	1.2	1.5	2	2.45	2.95	3.4	3.9	4.3	4.8
	max	1.4	1.7	2.2	2.75	3.25	3.8	4.3	4.7	5.2
H	min	2.6	3.2	4.2	5.2	6.2	7.2	8.2	9	10
	max	3.25	4	5.25	6.5	7.75	9	10.25	11.25	12.5
m ≤		0.65	0.8	1.05	1.3	1.55	1.8	2.05	2.25	2.5

注:①括号内的尺寸尽可能不采用。

②材料:65 Mn,60Si2Mn,淬火并回火,硬度为 42～50HRC。

表 10－13 圆螺母用止动垫圈(摘自 GB/T 858—1988) (单位:mm)

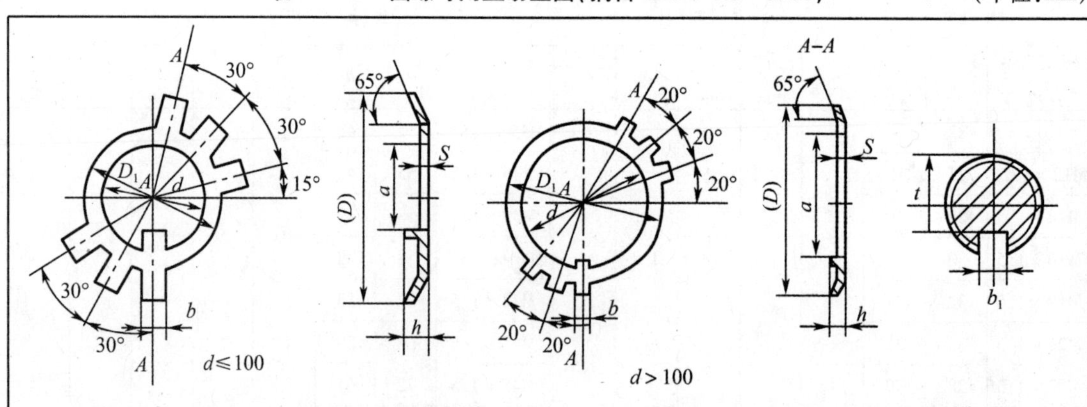

标记示例:

规格为 16 mm、材料为 Q235－A,经退火、表面氧化的圆螺母用止动垫圈;

垫圈 GB/T 858—1988 16

表 10－13 （续）

规格（螺纹直径）	d	(D)	D_1	S	b	a	h	轴端		规格（螺纹直径）	d	(D)	D_1	S	b	a	h	轴端	
								b_1	t									b_1	t
10	10.5	25	16			8			7	35*	35.5	56	43			32			–
12	12.5	28	19		3.8	9	3	4	8	36	36.5	60	46			33			32
14	14.5	32	20			11			10	39	39.5	62	49		5.7	36		6	35
16	16.5	34	22			13			12	40*	40.5	62	49			37	5		–
18	18.5	35	24			15			14	42	42.5	66	53			39			38
20	20.5	38	27	1		17	4		16	45	45.5	72	59	1.5		42			41
22	22.5	42	30		4.8	19		5	18	48	48.5	76	61			45			44
24	24.5	45	34			21			20	50*	50.5	76	61			47			–
25*	25.5	45	34			22			–	52	52.5	82	67		7.7	49		8	48
27	27.5	48	37			24	5		23	55*	56	82	67			52	6		–
30	30.5	52	40			27			26	56	57	90	74			53			52
33	33.5	56	43	1.5	5.7	30		6	29	60	61	94	79			57			56

注：* 仅用于滚动轴承锁紧装置。

表 10－14 螺钉紧固轴端挡圈(摘自 GB/T 891—1986)和螺栓紧固轴端挡圈(摘自 GB/T 892—1986)

（单位：mm）

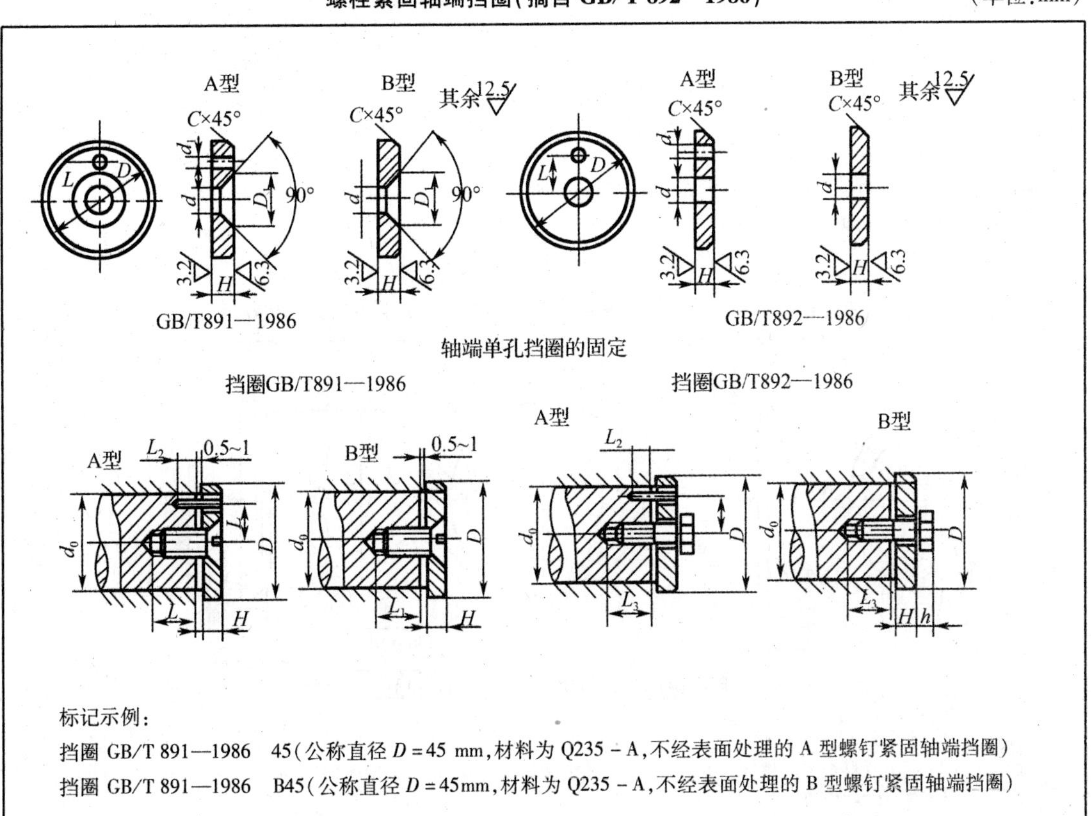

标记示例：

挡圈 GB/T 891—1986 45(公称直径 $D=45$ mm，材料为 Q235－A，不经表面处理的 A 型螺钉紧固轴端挡圈)

挡圈 GB/T 891—1986 B45(公称直径 $D=45$mm，材料为 Q235－A，不经表面处理的 B 型螺钉紧固轴端挡圈)

表 10-14 (续)

轴径 $d_0 \leqslant$	公称直径 D	H	L	d	d_1	C	螺钉紧固轴端挡圈				螺栓紧固轴端挡圈					安装尺寸(参考)			
							D_1	螺钉 GB/T 819—1985(推荐)	1 000 个质量/kg≈ A 型	1 000 个质量/kg≈ B 型	圆柱销 GB/T 119—1986(推荐)	螺栓 GB/T 5783—1986(推荐)	垫圈 GB/T 93—1987(推荐)	1 000 个质量/kg≈ A 型	1 000 个质量/kg≈ B 型	L_1	L_2	L_3	h
16	22	4	–	5.5	2.1	0.5	11	M5×12	–	10.7	A2×10	M5×16	5	–	11.2	14	6	16	4.8
18	25		–						–	14.2				–	14.7				
20	28		7.5						17.9	18.1				18.4	18.6				
22	30								20.8	21.0				21.3	21.5				
25	32	5	10	6.6	3.2	1	13	M6×16	28.7	29.2	A3×12	M6×20	6	29.7	30.2	18	7	20	5.6
28	35								34.8	35.3				35.8	36.3				
30	38								41.5	42.0				42.5	43.0				
32	40		12						46.3	46.8				47.3	47.8				
35	45								59.5	59.9				60.5	60.9				
40	50								74.0	74.5				75.0	75.5				
45	55	6	16	9	4.2	1.5	17	M8×20	108	109	A4×14	M8×25	8	110	111	22	8	24	7.4
50	60								126	127				128	129				
55	65								149	150				151	152				
60	70		20						174	175				176	177				
65	75								200	201				202	203				
70	80								229	230				231	232				
75	90	8	25					M12×25	381	383	A5×16	M12×30	12	383	390	26	10	28	11.5
85	100								427	429				434	436				

注:①当挡圈装在带螺纹孔的轴端时,紧固用螺钉允许加长。

②“轴端单孔挡圈的固定”不属于 GB/T 891—1986,GB/T 892—1986,供参考。

③材料:Q235-A,35,45 钢。

表 10-15 孔用弹性挡圈——A 型(摘自 GB/T 893.1—1986) (单位:mm)

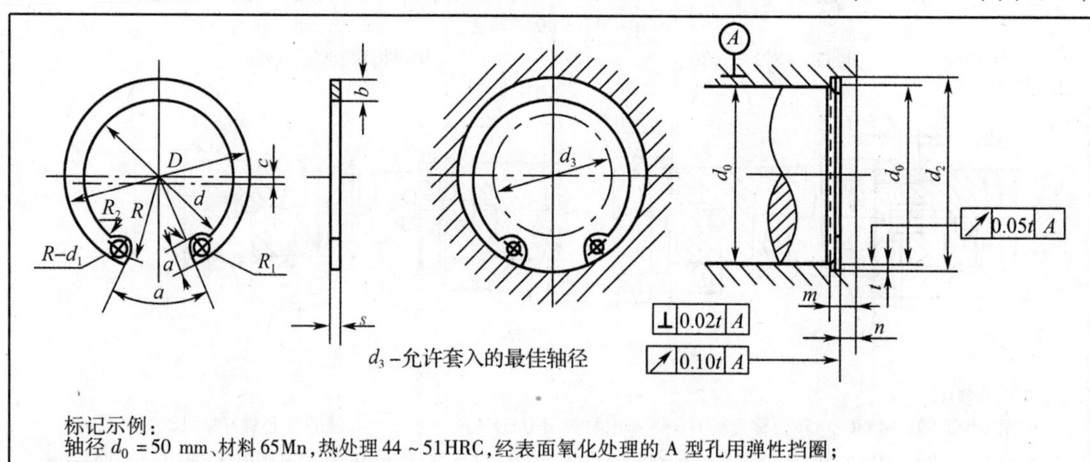

标记示例:
轴径 d_0 = 50 mm、材料 65Mn,热处理 44~51HRC,经表面氧化处理的 A 型孔用弹性挡圈;
挡圈 GB/T 893.1—1986 50

表 10－15　（续）

<table>
<tr><th rowspan="3">轴径
d_0</th><th colspan="11">挡圈</th><th colspan="5">沟槽(推荐)</th><th rowspan="3">轴
$d_3 \leqslant$</th></tr>
<tr><th rowspan="2">D</th><th rowspan="2">d</th><th rowspan="2">a
max</th><th rowspan="2">R</th><th rowspan="2">s</th><th rowspan="2">b
≈</th><th rowspan="2">c</th><th rowspan="2">d_1</th><th rowspan="2">R_1</th><th rowspan="2">R_2</th><th rowspan="2">α</th><th colspan="2">d_2</th><th colspan="2">m</th><th rowspan="2">$n \geqslant$</th></tr>
<tr><th>基本尺寸</th><th>极限偏差</th><th>基本尺寸</th><th>极限偏差</th></tr>
<tr><td>50</td><td>54.2</td><td>47.5</td><td rowspan="8">7.35</td><td>23.3</td><td rowspan="8">2</td><td rowspan="3">4.7</td><td rowspan="3">1.2</td><td rowspan="23">3</td><td rowspan="7">3</td><td rowspan="7">1.5</td><td rowspan="4">45°</td><td>53</td><td rowspan="13">+0.30
0</td><td rowspan="8">2.2</td><td rowspan="23">+0.14
0</td><td rowspan="14">4.5</td><td>36</td></tr>
<tr><td>52</td><td>56.2</td><td>49.5</td><td>24.3</td><td>55</td><td>38</td></tr>
<tr><td>55</td><td>59.2</td><td>52.2</td><td>25.8</td><td>58</td><td>40</td></tr>
<tr><td>56</td><td>60.2</td><td>52.4</td><td>26.3</td><td rowspan="6">5.2</td><td rowspan="6">1.3</td><td>59</td><td>41</td></tr>
<tr><td>58</td><td>62.2</td><td>54.4</td><td>27.3</td><td rowspan="11">36°</td><td>61</td><td>43</td></tr>
<tr><td>60</td><td>64.2</td><td>56.4</td><td>28.3</td><td>63</td><td>44</td></tr>
<tr><td>62</td><td>66.2</td><td>58.4</td><td>29.3</td><td>65</td><td>45</td></tr>
<tr><td>63</td><td>67.2</td><td>59.4</td><td>29.8</td><td rowspan="14">4</td><td rowspan="14">2</td><td>66</td><td>46</td></tr>
<tr><td>65</td><td>69.2</td><td>61.4</td><td>8.75</td><td>30.4</td><td rowspan="15">2.5</td><td>68</td><td rowspan="15">2.7</td><td>48</td></tr>
<tr><td>68</td><td>72.5</td><td>63.9</td><td rowspan="3">8.8</td><td>32</td><td rowspan="3">5.7</td><td rowspan="3">1.4</td><td>71</td><td>50</td></tr>
<tr><td>70</td><td>74.5</td><td>65.9</td><td>33</td><td>73</td><td>53</td></tr>
<tr><td>72</td><td>76.5</td><td>67.9</td><td>34</td><td>75</td><td>55</td></tr>
<tr><td>75</td><td>79.5</td><td>70.1</td><td>9</td><td>35.3</td><td rowspan="2">6.3</td><td rowspan="2">1.6</td><td>78</td><td>56</td></tr>
<tr><td>78</td><td>82.5</td><td>73.1</td><td>9.4</td><td>36.5</td><td>81</td><td rowspan="10">+0.35
0</td><td>60</td></tr>
<tr><td>80</td><td>85.5</td><td>75.3</td><td rowspan="7">9.7</td><td>37.7</td><td rowspan="3">6.8</td><td rowspan="3">1.7</td><td>83.5</td><td rowspan="9">5.3</td><td>63</td></tr>
<tr><td>82</td><td>87.5</td><td>77.3</td><td>38.7</td><td rowspan="21">30°</td><td>85.5</td><td>65</td></tr>
<tr><td>85</td><td>90.5</td><td>80.3</td><td>40.2</td><td>88.5</td><td>68</td></tr>
<tr><td>88</td><td>93.5</td><td>82.6</td><td>41.7</td><td rowspan="2">7.3</td><td rowspan="2">1.8</td><td>91.5</td><td>70</td></tr>
<tr><td>90</td><td>95.5</td><td>84.5</td><td>42.7</td><td>93.5</td><td>72</td></tr>
<tr><td>92</td><td>97.5</td><td>86</td><td>43.7</td><td rowspan="4">7.7</td><td rowspan="4">1.9</td><td>95.5</td><td>73</td></tr>
<tr><td>95</td><td>100.5</td><td>88.9</td><td>45.2</td><td>98.5</td><td>75</td></tr>
<tr><td>98</td><td>103.5</td><td>92</td><td rowspan="2">10.7</td><td>46.7</td><td rowspan="13">5</td><td rowspan="13">2.5</td><td>101.5</td><td>78</td></tr>
<tr><td>100</td><td>105.5</td><td>93.9</td><td>47.7</td><td>103.5</td><td>80</td></tr>
<tr><td>102</td><td>108</td><td>95.9</td><td>10.75</td><td>48.9</td><td rowspan="13">3</td><td rowspan="2">8.1</td><td rowspan="2">2</td><td rowspan="13">4</td><td>106</td><td rowspan="6">+0.54
0</td><td rowspan="13">3.2</td><td rowspan="13">+0.18
0</td><td rowspan="13">6</td><td>82</td></tr>
<tr><td>105</td><td>112</td><td>99.6</td><td rowspan="4">11.25</td><td>50.4</td><td>109</td><td>83</td></tr>
<tr><td>108</td><td>115</td><td>101.8</td><td>51.9</td><td rowspan="2">8.8</td><td rowspan="2">2.2</td><td>112</td><td>86</td></tr>
<tr><td>110</td><td>117</td><td>103.8</td><td>52.9</td><td>114</td><td>88</td></tr>
<tr><td>112</td><td>119</td><td>105.1</td><td>53.9</td><td rowspan="3">9.3</td><td rowspan="3">2.3</td><td>116</td><td>89</td></tr>
<tr><td>115</td><td>122</td><td>108</td><td>11.35</td><td>55.5</td><td>119</td><td>90</td></tr>
<tr><td>120</td><td>127</td><td>113</td><td rowspan="5">11.45</td><td>57.8</td><td>124</td><td rowspan="7">+0.63
0</td><td>95</td></tr>
<tr><td>125</td><td>132</td><td>117</td><td>60.3</td><td>10</td><td>2.5</td><td>129</td><td>100</td></tr>
<tr><td>130</td><td>137</td><td>121</td><td>62.8</td><td rowspan="3">10.7</td><td rowspan="3">2.7</td><td>134</td><td>105</td></tr>
<tr><td>135</td><td>142</td><td>126</td><td>65.3</td><td>139</td><td>110</td></tr>
<tr><td>140</td><td>147</td><td>131</td><td>67.8</td><td>144</td><td>115</td></tr>
<tr><td>145</td><td>152</td><td>135.7</td><td>12.45</td><td>70.3</td><td rowspan="2">10.9</td><td>2.75</td><td rowspan="2">6</td><td rowspan="2">3</td><td>149</td><td>118</td></tr>
<tr><td>150</td><td>158</td><td>141.2</td><td>12.95</td><td>72.8</td><td>2.8</td><td>155</td><td>121</td></tr>
</table>

注：①材料：65Mn，60Si2MnA。

②热处理（淬火并回火）：$d_0 \leqslant 48$ mm，硬度为 47～54HRC；$d_0 > 48$ mm，硬度为 44～51HRC。

表 10-16 轴用弹性挡圈——A 型(摘自 GB/T 894.1—1986) (单位:mm)

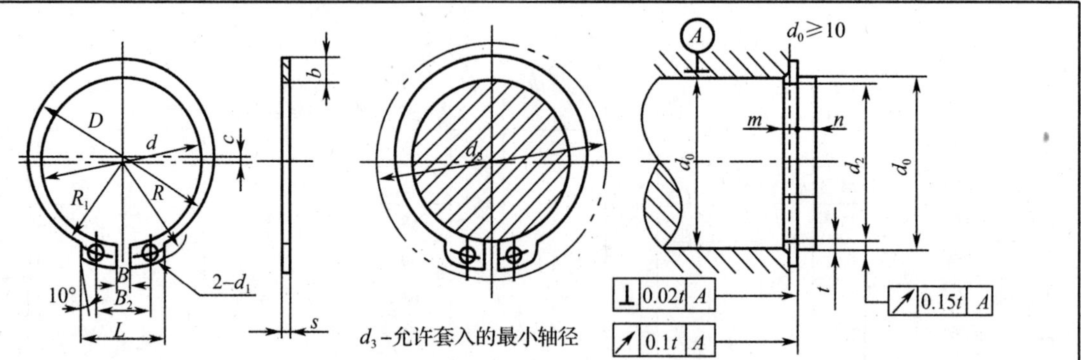

标记示例:

轴径 d_0 = 50 mm,材料 65Mn,热处理 44 ~ 51HRC,经表面氧化的 A 型轴用弹性挡圈;

挡圈 GB/T 894.1—1986 50

轴径 d_0	挡圈											沟槽(推荐)					孔 d_3≥
	d 基本尺寸	s 基本尺寸	b≈	d_1	D	R	R_1	B_1	B_2	L	c 基本尺寸	d_2 基本尺寸	d_2 极限偏差	m 基本尺寸	m 极限偏差	n≥	
20	18.5	1	2.68	2	22.5	13.3	11.2	2.5	8.5	14.5	0.67	19	0 -0.13	1.1	+0.14 0	1.5	29
21	19.5				23.5	13.9	11.8					20					31
22	20.5				24.5	14.5	12.4					21					32
24	22.2	1.2	3.32		27.2	15.5	13.3				0.83	22.9	0 -0.21	1.3		1.7	34
25	23.2				28.2	16	13.8					23.9					35
26	24.2				29.2	16.6	14.4					24.9					36
28	25.9		3.6		31.3	17.7	15.3	3	11	19	0.9	26.6				2.1	38.4
29	26.9		3.72		32.5	18.3	15.9				0.93	27.6					39.8
30	27.9				33.5	18.9	16.5					28.6					42
32	29.6		3.92		35.5	20	17.4				0.98	30.3				2.6	44
34	31.5	1.5	4.32	2.5	38	21.2	18.5				1.08	32.3	0 -0.25	1.7			46
35	32.2		4.52		39	21.7	18.9				1.13	33				3	48
36	33.2				40	22.2	19.4					34					49
37	34.2				41	22.7	19.9					35					50
38	35.2		5.0		42.7	23.4	20.5				1.25	36					51
40	36.5				44	24.3	21.3					37.5				3.8	53
42	38.5			3	46	25.8	22.5					39.5					56
45	41.5				49	27.5	24.1					42.5					59.4
48	44.5				52	29.5	25.7					45.5					62.8
50	45.8	2	5.48		54	29.8	26.4	4	12	20	1.37	47		2.2		4.5	64.8
52	47.8				56	30.9	27.4					49					67
55	50.8				59	32.6	29					52	0 -0.30				70.4
56	51.8		6.12		61	33.2	29.6				1.53	53					71.7
58	53.8				63	34.2	30.6					55					73.6
60	55.8				65	35.3	31.6					57					75.8
62	57.8				67	36.4	32.7					69					79
63	58.8	2.5			68	37	33.2					60		2.7			79.6
65	60.8				70	38.2	34.3					62					81.6
68	63.5		6.32		73	39.8	35.8				1.58	65					85
70	65.5				75	41.4	37.3					67					87.2
72	67.5				77	41.95	37.9					69					89.4
75	70.5				80	43.7	39.5					72					92.8
78	73.5				83	45.4	41.1					75					96.2
80	74.5		7.0		85	45.9	41.6					76.5					98.2

注:①材料:65Mn,60Si2MnA。

②热处理 d_0 ≤48 mm,硬度为 47 ~ 54HRC;d_0 >48 mm,硬度为 44 ~ 51HRC。

表10-17 螺纹收尾、肩距、退刀槽、倒角(摘自GB/T 3—1997)

(单位:mm)

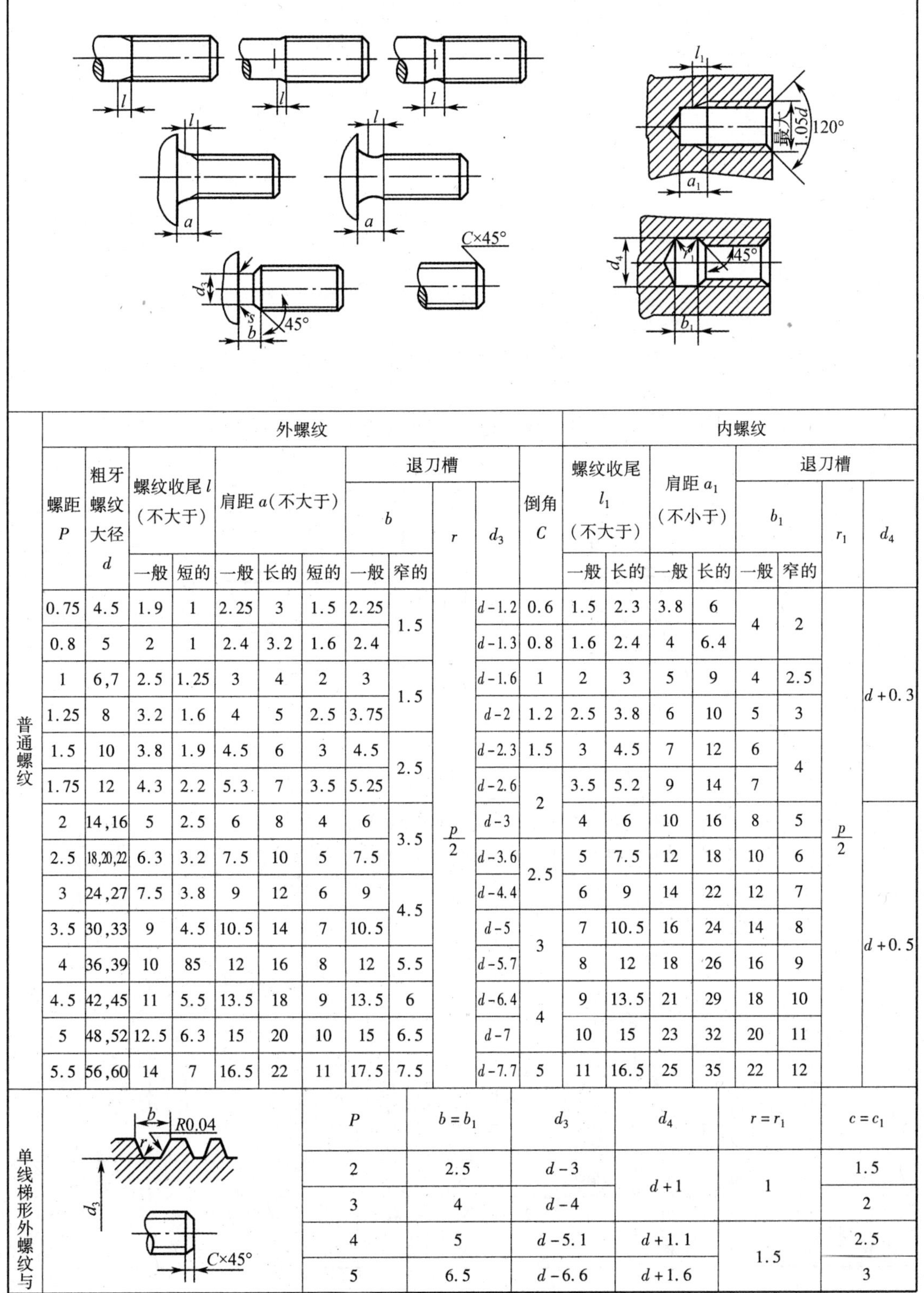

	外螺纹											内螺纹							
	螺距 P	粗牙螺纹大径 d	螺纹收尾 l(不大于)		肩距 a(不大于)			退刀槽 b		退刀槽 r	退刀槽 d_3	倒角 C	螺纹收尾 l_1(不大于)		肩距 a_1(不小于)		退刀槽 b_1		退刀槽 r_1	退刀槽 d_4
			一般	短的	一般	长的	短的	一般	窄的				一般	长的	一般	长的	一般	窄的		
普通螺纹	0.75	4.5	1.9	1	2.25	3	1.5	2.25	1.5	$\frac{p}{2}$	$d-1.2$	0.6	1.5	2.3	3.8	6	4	2	$\frac{p}{2}$	$d+0.3$
	0.8	5	2	1	2.4	3.2	1.6	2.4			$d-1.3$	0.8	1.6	2.4	4	6.4				
	1	6,7	2.5	1.25	3	4	2	3	1.5		$d-1.6$	1	2	3	5	9	4	2.5		
	1.25	8	3.2	1.6	4	5	2.5	3.75			$d-2$	1.2	2.5	3.8	6	10	5	3		
	1.5	10	3.8	1.9	4.5	6	3	4.5	2.5		$d-2.3$	1.5	3	4.5	7	12	6	4		
	1.75	12	4.3	2.2	5.3	7	3.5	5.25			$d-2.6$	2	3.5	5.2	9	14	7			
	2	14,16	5	2.5	6	8	4	6	3.5		$d-3$		4	6	10	16	8	5		$d+0.5$
	2.5	18,20,22	6.3	3.2	7.5	10	5	7.5			$d-3.6$	2.5	5	7.5	12	18	10	6		
	3	24,27	7.5	3.8	9	12	6	9	4.5		$d-4.4$		6	9	14	22	12	7		
	3.5	30,33	9	4.5	10.5	14	7	10.5			$d-5$	3	7	10.5	16	24	14	8		
	4	36,39	10	85	12	16	8	12	5.5		$d-5.7$		8	12	18	26	16	9		
	4.5	42,45	11	5.5	13.5	18	9	13.5	6		$d-6.4$	4	9	13.5	21	29	18	10		
	5	48,52	12.5	6.3	15	20	10	15	6.5		$d-7$		10	15	23	32	20	11		
	5.5	56,60	14	7	16.5	22	11	17.5	7.5		$d-7.7$	5	11	16.5	25	35	22	12		

单线梯形外螺纹与

P	$b=b_1$	d_3	d_4	$r=r_1$	$c=c_1$
2	2.5	$d-3$	$d+1$	1	1.5
3	4	$d-4$			2
4	5	$d-5.1$	$d+1.1$	1.5	2.5
5	6.5	$d-6.6$	$d+1.6$		3

表 10-17 (续)

		P	$b=b_1$	d_3	d_4	$r=r_1$	$c=c_1$
内螺纹	R0.4 r_1 b_1 d_4 C×45°	6	7.5	$d-7.8$	$d+1.8$	2	3.5
		8	10	$d-9.8$		2.5	4.5
		10	12.5	$d-12$	$d+2$	3	5.5
		12	15	$d-14$			6.35
		16	20	$d-19.2$	$d+3.2$	4	9
		20	24	$d-23.5$	$d+3.5$	5	11

注:①外螺纹倒角和退刀槽过渡角一般是45°,也可是60°或30°,当螺纹是60°或30°倒角时,倒角深度约等于螺纹深度,内螺纹倒角一般是120°锥角,也可以是90锥角°。

②肩距 $\alpha(\alpha_1)$ 是螺纹收尾 $l(l_1)$ 加螺纹空白的总长。设计时应先考虑一般肩距尺寸,短的肩距只在结构需要时采用。

③窄的退刀槽只在结构需要时采用。

④对锥螺纹 d 为基面上螺纹大径(对内螺纹即螺孔端面的螺纹大径)。

表 10-18 粗牙螺栓、螺钉的拧入深度、攻螺纹深度和钻孔深度

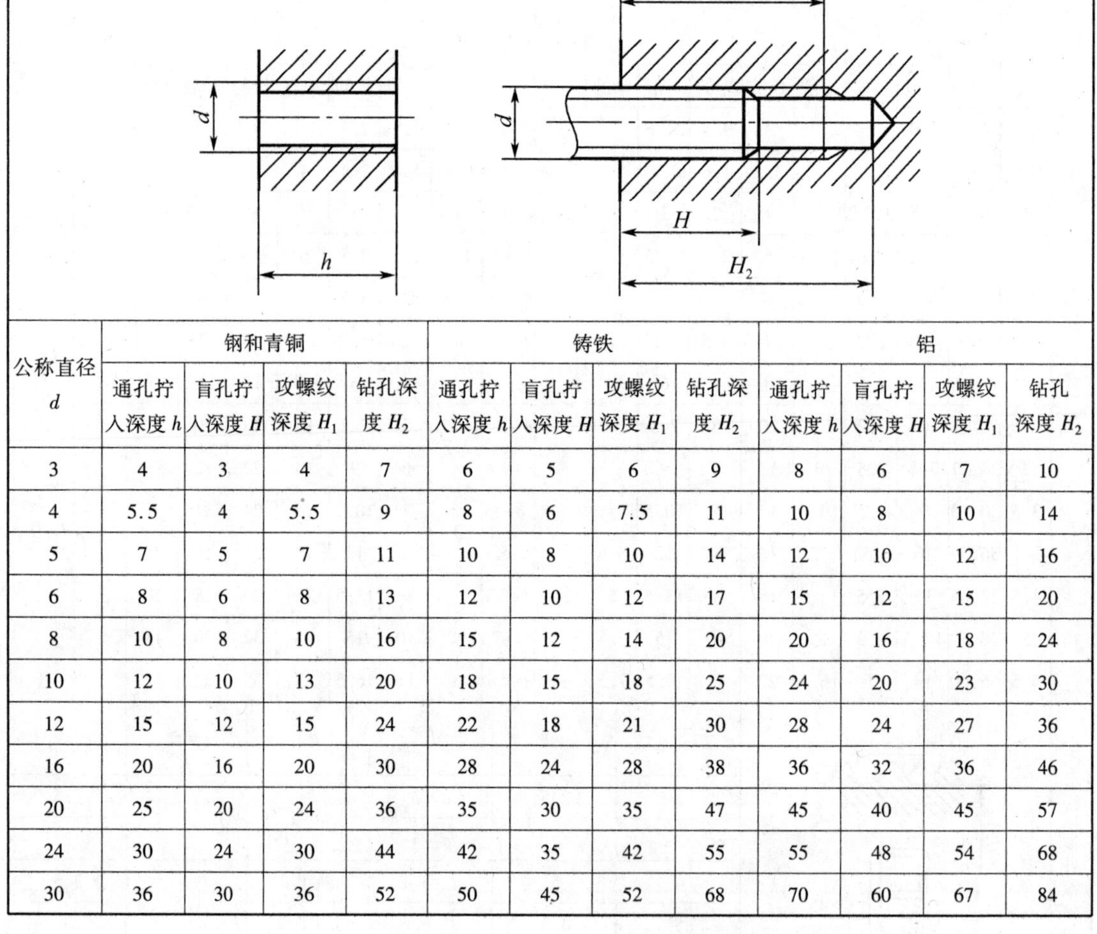

公称直径 d	钢和青铜				铸铁				铝			
	通孔拧入深度 h	盲孔拧入深度 H	攻螺纹深度 H_1	钻孔深度 H_2	通孔拧入深度 h	盲孔拧入深度 H	攻螺纹深度 H_1	钻孔深度 H_2	通孔拧入深度 h	盲孔拧入深度 H	攻螺纹深度 H_1	钻孔深度 H_2
3	4	3	4	7	6	5	6	9	8	6	7	10
4	5.5	4	5.5	9	8	6	7.5	11	10	8	10	14
5	7	5	7	11	10	8	10	14	12	10	12	16
6	8	6	8	13	12	10	12	17	15	12	15	20
8	10	8	10	16	15	12	14	20	20	16	18	24
10	12	10	13	20	18	15	18	25	24	20	23	30
12	15	12	15	24	22	18	21	30	28	24	27	36
16	20	16	20	30	28	24	28	38	36	32	36	46
20	25	20	24	36	35	30	35	47	45	40	45	57
24	30	24	30	44	42	35	42	55	55	48	54	68
30	36	30	36	52	50	45	52	68	70	60	67	84

表 10-18 （续）

公称直径 d	钢和青铜				铸铁				铝			
	通孔拧入深度 h	盲孔拧入深度 H	攻螺纹深度 H_1	钻孔深度 H_2	通孔拧入深度 h	盲孔拧入深度 H	攻螺纹深度 H_1	钻孔深度 H_2	通孔拧入深度 h	盲孔拧入深度 H	攻螺纹深度 H_1	钻孔深度 H_2
36	45	36	44	62	65	55	64	82	80	72	80	98
42	50	42	50	72	75	65	74	95	95	85	94	115
48	60	48	58	82	85	75	85	108	105	95	105	128

表 10-19 紧固件通孔及沉孔尺寸(摘自 GB 152.2~152.4—1988,GB/T 5277—1985) （单位:mm）

螺栓或螺钉直径 d		4	5	6	8	10	12	14	16	18	20	22	24	27	30
通孔直径 d_1 GB/T 5277—1985	精装配	4.3	5.3	6.4	8.4	10.5	13	15	17	19	21	23	25	28	31
	中等装配	4.5	5.5	6.6	9	11	13.5	15.5	17.5	20	22	24	26	30	33
	粗装配	4.8	5.8	7	10	12	14.5	16.5	18.5	21	24	26	28	32	35
六角头螺栓和六角螺母用沉孔 GB 152.4—1988	d_2	10	11	13	18	22	26	30	33	36	40	43	48	53	61
	d_3	–	–	–	–	–	16	18	20	22	24	26	28	33	36
	t	制出与孔轴线垂直的平面即可													
沉头用沉孔 GB 152.2—1988	d_2	9.6	10.6	12.8	17.6	20.3	24.4	28.4	32.4	–	40.4	–	–	–	–
	$t\approx$	2.7	2.7	3.3	4.6	5	6	7	8	–	20	–	–	–	–
圆柱头用沉孔 GB 152.3—1988	d_2	8	10	11	15	18	20	24	26	–	33	–	40	–	48
	d_3	–	–	–	–	–	16	18	20	–	24	–	28	–	36
	t 用于GB70	4.6	5.7	6.8	9	11	13	15	17.5	–	21.5	–	25.5	–	32
	t 用于GB65	3.2	4	4.7	6	7	8	9	10.5	–	12.5	–	–	–	

注:d_1 尺寸同通孔直径中的中等装配。

10.2 键 连 接

键连接所用标准如表 10 - 20 所示。

表 10 - 20 普通平键(摘自 GB/T 1095—2003, GB/T 1096—2003) (单位:mm)

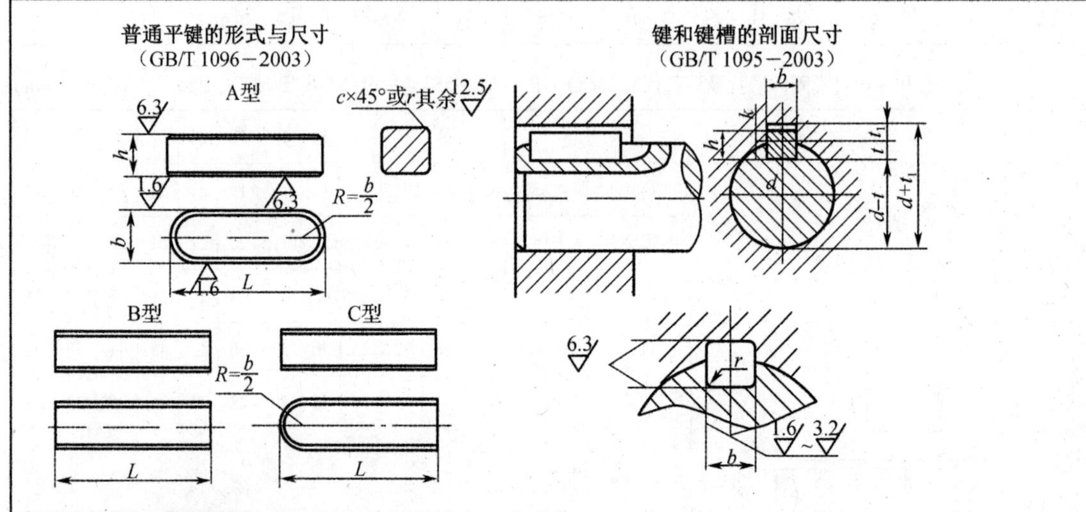

标记示例:圆头普通平键(A 型),$b=10$ mm, $h=8$ mm, $L=25$
键 10×25 GB/T 1096—2003
对于同一尺寸的平头普通平键(B 型)或单圆头普通平键(C 型),标记为
键 B10×25 GB/T 1096—2003
键 C10×25 GB/T 1096—2003

轴径 d	键的公称尺寸				每 100 mm 质量/kg	键槽尺寸						
	b (h8)	(h8) h(h11)	c 或 r	L(h14)		轴槽深 t 基本尺寸	轴槽深 t 公差	毂槽深 t_1 基本尺寸	毂槽深 t_1 公差	b	圆角半径 r min	圆角半径 r max
自 6~8	2	2	0.16~0.25	6~20	0.003	1.2	$^{+0.1}_{0}$	1	$^{+0.1}_{0}$	公称尺寸同键	0.08	0.16
>8~10	3	3		6~36	0.007	1.8		1.4				
>10~12	4	4		8~45	0.013	2.5		1.8				
>12~17	5	5	0.25~0.4	10~56	0.02	3.0		2.3			0.16	0.25
>17~22	6	6		14~70	0.028	3.5	$^{+0.2}_{0}$	2.8	$^{+0.2}_{0}$			
>22~30	8	7		18~90	0.044	4.0		3.3				
>30~38	10	8	0.4~0.6	22~110	0.063	5.0		3.3			0.25	0.4
>38~44	12	8		28~140	0.075	5.0		3.3				
>44~50	14	9		36~160	0.099	5.5		3.8				
>50~58	16	10		45~180	0.126	6.0		4.3				
>58~65	18	11		50~200	0.155	7.0		4.4				
>65~75	20	12	0.6~0.8	56~220	0.188	7.5		4.9			0.4	0.6
>75~85	22	14		63~250	0.242	9.0		5.4				
>85~95	25	14		70~280	0.275	9.0		5.4				
>95~110	28	16		80~320	0.352	10.0		6.4				
>110~130	32	18		90~360	0.452	11		7.4				

表 10 - 20 （续）

轴径 d	键的公称尺寸				每100 mm质量/kg	键槽尺寸						
	b (h8)	(h8) h(h11)	c 或 r	L(h14)		轴槽深 t 基本尺寸	轴槽深 t 公差	毂槽深 t_1 基本尺寸	毂槽深 t_1 公差	b	圆角半径 r min	圆角半径 r max
>130 ~ 150	36	20	1 ~ 1.2	100 ~ 400	0.565	12	+0.3 0	8.4	+0.3 0		0.7	1.0
>150 ~ 170	40	22		100 ~ 400	0.691	13		9.4				
>170 ~ 200	45	25		110 ~ 450	0.883	15		10.4				
>200 ~ 230	50	28		125 ~ 500	1.1	17		11.4				
>230 ~ 260	56	32	1.6 ~ 2.0	140 ~ 500	1.407	20		12.4			1.2	1.6
>260 ~ 290	63	32		160 ~ 500	1.583	20		12.4				
>290 ~ 330	70	36		180 ~ 500	1.978	22		14.4				
>330 ~ 380	80	40	2.5 ~ 3	200 ~ 500	2.512	25		15.4			2	2.5
>380 ~ 440	90	45		220 ~ 500	3.179	28		17.4				
>440 ~ 500	100	50		250 ~ 500	3.925	31		19.5				
L 系列	6,8,10,12,14,16,18,20,22,25,28,32,36,40,45,50,56,63,70,80,90,100,110,125,140,160,180,200,220,250,280,320,360,400,450,500											

注：①在工作图中，轴槽深用 $d-t$ 或 t 标记，毂槽深用 $d+t_1$ 标注。$(d-t)$ 和 $(d+t_1)$ 尺寸偏差按相应的 t 和 t_1 的偏差选取，但 $(d-t)$ 偏差取负号（-）。

②当键长大于 500 mm 时，其长度应按 GB/T 321—1980 优先数和优先数系的 R20 系列选取。

③表中每 100 mm 长的质量系指 B 型键。

④键高偏差对于 B 型键应为 h9。

⑤当需要时，键允许带起键螺孔，起键螺孔的尺寸按键宽参考表 6.3 - 6 中的 d_0 选取。螺孔的位置距键端为 $b \sim 2b$，较长的键可以采用两个对称的起键螺孔。

10.3 销 连 接

销连接所用标准如表 10－21 所示。

表 10－21 圆柱销(摘自 GB/T 119—2000)和圆锥销(摘自 GB/T 117—2000) (单位:mm)

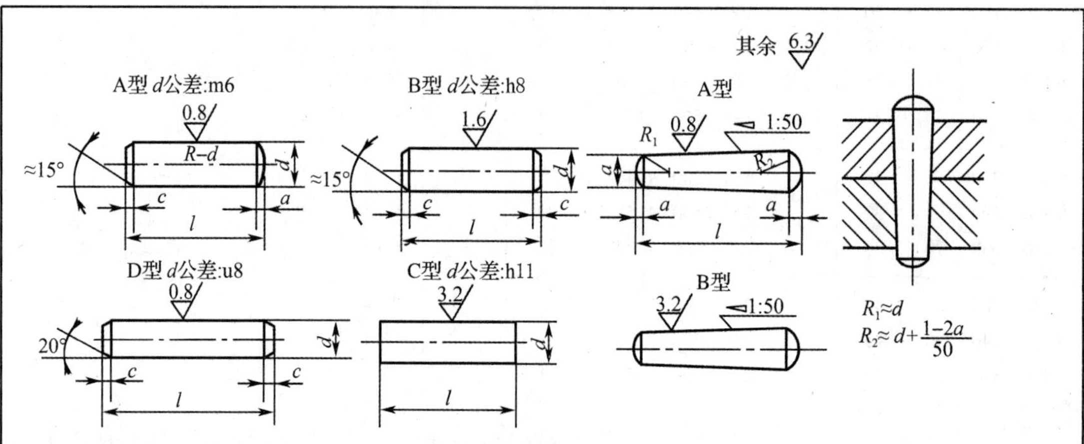

标记示例:

公称直径 $d=8$ mm、长度 $l=30$ mm、材料为 35 钢、热处理硬度 28～38 HRC,表面氧化处理的 A 型圆柱销:

销 GB/T 119—2000 A8×30

公称直径 $d=10$ mm、长度 $l=60$ mm、材料为 35 钢、热处理硬度 28～38 HRC、表面氧化处理的 A 型圆锥销:

销 GB/T 117—2000 A10×60

				2	3	4	5	6	8	10	12	16	20	25	30
d	公称			2	3	4	5	6	8	10	12	16	20	25	30
	圆柱销	A 型	min	2.002	3.002	4.004	5.004	6.004	8.006	10.006	12.007	16.007	20.008	25.008	30.008
			max	2.008	3.008	4.012	5.012	6.012	7.015	10.015	12.018	16.018	20.021	25.021	30.021
		B 型	min	1.986	2.986	3.982	4.982	5.982	8.978	9.978	11.973	15.973	19.967	24.967	29.967
			max	2	3	4	5	6	8	10	12	16	20	25	35
		C 型	min	1.94	2.94	3.925	4.925	5.925	7.91	9.91	11.89	15.89	19.87	24.87	29.87
			max	2	3	4	5	6	8	10	12	16	20	25	30
		D 型	min	2.018	3.018	4.023	5.023	6.023	8.028	10.028	12.033	16.033	20.041	25.048	30.048
			max	2.032	3.032	4.041	5.041	6.041	8.050	10.050	12.06	16.06	20.074	25.081	30.081
	圆锥销	min		1.96	2.96	3.95	4.95	5.95	7.94	9.94	11.93	15.93	19.92	24.92	29.92
		max		2	3	4	5	6	8	10	12	16	20	25	30
$\alpha\approx$				0.25	0.40	0.5	0.63	0.80	1.0	1.2	1.6	2.0	2.5	3.0	4.0
$c\approx$				0.35	0.50	0.63	0.80	1.2	1.6	2.0	2.5	3.0	3.5	4.0	5.0
l 商品规格范围		圆柱销		6～20	8～28	8～35	10～50	12～60	14～80	16～95	22～140	26～180	35～200	50～200	60～200
		圆锥销		10～35	12～45	14～55	18～60	22～90	22～120	26～160	32～180	40～200	45～200	50～200	55～200
l 系列 公称				6,8,12,14,16,18,20,22,24,26,28,30,32,35～100(10 进位),120,140,160,180,200											

注:材料为 35,45;热处理硬度为 28～38HRC,38～46HRC。

第 11 章　滚动轴承

11.1　深沟球轴承

深沟球轴承所用标准如表 11 - 1 所示。

表 11 - 1　深沟球轴承（摘自 GB/T 276—1994）

当量动载荷 $P_r = XF_r + YF_a$

当量静载荷

单列、双列：$P_{or} = 0.6F_r + 0.5Fa$

当 $P_{or} < F_r$ 时取 $P_{or} = F_r$

60000型

相对轴向载荷	f_0F_a/C_{or}		0.172	0.345	0.689	1.03	1.38	2.07	3.45	5.17	6.89
	$F_a(iZD_w^2)$		0.172	0.345	0.689	1.03	1.38	2.07	3.45	5.17	6.89
单、双列轴承	$F_a/F_r \leq e$	X	1								
		Y	0								
	$F_a/F_r > e$	X	0.56								
		Y	2.3	1.99	1.71	1.55	1.45	1.31	1.15	1.04	1
e			0.19	0.22	0.26	0.28	0.30	0.34	0.38	0.42	0.44

轴承代号	基本尺寸 /mm			安装尺寸 /mm			基本额定载荷 /kN		极限转速 /(r/min)		质量 /kg
	d	D	B	$d_a$min	$D_a$max	r_{as}max	C_r	C_{or}	脂润滑	油润滑	$W \approx$
61800	10	19	5	12.0	17	0.3	1.80	0.93	28 000	36 000	0.005
61900		22	6	12.4	20	0.3	2.70	1.30	25 000	32 000	0.008
6000		26	8	12.4	23.6	0.3	4.58	1.98	22 000	30 000	0.019
6200		30	9	15.0	26.0	0.6	5.10	2.38	20 000	26 000	0.032
6300		35	11	15.0	30.0	0.6	7.65	3.48	18 000	24 000	0.053
61801	12	21	5	14.0	19	0.3	1.90	1.00	24 000	32 000	0.005
61901		24	6	14.4	22	0.3	2.90	1.50	22 000	28 000	0.008
16001		28	7	14.4	25.6	0.3	5.10	2.40	20 000	26 000	0.015
6001		28	8	14.4	25.6	0.3	5.10	2.38	20 000	26 000	0.022
6201		32	10	17.0	28	0.6	6.82	3.05	19 000	24 000	0.035

表11-1 (续1)

轴承代号	基本尺寸/mm			安装尺寸/mm			基本额定载荷/kN		极限转速/(r/min)		质量/kg
	d	D	B	$d_a$min	$D_a$max	r_{as}max	C_r	C_{or}	脂润滑	油润滑	$W\approx$
6301		37	12	18.0	32	1	9.72	5.08	17 000	22 000	0.051
61802	15	24	5	17	22	0.3	2.10	1.30	22 000	30 000	0.005
61902		28	7	17.4	26	0.3	4.30	2.30	20 000	26 000	0.012
16002		32	8	17.4	29.6	0.3	5.60	2.80	19 000	24 000	0.023
6002		32	9	17.4	29.6	0.3	5.58	2.85	19 000	24 000	0.031
6202		35	11	20.0	32	0.6	7.65	3.72	18 000	22 000	0.045
6302		42	13	21.0	37	1	11.5	5.42	16 000	20 000	0.080
61803	17	26	5	19.0	24	0.3	2.20	1.5	20 000	28 000	0.007
61903		30	7	19.4	28	0.3	4.60	2.6	19 000	24 000	0.014
16003		35	8	19.4	32.6	0.3	6.00	3.3	18 000	22 000	0.028
6003		35	10	19.4	32.6	0.3	6.00	3.25	17 000	21 000	0.040
6203		40	12	22.0	36	0.6	9.58	4.78	16 000	20 000	0.064
6303		47	14	23.0	41.0	1	13.5	6.58	15 000	18 000	0.109
6403		62	17	24.0	55.0	1	22.7	10.8	11 000	15 000	0.268
61804	20	32	7	22.4	30	0.3	3.50	2.20	18 000	24 000	0.015
61904		37	9	22.4	34.6	0.3	6.40	3.70	17 000	22 000	0.031
16004		42	8	22.4	39.6	0.3	7.90	4.50	16 000	19 000	0.052
6004		42	12	25.0	38	0.6	9.38	5.02	16 000	19 000	0.068
6204		47	14	26.0	42	1	12.8	6.65	14 000	18 000	0.103
6304		52	15	27.0	45.0	1	15.8	7.88	13 000	16 000	0.142
6404		72	19	27.0	65.0	1	31.0	15.2	9 500	13 000	0.400
61805	25	37	7	27.4	35	0.3	4.3	2.90	16 000	20 000	0.017
61905		42	9	27.4	40	0.3	7.0	4.50	14 000	18 000	0.038
16005		47	8	27.4	44.6	0.3	8.8	5.60	13 000	17 000	0.060
6005		47	12	30	43	0.6	10.0	5.85	13 000	17 000	0.078
6205		52	15	31	47	1	14.0	7.88	12 000	15 000	0.127
6305		62	17	32	55	1	22.2	11.5	10 000	14 000	0.219
6405		80	21	34	71	1.5	38.2	19.2	8 500	11 000	0.529
61806	30	42	7	32.4	40	0.3	4.70	3.60	13 000	17 000	0.019
61906		47	9	32.4	44.6	0.3	7.20	5.00	12 000	16 000	0.043
16006		55	9	32.4	52.6	0.3	11.2	7.40	11 000	14 000	0.085
6006		55	13	36	50.0	1	13.2	8.30	11 000	14 000	0.110

表11－1 （续2）

轴承代号	基本尺寸/mm			安装尺寸/mm			基本额定载荷/kN		极限转速/(r/min)		质量/kg
	d	D	B	$d_a$min	$D_a$max	r_{as}max	C_r	C_{or}	脂润滑	油润滑	$W\approx$
6206		62	16	36	56	1	19.5	11.5	9 500	13 000	0.200
6306		72	19	37	65	1	27.0	15.2	9 000	11 000	0.349
6406		90	23	39	81	1.5	47.5	24.5	8 000	10 000	0.710
61807	35	47	7	37.4	45	0.3	4.90	4.00	11 000	15 000	0.023
61907		55	10	40	51	0.6	9.50	6.80	10 000	13 000	0.078
16007		62	9	37.4	59.6	0.3	12.2	8.80	9 500	12 000	0.107
6007		62	14	41	56	1	16.2	10.5	9 500	12 000	0.148
6207		72	17	42	65	1	25.5	15.2	8 500	11 000	0.288
6307		80	21	44	71	1.5	33.4	19.2	8 000	9 500	0.455
6407		100	25	44	91	1.5	56.8	29.5	6 700	8 500	0.926
61808	40	52	7	42.4	50	0.3	5.10	4.40	10 000	13 000	0.026
61908		62	12	45	58	0.6	13.7	9.90	9 500	12 000	0.103
16008		68	9	42.4	65.6	0.3	12.6	9.60	9 000	11 000	0.125
6008		68	15	46	62	1	17.0	11.8	9 000	11 000	0.185
6208		80	18	47	73	1	29.5	18.0	8 000	10 000	0.368
6308		90	23	49	81	1.5	40.8	24.0	7 000	8 500	0.639
6408		110	27	50	100	2	65.5	37.5	6 300	8 000	1.221
61809	45	58	7	47.4	56	0.3	6.40	5.60	9 000	12 000	0.030
61909		68	12	50	63	0.6	14.1	10.90	8 500	11 000	0.123
16009		75	10	50	70	0.6	15.6	12.2	8 000	10 000	0.155
6009		75	16	51	69	1	21.0	14.8	8 000	10 000	0.230
6209		85	19	52	78	1	31.5	20.5	7 000	9 000	0.416
6309		100	25	54	91	1.5	52.8	31.8	6 300	7 500	0.837
6409		120	29	55	110	2	77.5	45.5	5 600	7 000	1.520
61810	50	65	7	52.4	62.6	0.3	6.6	6.1	8 500	10 000	0.057
61910		72	12	55	68	0.6	14.5	11.7	8 000	95 000	0.140
16010		80	10	55	75	0.6	16.1	13.1	8 000	9 500	0.180
6010		80	16	56	74	1	22.0	16.2	7 000	9 000	0.258
6210		90	20	57	83	1	35.0	23.2	6 700	8 500	0.463
6310		110	27	60	100	2	61.8	38.0	6 000	7 000	1.082
6410		130	31	62	118	2.1	92.2	55.2	5 300	6 300	1.855
61811	55	72	9	57.4	69.6	0.3	9.1	8.4	8 000	9 500	0.083

表 11-1 （续 3）

轴承代号	基本尺寸 /mm			安装尺寸 /mm			基本额定载荷 /kN		极限转速 /(r/min)		质量 /kg
	d	D	B	$d_a$min	$D_a$max	r_{as}max	C_r	C_{or}	脂润滑	油润滑	$W\approx$
61911		80	13	61	75	1	15.9	13.2	7 500	9 000	0.19
16011		90	11	60	85	0.6	19.4	16.2	7 000	8 500	0.260
6011		90	18	62	83	1	30.2	21.8	7 000	8 500	0.362
6211		100	21	64	91	1.5	43.2	29.2	6 000	7 500	0.603
6311		120	29	65	110	2	71.5	44.8	5 600	6 700	1.367
6411		140	33	67	128	2.1	100	62.5	4 800	6 000	2.316
61812	60	78	10	62.4	75.6	0.3	9.1	8.7	7 000	8 500	0.11
61912		85	13	66	80	1	16.4	14.2	6 700	8 000	0.230
16012		95	11	65	90	0.6	19.9	17.5	6 300	7 500	0.280
6012		95	18	67	89	1	31.5	24.2	6 300	7 500	0.385
6212		110	22	69	101	1.5	47.8	32.8	5 600	7 000	0.789
6312		130	31	72	118	2.1	81.8	51.8	5 000	6 000	1.710
6412		150	35	72	138	2.1	109	70.0	4 500	5 600	2.811
61813	65	85	10	69	81	0.6	11.9	11.5	6 700	8 000	0.13
61913		90	13	71	85	1	17.4	16.0	6 300	7 500	0.22
16013		100	11	70	95	0.6	20.5	18.6	6 000	7 000	0.300
6013		100	18	72	93	1	32.0	24.8	6 000	7 000	0.410
6213		120	23	74	111	1.5	57.2	40.0	5 000	6 300	0.990
6313		140	33	77	128	2.1	93.8	60.5	4 500	5 300	2.100
6413		160	37	77	148	2.1	118	78.5	4 300	5 300	3.342
61814	70	90	10	74	86	0.6	12.1	11.9	6 300	7 500	0.114
61914		100	16	76	95	1	23.7	21.1	6 000	7 000	0.35
16014		110	13	75	105	0.6	27.9	25.0	5 600	6 700	0.430
6014		110	20	77	103	1	38.5	30.5	5 600	6 700	0.575
6214		125	24	79	116	1.5	60.8	45.0	4 800	6 000	1.084
6314		150	35	82	138	2.1	105	68.0	4 300	5 000	2.550
6414		180	42	84	166	2.5	140	99.5	3 800	4 500	4.896
61815	75	95	10	79	91	0.6	12.5	12.8	6 000	7 000	0.150
61915		105	16	81	100	1	24.3	22.5	5 600	6 700	0.420
16015		115	13	80	110	0.6	28.7	26.8	5 300	6 300	0.460
6015		115	20	82	108	1	40.2	33.2	5 300	6 300	0.603
6215		130	25	84	121	1.5	66.0	49.5	4 500	5 600	1.171

表11-1 （续4）

轴承代号	基本尺寸/mm			安装尺寸/mm			基本额定载荷/kN		极限转速/(r/min)		质量/kg
	d	D	B	$d_a$min	$D_a$max	r_{as}max	C_r	C_{or}	脂润滑	油润滑	$W\approx$
6315		160	37	87	148	2.1	113	76.8	4 000	4 800	3.050
6415		190	45	89	176	2.5	154	115	3 600	4 300	5.739
61816	80	100	10	84	96	0.6	12.7	13.3	5 600	6 700	0.160
61916		110	16	86	105	1	24.9	23.9	5 300	6 300	0.440
16016		125	14	85	120	0.6	33.1	31.4	5 000	6 000	0.600
6016		125	22	87	118	1	47.5	39.8	5 000	6 000	0.821
6216		140	26	90	130	2	71.5	54.2	4 300	5 300	1.448
6316		170	39	92	158	2.1	123	86.5	3 800	4 500	3.610
6416		200	48	94	186	2.5	163	125	3 400	4 000	6.740
61817	85	110	13	90	105	1	19.2	19.8	5 000	6 300	0.285
61917		120	18	92	113.5	1	31.9	29.7	4 800	6 000	0.620
16017		130	14	90	125	0.6	34	33.3	4 500	5 600	0.630
6017		130	22	92	123	1	50.8	42.8	4 500	5 600	0.848
6217		150	28	95	140	2	83.2	63.8	4 000	5 000	1.803
6317		180	41	99	166	2.5	132	96.5	3 600	4 300	4.284
6417		210	52	103	192	3	175	138	3 200	3 800	7.933
61818	90	115	13	95	110	1	19.5	20.5	4 800	6 000	0.28
61918		125	18	97	118.5	1	32.8	31.5	4 500	5 600	0.650
16018		140	16	96	134	1	41.5	39.3	4 300	5 300	0.850
6018		140	24	99	131	1.5	50.8	49.8	4 300	5 300	1.10
6218		160	30	100	150	2	95.8	71.5	3 800	4 800	2.17
6318		190	43	104	176	2.5	145	108	3 400	4 000	4.97
6418		225	54	108	207	3	192	158	2 800	3 600	9.56
61819	95	120	13	100	115	1	19.8	21.3	4 500	5 600	0.30
61919		130	18	102	124	1	33.7	33.3	4 300	5 300	0.67
16019		145	16	101	139	1	42.7	41.9	4 000	5 000	0.89
6019		145	24	104	136	1.5	57.8	50.0	4 000	5 000	1.15
6219		170	32	107	158	2.1	110	82.8	3 600	4 500	2.62
6319		200	45	109	186	2.5	157	122	3 200	3 800	5.74
61820	100	125	13	105	120	1	20.1	22.0	4 300	5 300	0.31
61920		140	20	107	133	1	42.7	41.9	4 000	5 000	0.92
16020		150	16	106	144	1	43.8	44.3	3 800	4 800	0.91

表11-1 (续5)

轴承代号	基本尺寸/mm			安装尺寸/mm			基本额定载荷/kN		极限转速/(r/min)		质量/kg
	d	D	B	$d_a$min	$D_a$max	r_{as}max	C_r	C_{or}	脂润滑	油润滑	$W\approx$
6020		150	24	109	141	1.5	64.5	56.2	3 800	4 800	1.18
6220		180	34	112	168	2.1	122	92.8	3 400	4 300	3.19
6320		215	47	114	201	2.5	173	140	2 800	3 600	7.07
6420		250	58	118	232	3	223	195	2 400	3 200	12.9
61821	105	130	13	110	125	1	20.3	22.7	4 000	5 000	0.34
61921		145	20	112	138	1	43.9	44.3	3 800	4 800	0.96
16021		160	18	111	154	1	51.8	50.6	3 600	4 500	1.20
6021		160	26	115	150	2	71.8	63.2	3 600	4 500	1.52
6221		190	36	117	178	2.1	133	105	3 200	4 000	3.78
6321		225	49	119	211	2.5	184	153	2 600	3 200	8.05
61822	110	140	16	115	135	1	28.1	30.7	3 800	5 000	0.60
61922		150	20	117	143	1	43.6	44.4	3 600	4 500	1.00
16022		170	19	116	164	1	57.4	50.7	3 400	4 300	1.42
6022		170	28	120	160	2	81.8	72.8	3 400	4 300	1.89
6222		200	38	122	188	2.1	144	117	3 000	3 800	4.42
6322		240	50	124	226	2.5	205	178	2 400	3 000	9.53
6422		280	65	128	262	3	225	238	2 000	2 800	18.34
61824	120	150	16	125	145	1	28.9	32.9	3 400	4 300	0.65
61924		165	22	127	158	1	55.0	56.9	3 200	4 000	1.40
16024		180	19	126	174	1	58.8	60.4	3 000	3 800	1.80
6024		180	28	130	170	2	87.5	79.2	3 000	3 800	1.99
6224		215	40	132	203	2.1	155	131	2 600	3 400	5.30
6324		260	55	134	246	2.5	228	208	2 200	2 800	12.2
61926	130	180	24	139	171	1.5	65.1	67.2	3 000	3 800	1.8
16026		200	22	137	193	1	79.7	79.2	2 800	3 600	2.63
6026		200	33	140	190	2	105	96.8	2 800	3 600	3.08
6226		230	40	144	216	2.5	165	148.0	2 400	3 200	6.12
6326		280	58	148	262	3	253	242	2 000	2 600	14.77
61928	140	190	24	149	181	1.5	66.6	71.2	2 800	3 600	1.90
16028		210	22	147	203	1	82.1	85	2 400	3 200	3.08
6028		210	33	150	200	2	116	108	2 400	3 200	3.17
6228		250	42	154	236	2.5	179	167	2 000	2 800	7.77

表 11-1 （续6）

轴承代号	基本尺寸/mm			安装尺寸/mm			基本额定载荷/kN		极限转速/(r/min)		质量/kg
	d	D	B	$d_a$min	$D_a$max	r_{as}max	C_r	C_{or}	脂润滑	油润滑	$W\approx$
6328		300	62	158	282	3	275	272	1 900	2 400	18. 33
16030	150	225	24	157	218	1	91. 9	98. 5	2 200	3 000	3. 580
6030		225	35	162	213	2. 1	132	125	2 200	3 000	3. 940
6230		270	45	164	256	2. 5	203	199	1 900	2 600	9. 779
6330		320	65	168	302	3	288	295	1 700	2 200	21. 87
61832	160	200	20	167	193	1	49. 6	59. 1	2 600	3 200	1. 250
16032		240	25	169	231	1. 5	98. 7	107	2 000	2 800	4. 32
6032		240	38	172	228	2. 1	145	138	2 000	2 800	4. 83
6232		290	48	174	276	2. 5	215	218	1 800	2 400	12. 22
6332		340	68	178	322	3	313	340	1 600	2 000	26. 43
61834	170	215	22	177	208	1	61. 5	73. 3	2 200	3 000	1. 810
61934		230	28	180	220	2	88. 8	100	2 000	2 800	3. 40
16034		260	28	179	251	1. 5	118	130	1 900	2 600	5. 770
6034		260	42	182	248	2. 1	170	170	1 900	2 600	6. 50
6234		310	52	188	292	3	245	260	1 700	2 200	15. 241
6334		360	72	188	342	3	335	378	1 500	1 900	31. 43
61836	180	225	22	187	218	1	62. 3	75. 9	2 000	2 800	2. 00
61936		250	33	190	240	2	118	133	1 900	2 600	4. 80
16036		280	31	190	270	2	144	157	1 800	2 400	7. 60
6036		280	46	192	268	2. 1	188	198	1 800	2 400	8. 51
6236		320	52	198	302	3	262	285	1 600	2 000	15. 518
61838	190	240	24	199	231	1. 5	75. 1	91. 6	1 900	2 600	2. 38
61938		260	33	200	250	2	117	133	1 800	2 400	5. 25
16038		290	31	200	280	2	149	168	1 700	2 200	7. 89
6038		290	46	202	278	2. 1	188	200	1 700	2 200	8. 865
6238		340	55	208	322	3	285	322	1 500	1 900	18. 691
61840	200	250	24	209	241	1. 5	74. 2	91. 2	1 800	2 400	8. 28
61940		280	38	212	268	2. 1	149	168	1 700	2 200	7. 4
16040		310	34	210	300	2	167	191	1 800	2 000	10. 10
6040		310	51	212	298	2. 1	205	225	1 600	2 000	11. 64
6240		360	58	218	342	3	288	332	1 400	1 800	22. 577

11.2 角接触球轴承

角接触球轴承所用标准如表 11 - 2 所示。

表 11 - 2 角接触球轴承(摘自 GB/T 292—94)

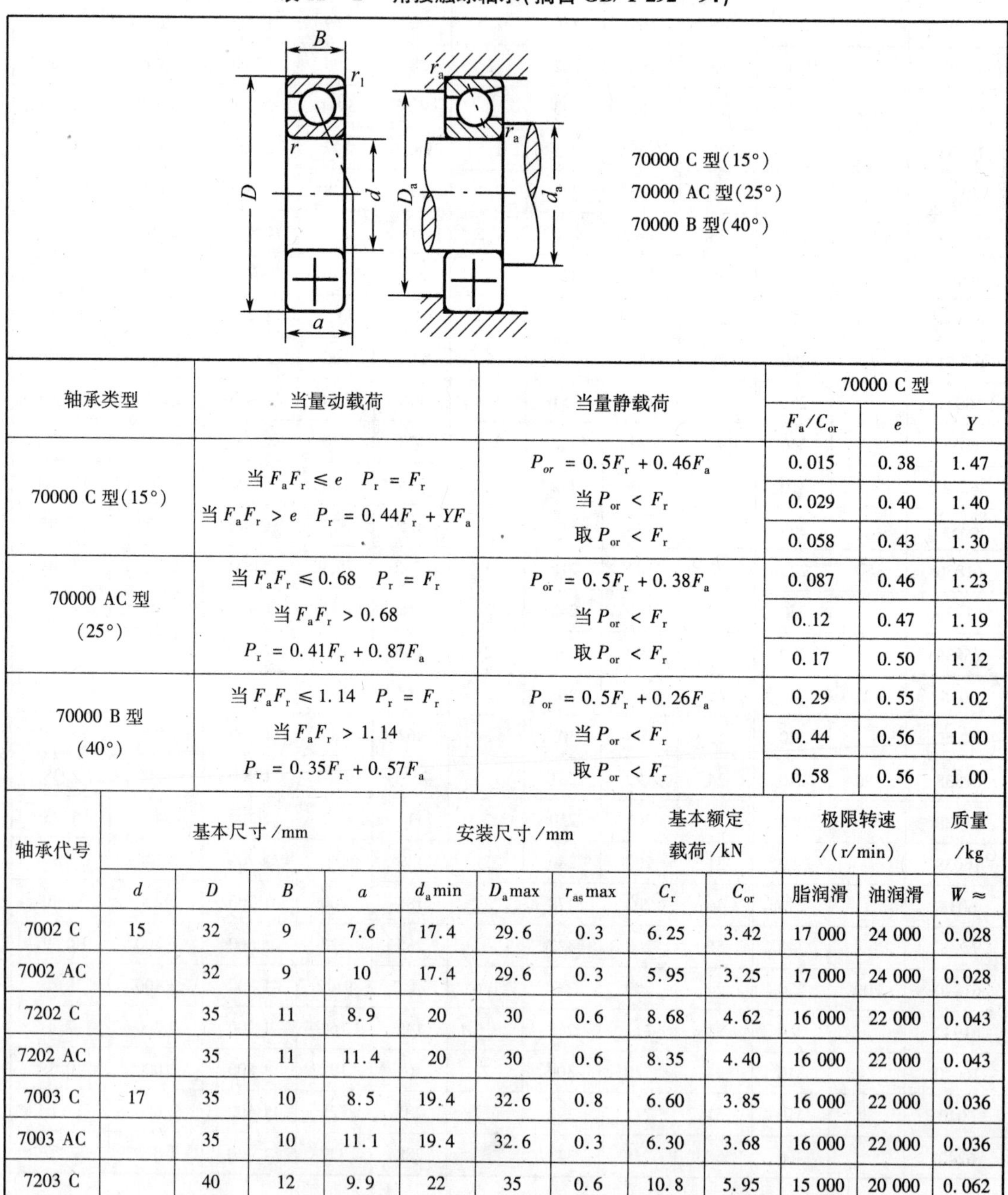

轴承类型	当量动载荷	当量静载荷	70000 C 型		
			F_a/C_{or}	e	Y
70000 C 型(15°)	当 $F_aF_r \leqslant e$ $P_r = F_r$ 当 $F_aF_r > e$ $P_r = 0.44F_r + YF_a$	$P_{or} = 0.5F_r + 0.46F_a$ 当 $P_{or} < F_r$ 取 $P_{or} < F_r$	0.015	0.38	1.47
			0.029	0.40	1.40
			0.058	0.43	1.30
70000 AC 型(25°)	当 $F_aF_r \leqslant 0.68$ $P_r = F_r$ 当 $F_aF_r > 0.68$ $P_r = 0.41F_r + 0.87F_a$	$P_{or} = 0.5F_r + 0.38F_a$ 当 $P_{or} < F_r$ 取 $P_{or} < F_r$	0.087	0.46	1.23
			0.12	0.47	1.19
			0.17	0.50	1.12
70000 B 型(40°)	当 $F_aF_r \leqslant 1.14$ $P_r = F_r$ 当 $F_aF_r > 1.14$ $P_r = 0.35F_r + 0.57F_a$	$P_{or} = 0.5F_r + 0.26F_a$ 当 $P_{or} < F_r$ 取 $P_{or} < F_r$	0.29	0.55	1.02
			0.44	0.56	1.00
			0.58	0.56	1.00

轴承代号	基本尺寸/mm				安装尺寸/mm			基本额定载荷/kN		极限转速/(r/min)		质量/kg
	d	D	B	a	$d_a$min	$D_a$max	r_{as}max	C_r	C_{or}	脂润滑	油润滑	$W \approx$
7002 C	15	32	9	7.6	17.4	29.6	0.3	6.25	3.42	17 000	24 000	0.028
7002 AC		32	9	10	17.4	29.6	0.3	5.95	3.25	17 000	24 000	0.028
7202 C		35	11	8.9	20	30	0.6	8.68	4.62	16 000	22 000	0.043
7202 AC		35	11	11.4	20	30	0.6	8.35	4.40	16 000	22 000	0.043
7003 C	17	35	10	8.5	19.4	32.6	0.8	6.60	3.85	16 000	22 000	0.036
7003 AC		35	10	11.1	19.4	32.6	0.3	6.30	3.68	16 000	22 000	0.036
7203 C		40	12	9.9	22	35	0.6	10.8	5.95	15 000	20 000	0.062

表 11 - 2　(续 1)

轴承代号	基本尺寸/mm				安装尺寸/mm			基本额定载荷/kN		极限转速/(r/min)		质量/kg
	d	D	B	a	$d_a$min	$D_a$max	r_{as}max	C_r	C_{or}	脂润滑	油润滑	$W\approx$
7203 AC		40	12	12.8	22	35	0.6	10.5	5.65	15 000	20 000	0.062
7004 C	20	42	12	10.2	25	37	0.6	10.5	6.08	14 000	19 000	0.064
7004 AC		42	12	13.2	25	37	0.6	10.0	5.78	14 000	19 000	0.064
7204 C		47	14	11.5	26	41	1	14.5	8.22	13 000	18 000	0.1
7204 AC		47	14	14.9	26	41	1	14.0	7.82	13 000	18 000	0.1
7204 B		47	14	21.1	26	41	1	14.0	7.85	13 000	18 000	0.11
7005 C	25	47	12	10.8	30	42	0.6	11.5	7.45	12 000	17 000	0.074
7005 AC		47	12	14.4	30	42	0.6	11.2	7.08	12 000	17 000	0.074
7205 C		52	15	12.7	31	46	1	16.5	10.5	11 000	16 000	0.12
7205 AC		52	15	16.4	31	46	1	15.8	9.88	11 000	16 000	0.12
7205 B		52	15	23.7	31	46	1	15.8	9.45	11 000	16 000	0.13
7305 B		62	17	26.8	32	55	1	26.2	15.2	9 500	14 000	0.3
7006 C	30	55	13	12.2	36	49	1	15.2	10.2	9 500	14 000	0.11
7006 AC		55	13	16.4	36	49	1	14.5	9.85	9 500	14 000	0.11
7206 C		62	16	14.2	36	56	1	23.0	15.0	9 000	13 000	0.19
7206 AC		62	16	18.7	36	56	1	22.0	14.2	9 000	13 000	0.19
7206 B		62	16	27.4	36	56	1	20.5	13.8	9 000	13 000	0.21
7306 B		72	19	31.1	37	65	1	31.0	19.2	8 500	12 000	0.37
7007 C	35	62	14	13.5	41	56	1	19.5	14.2	8 500	12 000	0.15
7007 AC		62	14	18.3	41	56	1	18.5	13.5	8 500	12 000	0.15
7207 C		72	17	15.7	42	65	1	30.5	20.0	8 000	11 000	0.28
7207 AC		72	17	21	42	65	1	29.0	19.2	8 000	11 000	0.28
7207 B		72	17	30.9	42	65	1	27.0	18.8	8 000	11 000	0.3
7307 B		80	21	24.6	44	71	1.5	38.2	24.5	7 500	10 000	0.51
7008 C	40	68	15	14.7	46	62	1	20.0	15.2	8 000	11 000	0.18

表 11－2 (续2)

轴承代号	基本尺寸 /mm				安装尺寸 /mm			基本额定载荷 /kN		极限转速 /(r/min)		质量 /kg
	d	D	B	a	$d_a$min	$D_a$max	r_{as}max	C_r	C_{or}	脂润滑	油润滑	$W\approx$
7008 AC		68	15	20.1	46	62	1	19.0	14.5	8 000	11 000	0.18
7208 C		80	18	17	47	73	1	36.8	25.8	7 500	10 000	0.37
7208 AC		80	18	23	47	73	1	35.2	24.5	7 500	10 000	0.37
7208 B		80	18	34.5	47	73	1	32.5	23.5	7 500	10 000	0.39
7308 B		90	23	38.8	49	81	1.5	46.2	30.5	6 700	9 000	0.67
7408 B		110	27	37.7	50	100	2	67.0	47.5	6 000	8 000	1.4
7009 C	45	75	16	16	51	69	1	25.8	20.5	7 500	10 000	0.23
7009 AC		75	16	21.9	51	69	1	25.8	19.5	7 500	10 000	0.23
7209 C		85	19	18.2	52	78	1	38.5	28.5	6 700	9 000	0.41
7209 AC		85	19	24.7	52	78	1	36.8	27.2	6 700	9 000	0.41
7209 B		85	19	36.8	52	78	1	36.0	26.2	6 700	9 000	0.44
7309 B		100	25	42.9	54	91	1.5	59.5	39.8	6 000	8 000	0.9
7010 C	50	80	16	16.7	56	74	1	26.5	22.0	6 700	9 000	0.25
7010 AC		80	16	23.2	56	74	1	25.2	21.0	6 700	9 000	0.25
7210 C		90	20	19.4	57	83	1	42.8	32.0	6 300	8 500	0.46
7210 AC		90	20	26.3	57	83	1	40.8	30.5	6 300	8 500	0.46
7210 B		90	20	39.4	57	83	1	37.5	29.0	6 300	8 500	0.49
7310 B		110	27	47.5	60	100	2	68.2	48.0	5 600	7 500	1.15
7410 B		130	31	46.2	62	118	2.1	95.2	64.2	5 000	6 700	2.08
7011 C	55	90	18	18.7	62	83	1	37.2	30.5	6 000	8 000	0.38
7011 AC		90	18	25.9	62	83	1	35.2	39.2	6 000	8 000	0.38
7211 C		100	21	20.9	64	91	1.5	52.8	40.5	5 600	7 500	0.61
7211 AC		100	21	28.6	64	91	1.5	50.5	38.5	5 600	7 500	0.61
7211 B		100	21	43	64	91	1.5	46.2	36.0	5 600	7 500	0.65
7311 B		120	29	51.4	65	110	2	78.8	56.5	5 000	6 700	1.45

表 11－2　（续3）

轴承代号	基本尺寸/mm				安装尺寸/mm			基本额定载荷/kN		极限转速/(r/min)		质量/kg
	d	D	B	a	$d_a$min	$D_a$max	r_{as}max	C_r	C_{or}	脂润滑	油润滑	$W\approx$
7012 C	60	95	18	19.38	67	88	1	38.2	32.8	5 600	7 500	0.4
7012 AC		95	18	27.1	67	88	1	36.2	31.5	5 600	7 500	0.4
7212 C		110	22	22.4	69	101	1.5	61.0	48.5	5 300	7 000	0.8
7212 AC		110	22	30.8	69	101	1.5	58.2	46.2	5 300	7 000	0.8
7212 B		110	22	46.7	69	101	1.5	56.0	44.5	5 300	7 000	0.84
7312 B		130	31	55.4	72	118	2.1	90.0	66.3	4 800	6 300	1.85
7412 B		150	35	55.7	72	138	2.1	118	85.5	4 300	5 600	3.56
7013 C	65	100	18	20.1	72	93	1	40.4	35.5	5 300	7 000	0.43
7013 AC		100	18	28.2	72	93	1	38.0	33.8	5 300	7 000	0.43
7213 C		120	23	24.2	74	111	1.5	69.8	55.2	4 800	6 300	1
7213 AC		120	23	33.5	74	111	1.5	66.5	52.5	4 800	6 300	1
7213 B		120	23	51.1	74	111	1.5	62.5	53.2	4 800	6 300	1.05
7313 B		140	33	59.5	77	128	2.1	102	77.8	4 300	5 600	2.25
7014 C	70	110	20	22.1	77	103	1	48.2	43.5	5 000	6 700	0.6
7014 AC		110	20	30.9	77	103	1	45.8	41.5	5 000	6 700	0.6
7214 C		125	24	25.3	79	116	1.5	70.2	60.0	4 500	6 700	1.1
7214 AC		125	24	35.1	79	116	1.5	69.2	57.5	4 500	6 700	1.1
7214 B		125	24	52.9	79	116	1.5	70.2	57.2	4 500	6 700	1.15
7314 B		150	35	63.7	82	138	2.1	115	87.2	4 000	5 300	2.75
7015 C	75	115	20	22.7	82	108	1	49.5	46.5	4 800	6 300	0.63
7015 AC		115	20	32.2	82	108	1	46.8	44.2	4 800	6 300	0.63
7215 C		130	25	26.4	84	121	1.5	79.2	65.8	4 300	5 600	1.2
7215 AC		130	25	36.6	84	121	1.5	75.2	63.0	4 300	5 600	1.2
7215 B		130	25	55.5	84	121	1.5	72.8	62.0	4 300	5 600	1.3
7315 B		160	37	68.4	87	148	2.1	125	98.5	3 800	5 000	3.3

表11-2 (续4)

轴承代号	基本尺寸/mm				安装尺寸/mm			基本额定载荷/kN		极限转速/(r/min)		质量/kg
	d	D	B	a	$d_a$min	$D_a$max	r_{as}max	C_r	C_{or}	脂润滑	油润滑	$W\approx$
7016 C	80	125	22	24.7	87	118	1	58.5	55.8	4 500	6 000	0.8
7016 AC		125	22	34.9	87	118	1	55.5	53.2	4 500	6 000	0.85
7216 C		140	26	27.7	90	130	2	89.5	78.2	4 000	5 300	1.45
7216 AC		140	26	38.9	90	130	2	85.0	74.5	4 000	5 300	1.45
7216 B		140	26	59.2	90	130	2	80.2	69.5	4 000	5 300	1.55
7316 B		170	39	71.9	92	158	2.1	135	110	3 600	4 800	3.9
7017 C	85	130	22	25.4	92	123	1	62.5	60.2	4 300	5 600	0.89
7017 AC		130	22	36.1	92	123	1	59.2	57.2	4 300	5 600	0.89
7217 C		150	28	29.9	95	140	2	99.8	85.0	3 800	5 000	1.8
7217 AC		150	28	41.6	95	140	2	94.8	81.5	3 800	5 000	1.8
7217 B		150	28	63.3	95	140	2	93.0	81.5	3 800	5 000	1.95
7317 B		180	41	76.1	99	166	2.5	148	122	3 400	4 500	4.6
7018 C	90	140	24	27.4	99	131	1.5	71.5	69.8	4 000	5 300	1.15
7018 AC		140	24	38.8	99	131	1.5	67.5	66.5	4 000	5 300	1.15
7218 C		160	30	31.7	100	150	2	122	105	3 600	4 800	2.25
7218 AC		160	30	44.2	100	150	2	118	100	3 600	4 800	2.25
7218 B		160	30	67.9	100	150	2	105	94.5	3 600	4 800	2.4
7318 B		190	43	80.8	104	176	2.5	158	138	3 200	4 300	5.4
7019 C	95	145	24	28.1	104	136	1.5	73.5	73.2	3 800	5 000	1.2
7019 AC		145	24	40	104	136	1.5	69.5	69.8	3 800	5 000	1.2
7219 C		170	32	33.8	107	158	2.1	135	115	3 400	4 500	2.7
7219 AC		170	32	46.9	107	158	2.1	128	108	3 400	4 500	2.7
7219 B		170	32	72.5	107	158	2.1	120	108	3 400	4 500	2.9
7319 B		200	45	84.4	109	186	2.5	172	155	3 000	4 000	6.25
7020 C	100	150	24	28.7	109	141	1.5	79.2	78.5	3 800	5 000	1.25
7020 AC		150	24	41.2	109	141	1.5	75	74.8	3 800	5 000	1.25

11.3　圆锥滚子轴承

圆锥滚子轴承所用标准如表 11 - 3 所示。

表 11 - 3　圆锥滚子轴承(摘自 GB/T 297—94)

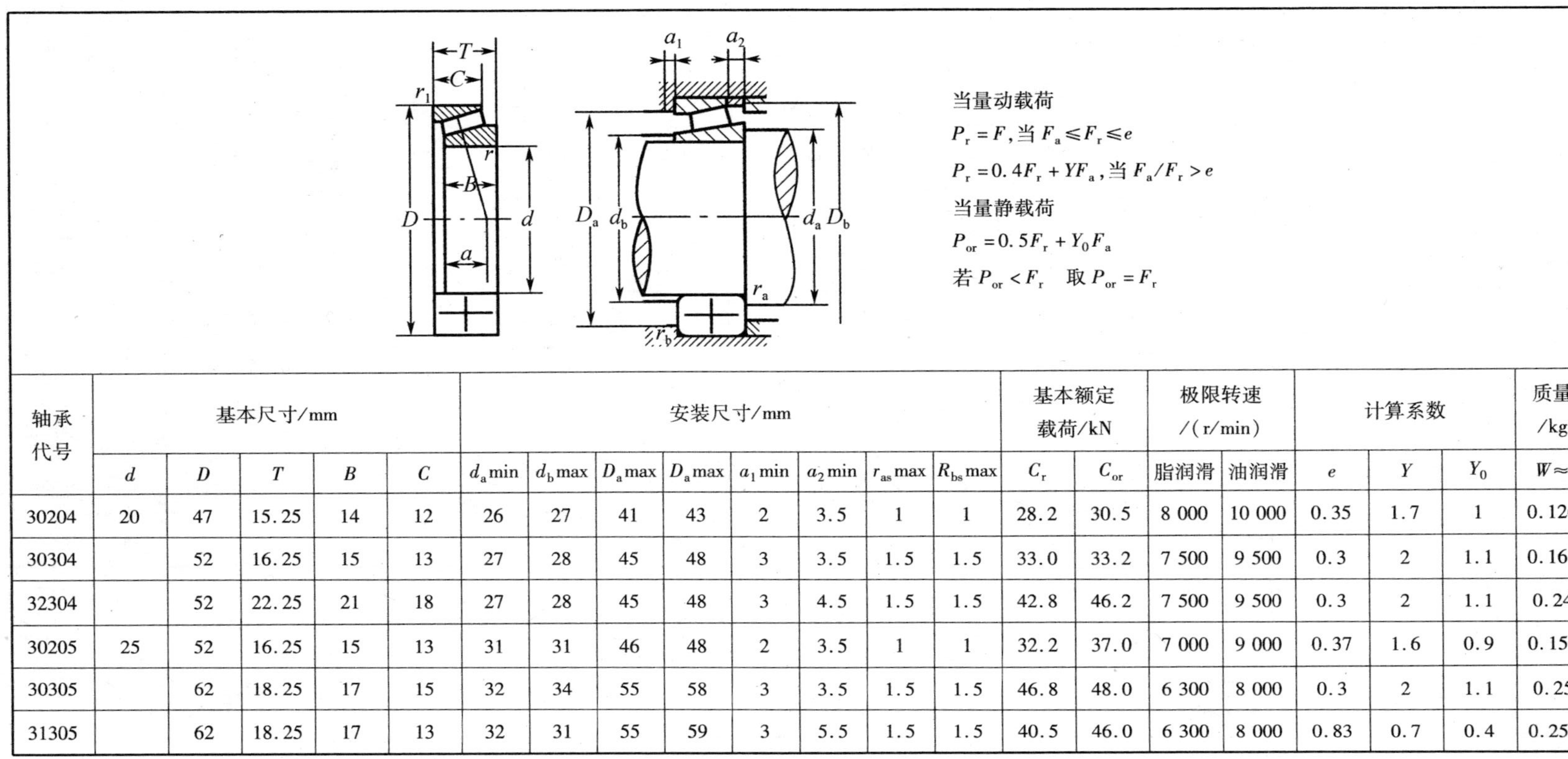

当量动载荷

$P_r = F$，当 $F_a \leqslant F_r \leqslant e$

$P_r = 0.4F_r + YF_a$，当 $F_a/F_r > e$

当量静载荷

$P_{or} = 0.5F_r + Y_0F_a$

若 $P_{or} < F_r$　取 $P_{or} = F_r$

轴承代号	基本尺寸/mm					安装尺寸/mm								基本额定载荷/kN		极限转速/(r/min)		计算系数			质量/kg
	d	D	T	B	C	d_a min	d_b max	D_a max	D_a max	a_1 min	a_2 min	r_{as} max	R_{bs} max	C_r	C_{or}	脂润滑	油润滑	e	Y	Y_0	$W\approx$
30204	20	47	15.25	14	12	26	27	41	43	2	3.5	1	1	28.2	30.5	8 000	10 000	0.35	1.7	1	0.126
30304		52	16.25	15	13	27	28	45	48	3	3.5	1.5	1.5	33.0	33.2	7 500	9 500	0.3	2	1.1	0.168
32304		52	22.25	21	18	27	28	45	48	3	4.5	1.5	1.5	42.8	46.2	7 500	9 500	0.3	2	1.1	0.24
30205	25	52	16.25	15	13	31	31	46	48	2	3.5	1	1	32.2	37.0	7 000	9 000	0.37	1.6	0.9	0.159
30305		62	18.25	17	15	32	34	55	58	3	3.5	1.5	1.5	46.8	48.0	6 300	8 000	0.3	2	1.1	0.25
31305		62	18.25	17	13	32	31	55	59	3	5.5	1.5	1.5	40.5	46.0	6 300	8 000	0.83	0.7	0.4	0.255

表 11-3 (续1)

轴承代号	基本尺寸/mm					安装尺寸/mm								基本额定载荷/kN		极限转速/(r/min)		计算系数			质量/kg
	d	D	T	B	C	d_a min	d_b max	D_a max	D_a max	a_1 min	a_2 min	r_{as} max	R_{bs} max	C_r	C_{or}	脂润滑	油润滑	e	Y	Y_0	$W\approx$
32305		62	25.25	24	20	32	32	55	58	3	5.5	1.5	1.5	61.5	68.8	6 300	8 000	0.3	2	1.1	—
32006	30	55	17	17	13	—	—	—	—	3	5	—	—	35.8	46.8	6 300	8 000	0.26	2.3	1.3	0.16
30206		62	17.25	16	14	36	37	56	58	2	3.5	1	1	43.2	50.5	6 000	7 500	0.37	1.6	0.9	0.245
32206		62	21.25	20	17	36	36	56	58	3	4.5	1	1	51.8	63.8	6 000	7 500	0.37	1.6	0.9	0.285
30306		72	20.75	19	16	37	40	65	66	3	5	1.5	1.5	59.0	63.0	5 600	7 000	0.31	1.9	1	0.408
31306		72	20.75	19	14	37	37	65	68	3	7	1.5	1.5	52.5	60.5	5 600	7 000	0.83	0.7	0.4	0.376
32306		72	28.75	27	23	37	38	65	66	4	6	1.5	1.5	81.5	96.5	5 600	7 000	0.31	1.9	1	0.575
32007	35	62	18	18	14	—	—	—	—	3	5	1	1	43.2	59.2	5 600	7 000	0.29	2.1	1.1	0.21
30207		72	18.25	17	15	42	44	65	67	3	3.5	1.5	1.5	54.2	63.5	5 300	6 700	0.37	1.6	0.9	0.345
32207		72	24.25	23	19	42	42	65	68	3	5.5	1.5	1.5	70.5	89.5	5 300	6 700	0.37	1.6	0.9	0.488
30307		80	22.75	21	18	44	45	71	74	3	5	2	1.5	75.2	82.5	5 000	6 300	0.31	1.9	1	0.513
31307		80	22.75	21	15	44	42	71	76	4	8	2	1.5	65.8	76.8	5 000	6 300	0.83	0.7	0.4	0.53
32307		80	32.75	31	25	44	43	71	74	4	8	2	1.5	99.0	118	5 000	6 300	0.31	1.9	1	0.683
32908	40	62	15	15	12	—	—	—	—	3	5	0.6	0.6	31.5	46.0	5 600	7 000	0.28	2.1	1.2	0.14
32008		68	19	19	14.5	—	—	—	—	3	5	1	1	51.8	71.0	5 300	6 700	0.3	2	1.1	0.27
30208		80	19.75	18	16	47	49	73	75	3	4	1.5	1.5	63.0	74.0	5 000	6 300	0.37	1.6	0.9	0.411

表 11 - 3 （续2）

轴承代号	基本尺寸/mm					安装尺寸/mm								基本额定载荷/kN		极限转速/(r/min)		计算系数			质量/kg
	d	D	T	B	C	d_a min	d_b max	D_a max	D_a max	a_1 min	a_2 min	r_{as} max	R_{bs} max	C_r	C_{or}	脂润滑	油润滑	e	Y	Y_0	$W\approx$
32208		80	24.75	23	19	47	48	73	75	3	6	1.5	1.5	77.8	97.2	5 000	6 300	0.37	1.6	0.9	0.559
30308		90	25.25	23	20	49	52	81	84	3	5.5	2	1.5	90.8	108	4 500	5 600	0.35	1.7	1	0.761
31308		90	25.25	23	17	49	48	81	87	4	8.5	2	1.5	81.5	96.5	4 500	5 600	0.83	0.7	0.4	0.671
32909	45	68	15	15	12	—	—	—	—	3	5	0.6	0.6	32.0	48.5	5 300	6 700	0.31	1.9	1.1	—
32009		75	20	20	15.5	—	—	—	—	4	6	1	1	58.5	81.5	5 000	6 300	0.3	2	1.1	0.32
30209		85	20.75	19	16	52	53	78	80	3	5	1.5	1.5	67.8	83.5	4 500	5 600	0.4	1.5	0.8	0.506
32209		85	24.75	23	19	52	53	78	81	3	6	1.5	1.5	80.8	105	4 500	5 600	0.4	1.5	0.8	0.577
30309		100	27.25	25	22	54	59	91	94	3	5.5	2	1.5	108	130	4 000	5 000	0.35	1.7	1	1.066
31309		100	27.25	25	18	54	54	91	96	4	9.5	2	1.5	95.5	115	4 000	5 000	0.83	0.7	0.4	0.989
32309		100	38.25	36	30	54	56	91	93	4	8.5	2	1.5	145	188	4 000	5 000	0.35	1.7	1	1.48
32910	50	72	15	15	12	—	—	—	—	3	5	0.6	0.6	36.8	56.0	5 000	6 300	0.35	1.7	0.9	0.7
32010		80	20	20	15.5	—	—	—	—	4	6	1	1	61.0	89.0	4 500	5 600	0.32	1.9	1	0.31
30210		90	21.75	20	17	57	58	83	86	3	5	1.5	1.5	73.2	92.0	4 300	5 300	0.42	1.4	0.8	0.592
32210		90	24.75	23	19	57	57	83	86	3	6	1.5	1.5	82.8	108	4 300	5 300	0.42	1.4	0.8	0.618
30310		110	29.25	27	23	60	65	100	103	4	6.5	2.1	2	130	158	3 800	4 800	0.35	1.7	1	1.25
31310		110	29.25	27	19	60	58	100	105	4	10.5	2.1	2	108	128	3 800	4 800	0.83	0.7	0.4	1.254

表 11－3 （续3）

轴承代号	基本尺寸/mm					安装尺寸/mm								基本额定载荷/kN		极限转速/(r/min)		计算系数			质量/kg
	d	D	T	B	C	d_a min	d_b max	D_a max	D_a max	a_1 min	a_2 min	r_{as} max	R_{bs} max	C_r	C_{or}	脂润滑	油润滑	e	Y	Y_0	$W\approx$
32310		110	42.25	40	33	60	61	100	102	5	9.5	2.1	2	178	235	3 800	4 800	0.35	1.7	1	1.885
32011	55	90	23	23	17.5	—	—	—	—	4	6	1.5	1.5	80.2	118	4 000	5 000	0.31	1.9	1.1	0.53
30211		100	22.75	21	18	64	64	91	95	4	5	2	1.5	90.8	115	3 800	4 800	0.4	1.5	0.8	0.739
32211		100	26.75	25	21	64	62	91	96	4	6	2	1.5	108	142	3 800	4 800	0.4	1.5	0.8	0.915
30311		120	31.5	29	25	65	70	110	112	4	6.5	2.1	2	152	188	3 400	4 300	0.35	1.7	1	1.63
31311		120	31.5	29	21	65	63	110	114	4	10.5	2.1	2	130	158	3 400	4 300	0.83	0.7	0.4	1.528
32311		120	45.5	43	35	65	66	110	111	5	10.5	2.1	2	202	270	3 400	4 300	0.35	1.7	1	2.39
32912	60	85	17	17	14	—	—	—	—	3	5	1	1	46.0	73.0	4 000	5 000	0.38	1.6	0.9	0.24
32012		95	23	23	17.5	—	—	—	—	4	6	1.5	1.5	81.8	122	3 800	4 800	0.33	1.8	1	0.56
30212		110	23.75	22	19	69	69	101	103	4	5	2	1.5	102	130	3 600	4 500	0.4	1.5	0.8	0.934
32212		110	29.75	28	24	69	68	101	105	4	6	2	1.5	132	180	3 600	4 500	0.4	1.5	0.8	1.197
30312		130	33.5	31	26	72	76	118	121	5	7.5	2.5	2.1	170	210	3200	4 000	0.35	1.7	1	1.94
3131		130	33.5	31	22	72	69	118	124	5	11.5	2.5	2.1	145	178	3 200	4 000	0.83	0.7	0.4	1.896
3231		130	48.5	46	37	72	72	118	122	6	11.5	2.5	2.1	228	302	3 200	4 000	0.35	1.7	1	2.88
32013	65	100	23	23	17.5	—	—	—	—	4	6	1.5	1.5	82.8	128	3 600	4 500	0.35	1.7	0.9	0.63
30213		120	24.75	23	20	74	77	111	114	4	5	2	1.5	120	152	3 200	4 000	0.4	1.5	0.8	1.132

表 11－3 （续4）

轴承代号	基本尺寸/mm					安装尺寸/mm								基本额定载荷/kN		极限转速/(r/min)		计算系数			质量/kg
	d	D	T	B	C	d_a min	d_b max	D_a max	D_a max	a_1 min	a_2 min	r_{as} max	R_{bs} max	C_r	C_{or}	脂润滑	油润滑	e	Y	Y_0	$W \approx$
32213		120	32.75	31	27	74	75	111	115	4	6	2	1.5	160	222	3 200	4 000	0.4	1.5	0.8	1.58
30313		140	36	33	28	77	83	128	131	5	8	2.5	2.1	195	242	2 800	3 600	0.35	1.7	1	2.629
31313		140	36	33	23	77	75	128	134	5	13	2.5	2.1	165	202	2 800	3 600	0.83	0.7	0.4	2.406
32313		140	51	48	39	77	79	128	131	6	12	2.5	2.1	260	350	2 800	3 600	0.35	1.7	1	3.609
32914	70	100	20	20	16	—	—	—	—	4	6	1	1	70.8	115	3 600	4 500	0.33	1.8	1	—
32014		110	25	25	19	—	—	—	—	5	7	1.5	1.5	105	160	3 400	4 300	0.34	1.8	1	0.85
30214		125	26.25	24	21	79	81	116	119	4	5.5	2	1.5	132	175	3 000	3 800	0.42	1.4	0.8	1.296
32214		125	33.25	31	27	79	79	116	120	4	6.5	2	1.5	168	238	3 000	3 800	0.45	1.4	0.8	1.62
30314		150	38	35	30	82	89	138	141	5	8	2.5	2.1	218	272	2 600	3 400	0.35	1.7	1	3.17
31314		150	38	35	25	82	80	138	143	5	13	2.5	2.1	188	230	2 600	3 400	0.83	0.7	0.4	3.032
32314		150	54	51	42	82	84	138	141	6	12	2.5	2.1	298	408	2 600	3 400	0.35	1.7	1	4.43
32015	75	115	25	25	19	—	—	—	—	5	7	1.5	1.5	102	160	3 200	4 000	0.35	1.7	0.9	0.88
30215		130	27.25	25	22	84	85	121	125	4	5.5	2	1.5	138	185	2 800	3 600	0.44	1.4	0.8	1.384
32215		130	33.25	31	27	84	84	121	126	4	6.5	2	1.5	170	242	2 800	3 600	0.44	1.4	0.8	1.765
30315		160	40	37	31	87	95	148	150	5	9	2.5	2.1	252	318	2 400	3 200	0.35	1.7	1	3.542
31315		160	40	37	26	87	86	148	153	6	14	2.5	2.1	208	258	2 400	3 200	0.83	0.7	0.4	3.4

表 11-3 (续5)

轴承代号	基本尺寸/mm					安装尺寸/mm								基本额定载荷/kN		极限转速/(r/min)		计算系数			质量/kg
	d	D	T	B	C	d_a min	d_b max	D_a max	D_a max	a_1 min	a_2 min	r_{as} max	R_{bs} max	C_r	C_{or}	脂润滑	油润滑	e	Y	Y_0	$W\approx$
32315		160	58	55	45	87	91	148	150	7	13	2.5	2.1	348	482	2 400	3 200	0.35	1.7	1	5.316
32016	80	125	29	29	22	—	—	—	—	5	3	1.5	1.5	140	220	3 000	3 800	0.34	1.8	1	1.18
30216		140	28.25	26	22	90	90	130	133	4	6	2.1	2	160	212	2 600	3 400	0.42	1.4	0.8	1.65
32216		140	35.25	33	28	90	89	130	135	5	7.5	2.1	2	198	278	2 600	3 400	0.42	1.4	0.8	2.162
30316		170	42.5	39	33	92	102	158	160	5	9.5	2.5	2.1	278	352	2 200	3 000	0.35	1.7	1	4.486
31316		170	42.5	39	27	92	91	158	161	6	15.5	2.5	2.1	230	288	2 200	3 000	0.83	0.7	0.4	4.3
32316		170	61.5	58	48	92	97	158	160	7	13.5	2.5	2.1	388	542	2 200	3 000	0.35	1.7	1	6.39
32917	85	120	23	23	18	—	—	—	—	4	6	1.5	1.5	96.8	165	3 400	3 800	0.26	2.3	0.3	0.73
32017		130	29	29	22	—	—	—	—	5	8	1.5	1.5	140	220	2 800	3 600	0.35	1.7	0.9	1.25
30217		150	30.5	28	24	95	96	140	142	5	6.5	2.1	2	178	238	2 400	3 200	0.42	1.4	0.8	2.06
32217		150	38.5	36	30	95	95	140	143	5	8.5	2.1	2	228	325	2 400	3 200	0.42	1.4	0.8	2.67
30317		180	44.5	41	34	99	107	166	168	6	10.5	3	2.5	305	388	2 000	2 800	0.35	1.7	1	5.305
31317		180	44.5	41	28	99	96	166	171	6	16.5	3	2.5	255	318	2 000	2 800	0.83	0.7	0.4	4.975
32317		180	63.5	60	49	99	102	166	168	8	14.5	3	2.5	422	592	2 000	2 800	0.35	1.7	1	6.81
32918	90	125	23	23	18	—	—	—	—	4	6	1.5	1.5	95.8	165	3 200	3 600	0.38	1.6	0.9	—
32018		140	32	32	24	—	—	—	—	5	8	2	1.5	170	270	2 600	3 400	0.34	1.8	1	1.7

表 11-3 （续6）

轴承代号	基本尺寸/mm					安装尺寸/mm								基本额定载荷/kN		极限转速/(r/min)		计算系数			质量/kg
	d	D	T	B	C	d_a min	d_b max	D_a max	D_a max	a_1 min	a_2 min	r_{as} max	R_{bs} max	C_r	C_{or}	脂润滑	油润滑	e	Y	Y_0	$W\approx$
30218		160	32.5	30	26	100	102	150	151	5	6.5	2.1	2	200	270	2 200	3 000	0.42	1.4	0.8	2.558
32218		160	42.5	40	34	100	101	150	153	5	8.5	2.1	2	270	395	2 200	3 000	0.42	1.4	0.8	3.265
30318		190	46.5	43	36	104	113	176	178	6	10.5	3	2.5	342	440	1 900	2 600	0.35	1.7	1	6.144
31318		190	46.5	43	30	104	102	176	181	6	16.5	3	2.5	282	358	1 900	2 600	0.83	0.7	0.4	6.428
32318		190	67.5	64	53	104	107	176	178	8	14.5	3	2.5	478	682	1 900	2 600	0.35	1.7	1	8.568
32019	95	145	32	32	24	—	—	—	—	5	8	2	1.5	175	280	2 400	3 200	0.36	1.7	0.9	1.7
30219		170	34.5	32	27	107	108	158	160	5	7.5	2.5	2.1	228	308	2 000	2 800	0.42	1.4	0.8	3.269
32219		170	45.5	43	37	107	106	158	163	5	8.5	2.5	2.1	302	448	2 000	2 800	0.42	1.4	0.8	4.216
30319		200	49.5	45	38	109	118	186	185	6	11.5	3	2.5	370	478	1 800	2 400	0.35	1.7	0.8	7.13
31319		200	49.5	45	32	109	107	186	189	6	17.5	3	2.5	310	400	1 800	2 400	0.83	0.7	0.4	6.8
32319		200	71.5	67	55	109	114	186	187	8	16.5	3	2.5	515	738	1 800	2 400	0.35	1.7	1	10.13
32020	100	150	32	32	24	—	—	—	—	5	8	2	1.5	172	282	2 200	3 000	0.37	1.6	0.9	1.79
30220		180	37	34	29	112	114	168	169	5	8	2.5	2.1	255	350	1 900	2 600	0.42	1.4	0.8	3.976
32220		180	49	46	39	112	113	168	172	5	10	2.5	2.1	340	512	1 900	2 600	0.42	1.4	0.8	5.213
30320		215	51.5	47	39	114	127	201	199	6	12.5	3	2.5	405	525	1 600	2 000	0.35	1.7	1	8.69
31320		215	56.5	51	35	114	115	201	204	7	21.5	3	2.5	372	488	1 600	2 000	0.83	0.7	0.4	8.6
32320		215	77.5	73	60	114	122	201	201	8	17.5	3	2.5	600	872	1 600	2 000	0.35	1.7	1	12.96

11.4 滚动轴承的配合与公差

滚动轴承的配合与公差如表11-4及表11-5所示。

表11-4 各级精度轴承常采用的配合

精度等级	轴承与轴		轴承与外壳孔		
	过渡配合	过盈配合	间隙配合	过渡配合	过盈配合
0级	h9,h8,g6,h6,j6, js6,g5,h5,j5	r7,k6,m6,n6, p6,r6,k5,m5	H8,G7,H7,H6	J7,Js7,K7,M7,N7 J6,Js6,K6,M6,N6	P7 P6
6级	g6,h6,j6,js6,g5,h5,j5	r7,k6,m6,n6, p6,r6,k5,m5	H8,G7,H7,H6	J7,Js7,K7,M7,N7 J6,Js6,K6,M6,N6	P7 P6
5级	h5,j5,js5	k6,m6 k5,m5	G6,H6	Js6,K6,M6 Js5,K5,M5	
4级	h5,js5 h4,js4	k5,m5 k4	H5	K6 Js5,K5,M5	
2级	h3,js3		H4	Js4,K4	

表11-5 轴和外壳的形位公差

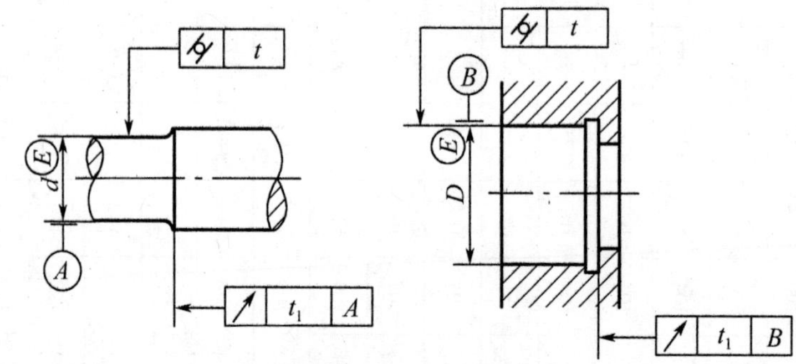

基本尺寸/mm		圆柱度 t				端面圆跳动 t_1			
		轴颈		外壳孔		轴肩		外壳孔肩	
		轴承公差等级							
		0	6(6x)	0	6(6x)	0	6(6x)	0	6(6x)
超过	到	公差/μm							
	6	2.5	1.5	4	2.5	5	3	8	5
6	10	2.5	1.5	4	2.5	6	4	10	6
10	18	3.0	2.0	5	3.0	8	5	12	8
18	30	4.0	2.5	6	4.0	10	6	15	10

表 11-5 （续）

基本尺寸/mm		圆柱度 t				端面圆跳动 t_1			
		轴颈		外壳孔		轴肩		外壳孔肩	
		轴承公差等级							
		0	6(6x)	0	6(6x)	0	6(6x)	0	6(6x)
30	50	4.0	2.5	7	4.0	12	8	20	12
50	80	5.0	3.0	8	5.0	15	10	25	15
80	120	6.0	4.0	10	6.0	15	10	25	15
120	180	8.0	5.0	12	8.0	20	12	30	20
180	250	10.0	7.0	14	10.0	20	12	30	20
250	315	12.0	8.0	16	12.0	25	15	40	25
315	400	13.0	9.0	18	13.0	25	15	40	25
400	500	15.0	10.0	20	15.0	25	15	40	25

第 12 章　联　轴　器

12.1　联轴器性能、轴孔形式与配合

联轴器按其性能可分为刚性联轴器和挠性联轴器，挠性联轴器中又分有弹性元件和无弹性元件两种。常用联轴器的性能、特点和应用如表 12－1 所示。

表 12－1　常用联轴器的性能、特点和应用

类别	联轴器名称	额定转矩范围 T_n /(N·m)	轴孔直径范围 d/mm	许用转速 $[n]$/ $(r\cdot min^{-1})$	许用相对位移			特点及应用
					轴向 ΔX/mm	径向 ΔY/mm	角向 $\Delta\alpha$	
刚性联轴器	凸缘联轴器 GB/T 5843—2003	10～20 000	10～180	13 000～1 400	要求两轴严格对中			结构简单，制造成本较低，装拆和维护均较简便，能保证两轴有较高的对中性，传递转矩较大，应用较广，但不能消除冲击和由于两轴的不对中而引起的不良后果。主要用于载荷较平稳的场合
无弹性元件的挠性联轴器	滑块联轴器 JB/ZQ 4384—1986	金属滑块：120～20 000 非金属滑块：17～3 430	金属滑块：15～150 非金属滑块：15～950	金属滑块：250～100 非金属滑块：8 200～1 700	较大	金属滑块：0.0401 非金属块：0.01d+0.25 mm（d 为轴径）	金属块：≤30′ 非金属滑块：≤40′	结构简单，径向外形尺寸较小，允许两轴径向位移大，但对角位移敏感，受滑块偏心产生离心力的限制，不宜用于高速
	TCL 鼓形齿式联轴器 JB/T 5514—1991	10～1 250	6～110	10 000～3 000	±1	TGL1:0.3 TGL2:0.3 TGL3～TGL8:0.4 TGL9:0.6 TGL10:0.7 TGL11:0.8	每半联轴器 1°	外形尺寸较小，承载能力高，能在高转速下可靠工作，补偿两轴相对位移性能好，但制造相当困难，工作中需要良好的润滑。适用于正反转多变，启动频繁和大功率水平传动的连接

表12－1 （续）

类别	联轴器名称	额定转矩范围 T_n /(N·m)	轴孔直径范围 d /mm	许用转速 [n] /(r·min^{-1})	许用相对位移			特点及应用
					轴向 ΔX/mm	径向 ΔY/mm	角向 $\Delta\alpha$	
无弹性元件的挠性联轴器	滚子链联轴器 GB/T 6069—1985	40～25 000	16～190	4 500～900	1.4～9.5	0.19～1.27	1°	结构简单，尺寸紧凑，质量较轻，维护、装拆方便。当用于高速或可逆传动时，由于链齿间的间隙，会引起冲击，故不宜于冲击载荷很大的逆向传动，也不宜用于垂直传动轴
	十字轴万向联轴器 JB/T 5901—1991	11.2～1 120	8～42				≤45°	结构紧凑，维修方便，可在两轴有较大角位移的条件下工作，但两轴不在同一轴线，主动轴等速回转时，从动轴不等速转动，故有附加动载荷。为消除这一缺点，常成对使用
有弹性元件的挠性联轴器	弹性套柱销联轴器 GB/T 4323—2002	6.3～16 000	9～160	8 800～1 150	较大	0.2～0.6	30′～1°30′	结构紧凑，装配方便，具有一定弹性和缓冲性能，补偿两轴相对位移量不大，当位移量过大时，弹性件易损坏。主要用于一般的中、小功率传动轴系的连接
	弹性柱销联轴器 GB/T 5014—2003	160～25 000	12～340	7 100～630	0.5～3.0	0.15～0.25	30′	结构简单，制造容易，更换方便，柱销较耐腐，但弹性差，补偿两轴相对位移量小。主要用于载荷较平稳，启动频繁，轴向窜动量较大，对缓冲要求不高的传动
	梅花形弹性联轴器 GB/T 5272—2002	16～25 000	12～140	15 300～1 900	1.2～5.0	0.5～1.8	1°～2°	结构简单，零件数量少，外形尺寸小，弹性元件制造容易，承载能力也高，适用范围广。可用于中、小功率的水平和垂直传动轴系

联轴器与轴一般采用键连接。轴孔和键槽的形式、代号及系列尺寸见表12－2所示。

表 12－2　轴孔和键槽的形式、代号及系列尺寸(摘自 GB/T 3852—1997)

(单位:mm)

	长圆柱形轴孔	有沉孔的短圆柱形轴孔	无沉孔的短圆柱形轴孔	有沉孔的圆锥形轴孔	无沉孔的圆锥形轴孔
轴孔	Y型	J型	J_1型	Z型	Z_1型
键槽	A型	B型	B_1型	D型	C型

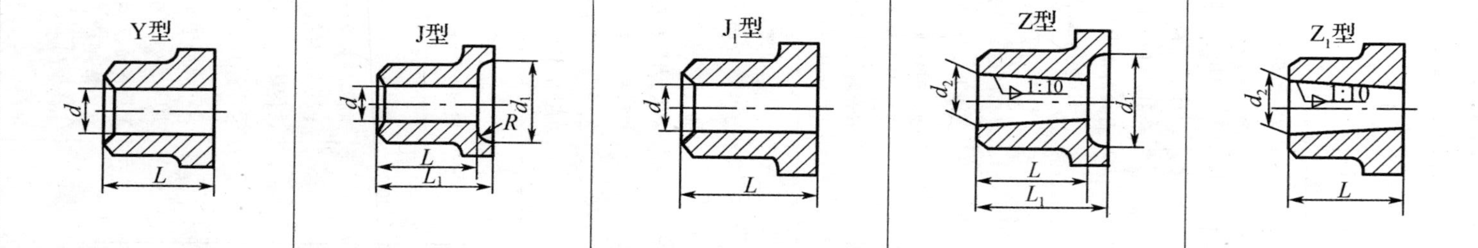

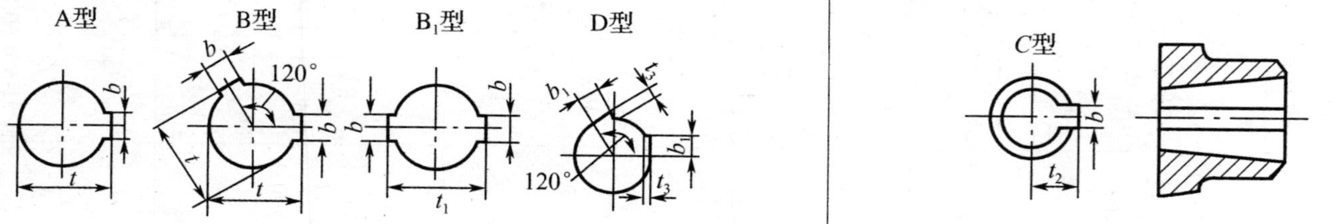

尺寸系列

轴孔直径 d(H7) d_2(Js10)	长度 L Y型轴孔	长度 L J,J_1,Z,Z_1型	长度 L_1	沉孔 d_1	沉孔 R	A型、B型、B_1型键槽 b(P9) 公称尺寸	b(P9) 极限偏差	t 公称尺寸	t 极限偏差	t_1 公称尺寸	t_1 极限偏差	C型键槽 b(P9) 公称尺寸	b(P9) 极限偏差	t_2 公称尺寸	t_2 极限偏差	D型键槽 t_3 公称尺寸	t_3 极限偏差	b_1
16						5	-0.042	18.3		20.6		3		8.7				
18	42	30	42	3.8	1.5	6	-0.012 -0.042	20.8	+0.1 0	23.6	+0.2 0	4	-0.012 -0.042	10.1	±0.1			
19								21.8		24.6				10.6				

表 12－2 （续 1）

轴孔直径 d(H7) d_2(Js10)	长度			沉孔		尺寸系列 A 型、B 型、B_F 型键槽						C 型键槽				D 型键槽		
	L		L_1	d_1	R	b(P9)		t		t_1		b(P9)		t_2		t_3		b_1
	Y 型轴孔	J,J_1,Z,Z_1 型				公称尺寸	极限偏差	公称尺寸	极限偏差	公称尺寸	极限偏差	公称尺寸	极限偏差	公称尺寸	极限偏差	公称尺寸	极限偏差	
20	52	38	52	38	1.5	6	−0.042 −0.012 −0.042	22.8	+0.1 0	25.6	+0.2 0	4	−0.012 −0.042	10.9	±0.1			
22								24.8		27.6				11.9				
24						8	−0.015 −0.051	27.3	+0.2 0	30.6	+0.4 0	5		13.4				
25	62	44	62	48				28.3		31.6				13.7				
28								31.3		34.6				15.2				
30	82	60	82	55				33.3		36.6				15.8				
32					2	10		35.3		38.6		6		17.3				
35								38.3		41.6				18.3				
38				65			−0.018 −0.061	41.3		44.6				20.3				
40	112	84	112			12		43.3		46.6		10	−0.015 −0.051	21.2	±0.2			
42								45.3		48.6				22.2				
45				80		14		48.8		52.6		12	−0.018 −0.061	23.7				
48								51.8		55.6				25.2				
50				95				53.8		57.6				26.2				
55					2.5	16		59.3		63.6		14		29.2				
56								60.3		64.6				29.7				

表 12-2 （续2）

轴孔直径 d(H7) d_2(Js10)	长度 L Y 型轴孔	长度 L J,J_1,Z,Z_1 型	长度 L_1	沉孔 d_1	沉孔 R	A 型、B 型、B_F 型键槽 b(P9) 公称尺寸	b(P9) 极限偏差	t 公称尺寸	t 极限偏差	t_1 公称尺寸	t_1 极限偏差	C 型键槽 b(P9) 公称尺寸	b(P9) 极限偏差	t_2 公称尺寸	t_2 极限偏差	D 型键槽 t_3 公称尺寸	t_3 极限偏差	b_1
60	142	107	142	105	2.5	18	-0.018 -0.061	64.4	+0.2 0	68.8	+0.4 0	16	-0.018 -0.061	31.7	±0.2	7	0 -0.2	19.3
63								67.4		71.8				32.7				19.8
65								69.4		73.8				34.2				20.1
70				120		20	-0.022 -0.074	74.9		79.8		18		36.8				21.0
71								75.9		80.8				37.3				22.4
75								79.9		84.8				39.3		8		23.2
80	172	132	172	140		22		85.4		90.8		20	-0.022 -0.074	41.6				24.0
85					3			90.4		95.8				44.1				24.8
90				160		25		95.4		100.8		22		47.1				25.6
95								100.4		105.8				49.6		9		27.8
100	212	167	212	180		28		106.4		112.8		25		51.3				28.6
110								116.4		122.8				56.3				30.1

注：1. 轴孔长度推荐选用 J 型和 J_1 型，Y 型限用于长圆柱形轴伸电机端。

2. 沉孔亦可制成 d_1 为小端直径，锥度为 30° 的锥形孔。

3. 键槽宽度 b 的极限偏差也可采用 Js9。

4. 标记方法：

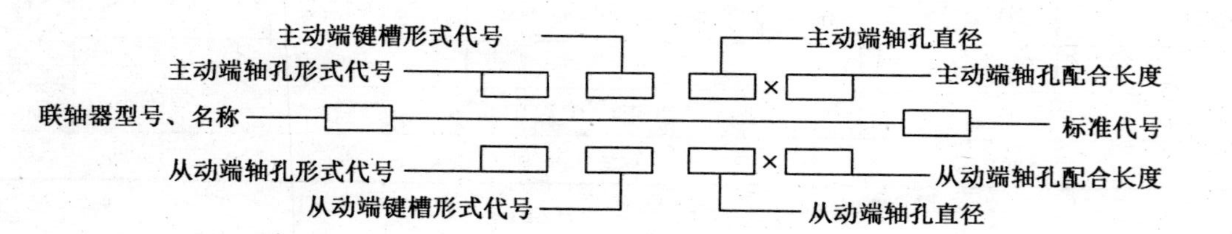

联轴器轴孔与轴的配合可按表 12－3 确定。若采用无键过盈连接，其配合按照连接要求由计算确定。若选用过盈大于表 12－3 中规定的配合时，应验算联轴器轮毂的强度。

表 12－3 联轴器圆柱形轴孔与轴伸的配合

直径 d/mm	配合代号	
6～30	H7/j6	根据使用要求也可选用 H7/r6 或 H7/n6 配合
>50～50	H7/k6	
>50	H7/m6	

12.2 常用联轴器的标准

常用联轴器的标准如表 12－4～表 12－8 所示。

表 12－4 凸缘联轴器（摘自 GB/T 5843—2003）

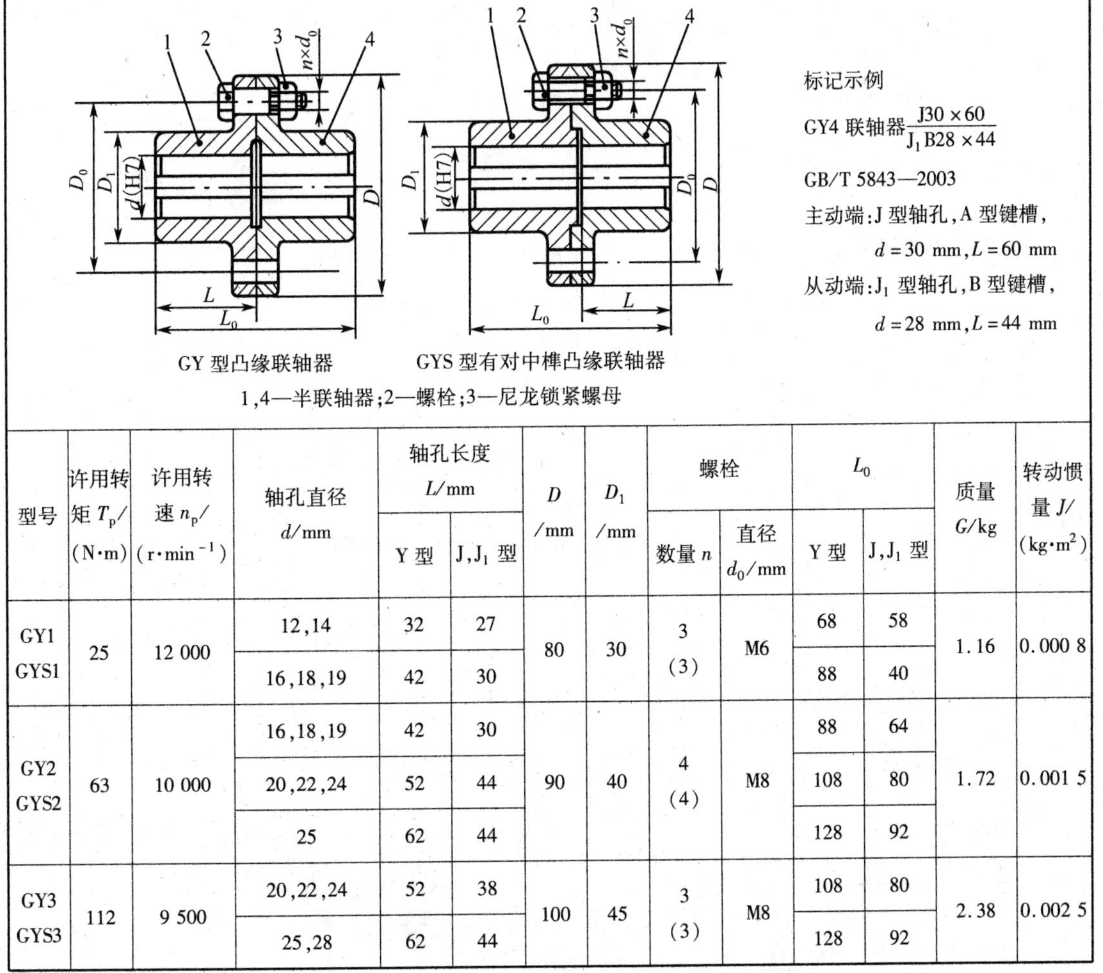

GY 型凸缘联轴器　　GYS 型有对中榫凸缘联轴器

1，4—半联轴器；2—螺栓；3—尼龙锁紧螺母

型号	许用转矩 T_p/(N·m)	许用转速 n_p/(r·min^{-1})	轴孔直径 d/mm	轴孔长度 L/mm		D/mm	D_1/mm	螺栓		L_0		质量 G/kg	转动惯量 J/(kg·m^2)
				Y 型	J，J_1 型			数量 n	直径 d_0/mm	Y 型	J，J_1 型		
GY1 GYS1	25	12 000	12，14	32	27	80	30	3 (3)	M6	68	58	1.16	0.000 8
			16，18，19	42	30					88	40		
GY2 GYS2	63	10 000	16，18，19	42	30	90	40	4 (4)	M8	88	64	1.72	0.001 5
			20，22，24	52	44					108	80		
			25	62	44					128	92		
GY3 GYS3	112	9 500	20，22，24	52	38	100	45	3 (3)	M8	108	80	2.38	0.002 5
			25，28	62	44					128	92		

12－4 （续）

型号	许用转矩 T_p/(N·m)	许用转速 n_p/($r\cdot min^{-1}$)		轴孔直径 d/mm	轴孔长度 L/mm		D/mm	D_1/mm	螺栓		L_0		质量 G/kg	转动惯量 J/($kg\cdot m^2$)
					Y 型	J,J_1 型			数量 n	直径 d_0/mm	Y 型	J,J_1 型		
GY4 GYS4	224	5 700	9 000	25,28	62	44	105	55	3 (3)	M6	128	92	3.15	0.003
				30,32,35	82	60					168	124		
GY5 GYS5	400	5 500	8 000	30,32,35,38	82	60	120	68	4 (4)	M8	168	124	5.43	0.007
				40,42	112	84					229	173		
GY6 GYS6	900	5 200	6 800	38	82	60	140	80	4 (4)	M8	169	125	7.59	0.015
				40,42,45,48,50	112	84					229	173		
GY7 GYS7	1 600	4 800	6 000	48,50,55,56	112	84	160	100	4 (3)	M10	229	173	13.1	0.031
				60,63	142	107					289	219		
GY8 GYS8	3 150	4 300	4 800	60,63,65, 70,71,75	142	107	200	130	4 (3)	M10	289	219	27.5	0.103
				80	172	132					350	270		
GY9 GYS9	6 300	4 100	3 600	75	142	107	260	160	6 (3)	M10	289	219	47.8	0.319
				80,85,90,95	172	132					350	270		
				100	212	167					430	340		
GY10 GYS10	10 000	3 600	3 200	90,95	172	132	300	200	6 (4)	M12	350	270	82.0	0.720
				100,110, 120,125	212	167					430	340		
GY11 GYS11	25 000	3 200	2 500	120,125	212	167	380	260	8 (4)	M12	430	340	162.2	2.278
				130,140,150	252	202					510	410		
				160	302	242					610	490		
GY12 GYS12	50 000	2 900	2 000	150	252	202	460	320	12 (6)	M12	510	410	285.6	5.923
				160,170,180	302	242					610	490		
				190,200	352	282					710	570		
GY13 GYS13	100 000	2 600	1 600	190,200,220	352	282	590	400	8 (6)	M16	710	570	611.9	19.978
				240,250	410	330					826	666		

注：①联轴器重量和转动惯量是按 GY 型联轴器 Y/J_1 轴孔组合和最小轴孔近似计算的。

②螺栓数量，括号内为铰制孔用螺栓。

③联轴器圆柱形轴孔与轴伸的配合见表 12－3。

表12-5 滑块联轴器（摘自JB/ZQ 4384—2006）

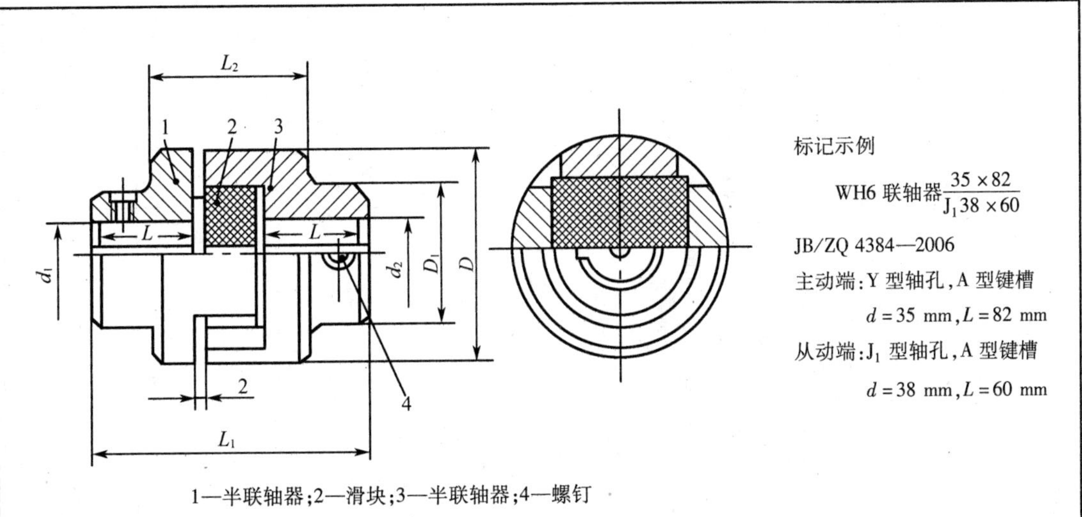

1—半联轴器；2—滑块；3—半联轴器；4—螺钉

<table>
<tr><th rowspan="2">型号</th><th rowspan="2">额定转矩
$T_n/(N\cdot m)$</th><th rowspan="2">许用转速
$[n]$
$/(r\cdot min^{-1})$</th><th rowspan="2">轴孔直径
$d_1,d_2/mm$</th><th colspan="2">轴孔长度
L/mm</th><th rowspan="2">D/mm</th><th rowspan="2">D_1/mm</th><th rowspan="2">L_2/mm</th><th rowspan="2">L_1/mm</th><th rowspan="2">转动惯量
$J/(kg\cdot m^2)$</th><th rowspan="2">质量
m/kg</th></tr>
<tr><th>Y 型</th><th>J_1 型</th></tr>
<tr><td rowspan="2">WH2</td><td rowspan="2">31.5</td><td rowspan="2">8 200</td><td>12,14</td><td>32</td><td>27</td><td rowspan="2">50</td><td rowspan="2">32</td><td rowspan="2">56</td><td>86</td><td rowspan="2">0.003 8</td><td rowspan="2">1.5</td></tr>
<tr><td>16,(17),18</td><td rowspan="2">42</td><td rowspan="2">30</td><td rowspan="2">106</td></tr>
<tr><td rowspan="2">WH3</td><td rowspan="2">63</td><td rowspan="2">7 000</td><td>(17),18,19</td><td rowspan="2">70</td><td rowspan="2">40</td><td rowspan="2">60</td><td rowspan="2">0.006 3</td><td rowspan="2">1.8</td></tr>
<tr><td>20,22</td><td rowspan="2">52</td><td rowspan="2">38</td><td rowspan="2">126</td></tr>
<tr><td rowspan="2">WH4</td><td rowspan="2">160</td><td rowspan="2">5 700</td><td>20,22,24</td><td rowspan="2">80</td><td rowspan="2">50</td><td rowspan="2">64</td><td rowspan="2">0.013</td><td rowspan="2">2.5</td></tr>
<tr><td>25,28</td><td rowspan="2">62</td><td rowspan="2">44</td><td>146</td></tr>
<tr><td rowspan="2">WH5</td><td rowspan="2">280</td><td rowspan="2">4 700</td><td>25,28</td><td rowspan="2">100</td><td rowspan="2">70</td><td rowspan="2">75</td><td>151</td><td rowspan="2">0.045</td><td rowspan="2">5.8</td></tr>
<tr><td>30,32,35</td><td rowspan="2">82</td><td rowspan="2">60</td><td>191</td></tr>
<tr><td rowspan="2">WH6</td><td rowspan="2">500</td><td rowspan="2">3 800</td><td>30,32,35,38</td><td rowspan="2">120</td><td rowspan="2">80</td><td rowspan="2">90</td><td>201</td><td rowspan="2">0.12</td><td rowspan="2">9.5</td></tr>
<tr><td>40,42,45</td><td rowspan="4">112</td><td rowspan="4">84</td><td>261</td></tr>
<tr><td rowspan="2">WH7</td><td rowspan="2">900</td><td rowspan="2">3 200</td><td>40,42,45,48</td><td rowspan="2">150</td><td rowspan="2">100</td><td rowspan="2">120</td><td rowspan="2">266</td><td rowspan="2">0.43</td><td rowspan="2">25</td></tr>
<tr><td>50,55</td></tr>
<tr><td rowspan="2">WH8</td><td rowspan="2">1 800</td><td rowspan="2">2 400</td><td>50,55</td><td rowspan="2">190</td><td rowspan="2">120</td><td rowspan="2">150</td><td>276</td><td rowspan="2">1.98</td><td rowspan="2">55</td></tr>
<tr><td>60,63,65,70</td><td rowspan="2">142</td><td rowspan="2">107</td><td>336</td></tr>
<tr><td rowspan="2">WH9</td><td rowspan="2">3 550</td><td rowspan="2">1 800</td><td>65,70,75</td><td rowspan="2">250</td><td rowspan="2">150</td><td rowspan="2">180</td><td>346</td><td rowspan="2">4.9</td><td rowspan="2">85</td></tr>
<tr><td>80,85</td><td rowspan="2">172</td><td rowspan="2">132</td><td rowspan="2">406</td></tr>
<tr><td rowspan="2">WH10</td><td rowspan="2">5 000</td><td rowspan="2">1 500</td><td>80,85,90,95</td><td rowspan="2">330</td><td rowspan="2">190</td><td rowspan="2">180</td><td rowspan="2">7.5</td><td rowspan="2">120</td></tr>
<tr><td>100</td><td>212</td><td>167</td><td>486</td></tr>
</table>

注：①表中联轴器质量和转动惯量是按最小轴孔直径和最大长度计算的近似值。

②工作温度为 -20 ~ 70 ℃。

③括号内的数值尺量不用。

表 12-6　十字轴万向联轴器(摘自 JB/T 5901—1991)

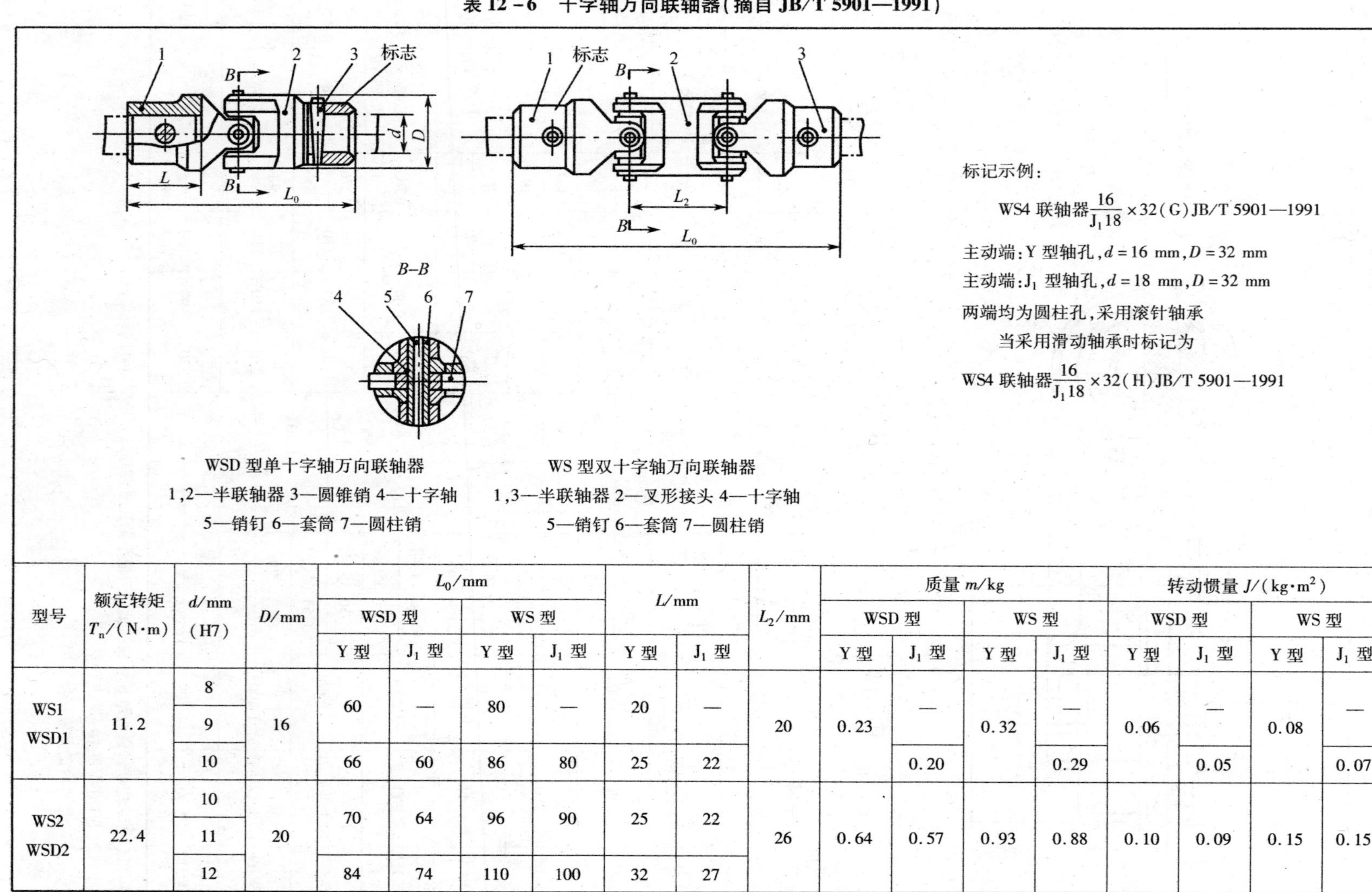

WSD 型单十字轴万向联轴器
1,2—半联轴器 3—圆锥销 4—十字轴
5—销钉 6—套筒 7—圆柱销

WS 型双十字轴万向联轴器
1,3—半联轴器 2—叉形接头 4—十字轴
5—销钉 6—套筒 7—圆柱销

标记示例:

WS4 联轴器$\frac{16}{J_1 18}$×32(G)JB/T 5901—1991

主动端:Y 型轴孔,$d=16$ mm,$D=32$ mm

主动端:J_1 型轴孔,$d=18$ mm,$D=32$ mm

两端均为圆柱孔,采用滚针轴承

当采用滑动轴承时标记为

WS4 联轴器$\frac{16}{J_1 18}$×32(H)JB/T 5901—1991

型号	额定转矩 T_n/(N·m)	d/mm (H7)	D/mm	L_0/mm				L/mm		L_2/mm	质量 m/kg				转动惯量 J/(kg·m²)			
				WSD 型		WS 型					WSD 型		WS 型		WSD 型		WS 型	
				Y 型	J_1 型	Y 型	J_1 型	Y 型	J_1 型		Y 型	J_1 型	Y 型	J_1 型	Y 型	J_1 型	Y 型	J_1 型
WS1 WSD1	11.2	8	16	60	—	80	—	20	—	20	0.23	—	0.32	—	0.06	—	0.08	—
		9																
		10		66	60	86	80	25	22			0.20		0.29		0.05		0.07
WS2 WSD2	22.4	10	20	70	64	96	90	25	22	26	0.64	0.57	0.93	0.88	0.10	0.09	0.15	0.15
		11																
		12		84	74	110	100	32	27									

表 12－6 （续）

型号	额定转矩 T_n/(N·m)	d/mm (H7)	D/mm	L_0/mm				L/mm		L_2/mm	质量 m/kg				转动惯量 J/(kg·m²)			
				WSD 型		WS 型					WSD 型		WS 型		WSD 型		WS 型	
				Y 型	J_1 型	Y 型	J_1 型	Y 型	J_1 型		Y 型	J_1 型	Y 型	J_1 型	Y 型	J_1 型	Y 型	J_1 型
WS3 WSD3	45	12	25	90	80	122	112	32	27	32	1.45	1.30	2.10	1.95	0.17	0.15	0.24	0.22
		14																
WS4 WSD4	71	16	32	116	82	154	130	42	30	38	5.92	4.86	8.56	0.48	0.39	0.32	0.56	0.49
		18																
WS5 WSD5	140	19	40	144	116	192	164	52	38	48	16.3	12.9	24.0	20.6	0.72	0.59	1.04	0.91
		20																
		22																
WS6 WSD6	280	24	50	152	124	210	182	52	38	58	45.7	36.7	68.9	59.7	1.28	1.03	1.89	1.64
		25		172	136	330	194	62	44									
		28																
WS7 WSD7	560	30	60	226	182	296	252	82	60	70	148	117	207	177	2.82	2.31	3.90	3.38
		32																
		35																
WS8 WSD8	1120	38	75	240	196	332	288			92	396	338	585	525	5.03	4.41	7.25	6.63
		40		300	244	392	336	112	84									
		42																

注：①表中联轴器质量、转动惯量是近似值。

②当轴线夹角 $\alpha \neq 0$ 时，联轴器的许用转矩 $[T] = T_n \cos\alpha$。

③中间轴尺寸 L_2 可根据需要选取。

④要保证旋转运动的等角速和主、从动轴之间的同步转动，应选用双十字轴万向联轴器或两个单十字轴万向联轴器组合在一起使用，并满足以下三个条件：

a. 中间轴与主动轴、从动轴间的夹角相等，即 $\alpha_1 = \alpha_2$；

b. 中间轴两端的叉头的对称面在同一平面内；

c. 中间轴与主动轴、从动轴三轴线在同一平面内。

表 12－7　弹性套柱销联轴器(摘自 GB/T 4323—2002)

1,5—半联轴器;2—柱销;3—弹性套;4—挡圈;6—垫圈;7 螺母

标记示例:

例 1:LT6 联轴器 40×112CB/T 4323—2002

主动端:Y 型轴孔,A 型键槽,d_1＝40 mm,L＝112 mm

从动端:Y 型轴孔,A 型键槽,d_2＝40 mm,L＝112 mm

例 2:LT3 联轴器$\frac{ZC16\times30}{JB18\times30}$GB/T 4323—2002

主动端:d_1＝16 mm,Z 型轴孔,L＝30 mm,C 型键槽

从动端:d_2＝18 mm,J 型轴孔,L＝30 mm,B 型键槽

型号	许用转矩 T_P/(N·m)	许用转速 n_P/(r·min^{-1})		轴孔直径 d_1/mm,d_2/mm,d_z/mm		轴孔长度			D/mm	A/mm	质量 G/kg	转动惯量 J/(kg·m^2)	许用相对位移	
						Y 型	J,J_1,Z 型						径向/mm	角向
		铁	钢	铁	钢	L/mm	L_1/mm	L/mm						
LT1	6.3	6 600	8 800	9	9	20	14	—	71	18	0.82	0.000 5	0.2	1°30′
				10,11	10,11	25	17	—						
				12	12,14	32	20	—						
LT2	16	5 500	7 600	12,14	12,14	32	20	42	80	18	1.20	0.000 8	0.2	1°30′
				16	16,18,19	42	30	42						
LT3	31.5	4 700	6 300	16,18,19	16,18,19	42	30	42	95	35	2.20	0.002 3	0.2	1°30′
				20	20,22	52	38	52						

表 12-7 （续）

<table>
<tr><th rowspan="3">型号</th><th rowspan="3">许用转矩 T_P/(N·m)</th><th colspan="2">许用转速 n_P/(r·min^{-1})</th><th colspan="2">轴孔直径 d_1/mm, d_2/mm, d_z/mm</th><th colspan="3">轴孔长度</th><th rowspan="3">D/mm</th><th rowspan="3">A/mm</th><th rowspan="3">质量 G/kg</th><th rowspan="3">转动惯量 (J/kg·m^2)</th><th colspan="2">许用相对位移</th></tr>
<tr><th rowspan="2">铁</th><th rowspan="2">钢</th><th rowspan="2">铁</th><th rowspan="2">钢</th><th>Y 型</th><th colspan="2">J, J_1, Z 型</th><th rowspan="2">径向/mm</th><th rowspan="2">角向</th></tr>
<tr><th>L/mm</th><th>L_1/mm</th><th>L/mm</th></tr>
<tr><td rowspan="2">LT4</td><td rowspan="2">63</td><td rowspan="2">4 200</td><td rowspan="2">5 700</td><td>20,22,24</td><td>20,22,24</td><td>52</td><td>38</td><td>52</td><td rowspan="2">106</td><td rowspan="2">35</td><td rowspan="2">2.84</td><td rowspan="2">0.003 7</td><td rowspan="2">0.2</td><td rowspan="2">1°30′</td></tr>
<tr><td>—</td><td>25,28</td><td>62</td><td>44</td><td>62</td></tr>
<tr><td rowspan="2">LT5</td><td rowspan="2">125</td><td rowspan="2">3 600</td><td rowspan="2">4 600</td><td>25,28</td><td>25,28</td><td>62</td><td>44</td><td>62</td><td rowspan="2">130</td><td rowspan="2">45</td><td rowspan="2">6.05</td><td rowspan="2">0.012</td><td rowspan="2">0.3</td><td rowspan="2">1°30′</td></tr>
<tr><td>30,32</td><td>30,32,35</td><td>82</td><td>60</td><td>82</td></tr>
<tr><td rowspan="2">LT6</td><td rowspan="2">250</td><td rowspan="2">3 300</td><td rowspan="2">3 800</td><td>32,35,38</td><td>32,35,38</td><td>82</td><td>60</td><td>82</td><td rowspan="2">160</td><td rowspan="2">45</td><td rowspan="2">9.57</td><td rowspan="2">0.028</td><td rowspan="2">0.3</td><td rowspan="2">1°00′</td></tr>
<tr><td>40</td><td>40,42</td><td>112</td><td>84</td><td>112</td></tr>
<tr><td>LT7</td><td>500</td><td>2 800</td><td>3 600</td><td>40,42,45</td><td>40,42,45,48</td><td>112</td><td>84</td><td>112</td><td>190</td><td>45</td><td>14.1</td><td>0.055</td><td>0.3</td><td>1°00′</td></tr>
<tr><td rowspan="2">LT8</td><td rowspan="2">710</td><td rowspan="2">2 400</td><td rowspan="2">3 000</td><td>45,48,50,55</td><td>45,48,50,55,56</td><td>112</td><td>84</td><td>112</td><td rowspan="2">224</td><td rowspan="2">65</td><td rowspan="2">23.12</td><td rowspan="2">0.134</td><td rowspan="2">0.4</td><td rowspan="2">1°00′</td></tr>
<tr><td>—</td><td>60,63</td><td>142</td><td>107</td><td>142</td></tr>
<tr><td rowspan="2">LT9</td><td rowspan="2">1 000</td><td rowspan="2">2 100</td><td rowspan="2">2 850</td><td>50,55,56</td><td>50,55,56</td><td>112</td><td>84</td><td>112</td><td rowspan="2">250</td><td rowspan="2">65</td><td rowspan="2">30.69</td><td rowspan="2">0.13</td><td rowspan="2">0.4</td><td rowspan="2">1°00′</td></tr>
<tr><td>60,63</td><td>60,63,65,70,71</td><td>142</td><td>107</td><td>142</td></tr>
<tr><td rowspan="2">LT10</td><td rowspan="2">2 000</td><td rowspan="2">1 700</td><td rowspan="2">2 300</td><td>63,65,70,71,75</td><td>63,65,70,71,75</td><td>142</td><td>107</td><td>142</td><td rowspan="2">315</td><td rowspan="2">80</td><td rowspan="2">61.4</td><td rowspan="2">0.660</td><td rowspan="2">0.4</td><td rowspan="2">1°00′</td></tr>
<tr><td>80,85</td><td>80,85,90,95</td><td>172</td><td>132</td><td>172</td></tr>
<tr><td rowspan="2">LT11</td><td rowspan="2">4 000</td><td rowspan="2">1 350</td><td rowspan="2">1 800</td><td>80,85,90,95</td><td>80,85,90,95</td><td>172</td><td>132</td><td>172</td><td rowspan="2">400</td><td rowspan="2">100</td><td rowspan="2">120.7</td><td rowspan="2">2.122</td><td rowspan="2">0.5</td><td rowspan="2">0°30′</td></tr>
<tr><td>100,110</td><td>100,110</td><td>212</td><td>167</td><td>212</td></tr>
</table>

注：①表中联轴器质量、转动惯量是近似值。

②轴孔形式及长度 L, L_1 可根据需要选取。

③短时过载不得超过许用转矩 T_P 值的 2 倍。

④联轴器圆柱形轴孔与轴伸的配合见表 12-3。

表 12－8　弹性柱销联轴器(摘自 GB/T 5014—2003)

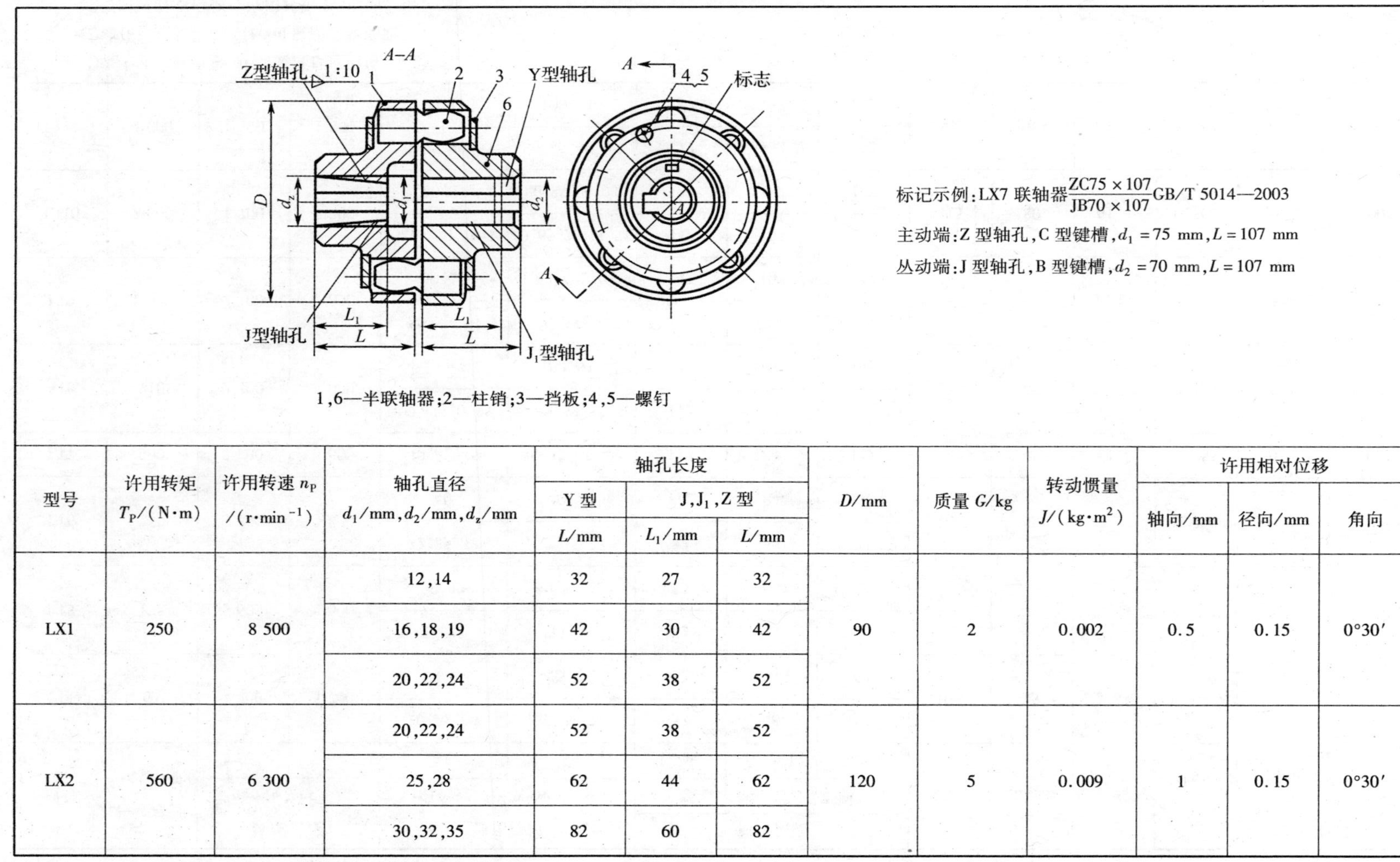

1,6—半联轴器;2—柱销;3—挡板;4,5—螺钉

标记示例:LX7 联轴器$\frac{\text{ZC75}\times 107}{\text{JB70}\times 107}$GB/T 5014—2003

主动端:Z 型轴孔,C 型键槽,d_1 = 75 mm,L = 107 mm

从动端:J 型轴孔,B 型键槽,d_2 = 70 mm,L = 107 mm

型号	许用转矩 T_P/(N·m)	许用转速 n_P /(r·min^{-1})	轴孔直径 d_1/mm,d_2/mm,d_z/mm	轴孔长度			D/mm	质量 G/kg	转动惯量 J/(kg·m^2)	许用相对位移		
				Y 型	J,J$_1$,Z 型					轴向/mm	径向/mm	角向
				L/mm	L_1/mm	L/mm						
LX1	250	8 500	12,14	32	27	32	90	2	0.002	0.5	0.15	0°30′
			16,18,19	42	30	42						
			20,22,24	52	38	52						
LX2	560	6 300	20,22,24	52	38	52	120	5	0.009	1	0.15	0°30′
			25,28	62	44	62						
			30,32,35	82	60	82						

表 12-8 （续）

型号	许用转矩 T_P/(N·m)	许用转速 n_P /(r·min^{-1})	轴孔直径 d_1/mm, d_2/mm, d_3/mm	轴孔长度			D/mm	质量 G/kg	转动惯量 J/(kg·m^2)	许用相对位移		
				Y 型	J, J_1, Z 型					轴向/mm	径向/mm	角向
				L/mm	L_1/mm	L/mm						
LX3	1 250	4 750	30,32,35,38	82	60	82	160	8	0.026	1	0.15	0°30′
			40,42,45,48	112	84	112						
LX4	2 500	3 870	40,42,45,48,50,55,56	112	84	112	195	22	0.109	1.5	0.15	0°30′
			60,63	142	107	142						
LX5	3 150	3 450	50,55,56	112	84	112	220	30	0.191	1.5	0.15	0°30′
			60,63,65,70,71,75	142	107	142						
LX6	6 300	2 720	60,63,65,70,71,75,80	142	107	142	280	53	0.543	2	0.20	0°30′
			85	172	132	172						
LX7	11 200	2 360	70,71,75	142	107	142	320	98	1.314	2	0.20	0°30′
			80,85,90,95	172	132	172						
			100,110	212	167	212						
LX8	16 000	2 120	80,85,90,95	172	132	172	360	119	2.023	2	0.20	0°30′
			100,110,120,125	212	167	212						

注：①联轴器质量和转动惯量是近似值。

②轴孔形式及长度 L, L_1 可根据需要选取。

③联轴器圆柱形轴孔与轴伸的配合见表 12-3。

第 13 章　润滑装置、密封件和减速器附件

13.1　润 滑 装 置

润滑装置所用标准如表 13－1～表 13－4 所示。

表 13－1　直通式压注油杯基本形式与尺寸(摘自 JB/T 7940.1—1995)　（单位:mm）

图例	d	H	h	h_3	S 基本尺寸	S 极限偏差	钢球（GB/T 308—1989）
标记示例:d 为 M10×1 直通式压注油标油杯 M10×1　JB/T 7940.1—1995	M5	13	8	6	8		
	M8×1	16	9	6.5	9	0 －0.22	3
	M10×1	18	10	7	10		

表 13－2　接头式压注油杯基本形式与尺寸(摘自 JB/T 7940.2—1995)　（单位:mm）

图例	d	H	α	S 基本尺寸	S 极限偏差	直通式压注油杯（按 JB/T 7940—1995）
标记示例:d 为 M10×1　45°接头式压注油杯 油杯　45°　M10×1　JB/T 7940.2—1995	M6	3				
	M8×1	4	45°,90°	11	0 －0.22	M6
	M10×1	5				

表 13-3　旋盖式油杯基本形式与尺寸(摘自 JB/T 7940.3—1995)　(单位:mm)

最小容量/cm³	d	l	H	h	h_1	d_1	D A 型	D B 型	L max	S 基本尺寸	S 极限偏差
1.5	M8×1	8	14	22	7	3	16	18	33	10	0 -0.22
3	M10×10		15	23	8	4	20	22	35	13	0 -0.27
6			17	26			26	28	40		
12	M14×1.5	12	20	30	10	5	32	34	47	18	
18			22	32			36	40	50		
25			24	34			41	44	55		
50	M16×1.5		30	44			51	54	70	21	0 -0.33
100			28	52			68	68	85		
200	M24×1.5	16	48	64	16	6	—	86	105	30	—

A型　B型

标记示例:最小容量 25 cm³ A 型油杯　A25　JB/T 7940.3—1995

表 13-4　压配式压注油杯基本形式与尺寸(摘自 JB/T 7940.4—1995)　(单位:mm)

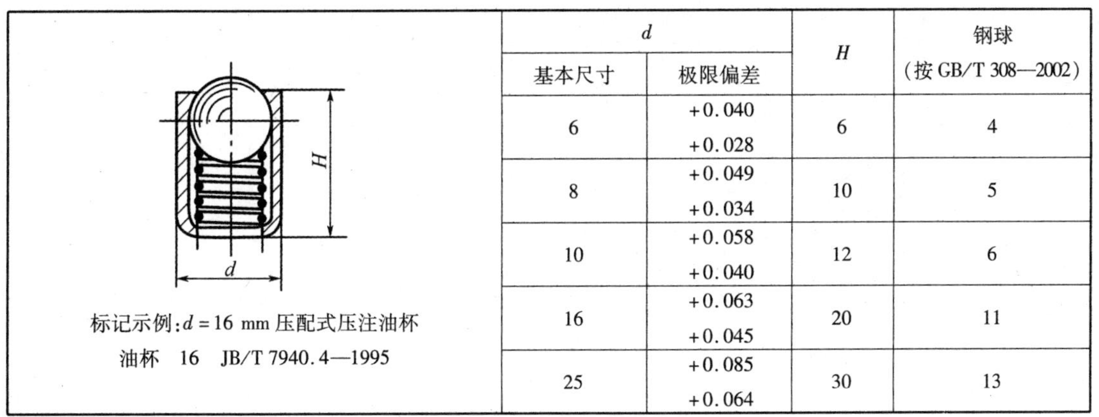

标记示例:d = 16 mm 压配式压注油杯
油杯　16　JB/T 7940.4—1995

d 基本尺寸	d 极限偏差	H	钢球(按 GB/T 308—2002)
6	+0.040 +0.028	6	4
8	+0.049 +0.034	10	5
10	+0.058 +0.040	12	6
16	+0.063 +0.045	20	11
25	+0.085 +0.064	30	13

13.2　密　封　件

密封件所用标准如表 13-5 ~ 表 13-7 所示。

表 13-5　毡圈油封及槽尺寸(摘自 FZ/T 92010—1991)　(单位:mm)

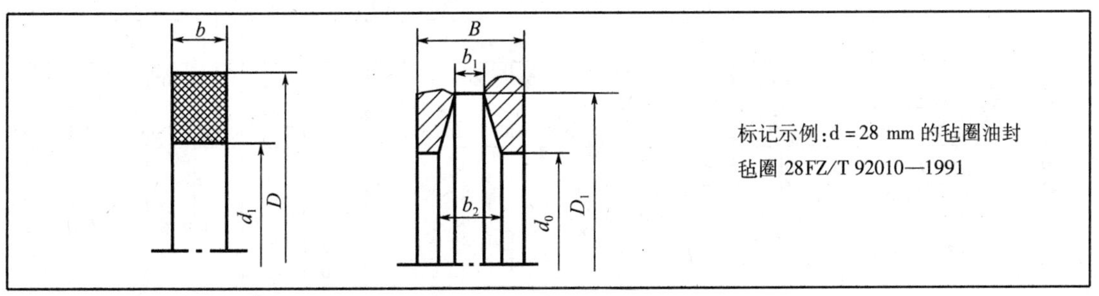

13－5 （续）

轴径	毡圈			沟槽					
D	d_1	D	b	D_1	d_0	b_1	b_2	B_{min} 用于钢	B_{min} 用于铸铁
16	15	26	3.5	27	17	3	4.3	10	12
18	17	28		29	19				
20	19	30		31	21				
22	21	32		33	23				
25	24	37	5	38	26	4	5.5		
28	27	40		41	29				
30	29	42		43	31				
32	31	44		45	33			12	15
35	34	47		48	36				
38	37	50		51	39				
40	39	52		53	41				
42	41	54		55	43				
45	44	57		58	46				
48	47	60		61	49				
50	49	66	7	67	51	5	7.1		
55	54	71		72	56				
60	59	76		77	61				
65	64	81		82	66				
70	69	88		89	71	6	8.3		
75	74	93		94	76				
80	79	98		99	81				

表13－6 通用型O形圈(G)尺寸系列与公差(摘自GB/T 3452.1—1992) （单位:mm）

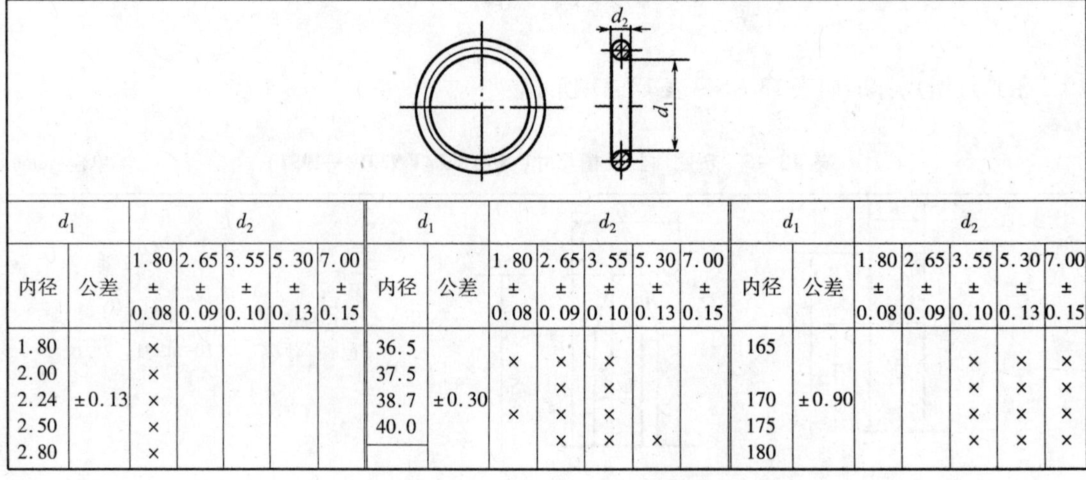

d_1		d_2					d_1		d_2					d_1		d_2				
内径	公差	1.80±0.08	2.65±0.09	3.55±0.10	5.30±0.13	7.00±0.15	内径	公差	1.80±0.08	2.65±0.09	3.55±0.10	5.30±0.13	7.00±0.15	内径	公差	1.80±0.08	2.65±0.09	3.55±0.10	5.30±0.13	7.00±0.15
1.80		×					36.5							165						
2.00		×					37.5		×	×	×							×	×	×
2.24	±0.13	×					38.7	±0.30		×	×			170	±0.90			×	×	×
2.50		×					40.0		×	×	×			175				×	×	×
2.80		×								×	×	×		180				×	×	×

13－6　（续）

d_1		d_2				
内径	公差	1.80±0.08	2.65±0.09	3.55±0.10	5.30±0.13	7.00±0.15
3.15	±0.13	×				
3.55		×				
3.75		×				
4.00		×				
4.50		×				
4.87		×				
5.00		×				
5.15		×				
5.30		×				
5.60		×				
6.00		×				
6.30	±0.14	×				
6.70		×				
6.90		×				
7.10		×				
7.50		×				
8.00		×				
8.50		×				
8.75		×				
9.00		×				
9.50		×				
10.0		×				
10.6	±0.17	×				
11.2		×	×			
11.8		×	×			
12.5		×	×			
13.2		×	×			
14.0		×	×			
15.0		×	×			
16.0		×	×			
17.0		×	×			
18.0		×	×	×		
19.0	±0.22	×	×	×		
20.0		×	×	×		
21.2		×	×	×		
22.4		×	×	×		
23.6		×	×	×		
25.0		×	×	×		
25.8		×	×	×		
26.5		×	×	×		
28.0		×	×	×		
30.0		×	×	×		
31.5	±0.30		×	×		
32.5		×	×	×		
33.5			×	×		
34.5		×	×	×		
35.5			×	×		
41.2	±0.36		×	×	×	
42.5			×	×	×	
43.7		×	×	×	×	
45.0			×	×	×	
46.2			×	×	×	
47.5		×	×	×	×	
48.7			×	×	×	
50.0			×	×	×	
51.5	±0.44	×	×	×	×	
53.0			×	×	×	
54.5			×	×	×	
56.0			×	×	×	
58.0			×	×	×	
60.0			×	×	×	
61.5			×	×	×	
63.0			×	×	×	
65.0	±0.53			×	×	
67.0			×	×	×	
69.0				×	×	
71.0			×	×	×	
73.0				×	×	
75.0			×	×	×	
77.5				×	×	
80.0			×	×	×	
82.5	±0.65			×	×	
85.0			×	×	×	
87.5				×	×	
90.0			×	×	×	
92.5				×	×	
95.0			×	×	×	
97.5				×	×	
100			×	×	×	
103				×	×	
106			×	×	×	
109				×	×	
112				×	×	
115			×	×	×	
118				×	×	
122	±0.90		×	×	×	
125				×	×	×
128			×	×	×	×
132				×	×	×
136			×	×	×	×
140				×	×	×
145			×	×	×	×
150				×	×	×
155			×	×	×	×
160				×	×	×
185	±0.90			×	×	×
190				×	×	×
195				×	×	×
200				×	×	×
206					×	×
212					×	×
218					×	×
224					×	×
230					×	×
236					×	×
243					×	×
250					×	×
258	±1.20				×	×
265					×	×
272					×	×
280					×	×
290					×	×
300					×	×
307					×	×
315					×	×
325	±1.60				×	×
335					×	×
345					×	×
355					×	×
365					×	×
375					×	×
387					×	×
400					×	×
412	±2.10					×
425						×
437						×
450						×
462	±2.60					×
475						×
487						×
500						×
515	±3.20					×
530						×
545						×
560						×
580						×
600						×
615						×
630						×
650	±4.00					×
670						×

表 13-7 内包骨架旋转轴唇形密封圈(摘自 GB/T 1387.1—1992) (单位:mm)

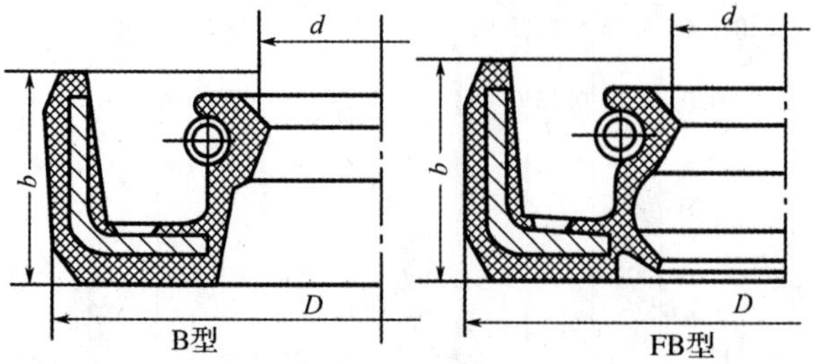

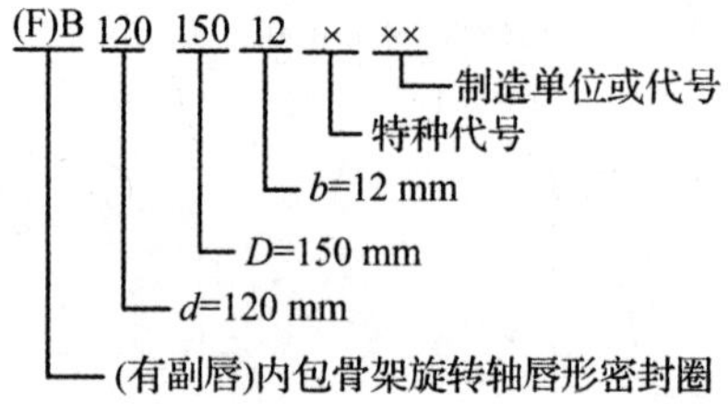

B型 FB型

(F)B 120 150 12 × ××

- 制造单位或代号
- 特种代号
- b=12 mm
- D=150 mm
- d=120 mm
- (有副唇)内包骨架旋转轴唇形密封圈

d	D					b	d	D					b
15	26	30	35		+0.30 +0.15	7 ±0.3	38	55	58	62		+0.30 +0.15	8 ±0.3
16	(28)	30	(35)				40	55	(60)	62			
18	30	35	(45)				42	55	62	(65)			
20	35	40	(45)				45	62	65	70			
22	35	40	47				50	68	70	72			
25	40	47	52*				52	72	75	78			
28	40	47	52	52*			55	72	(75)	80			
30	42	47	(50)				60	80	85	(90)			
32	45	47	52*			8 ±0.3	65	85	90	(95)			10 ±0.3
35	50	52*	55*				70	90	95	(100)			

注:有"*"号的基本外径的极限偏差为 $^{+0.35}_{+0.20}$,括号内尺寸尽量不用。

内包骨架旋转轴唇形密封圈的尺寸及安装示例

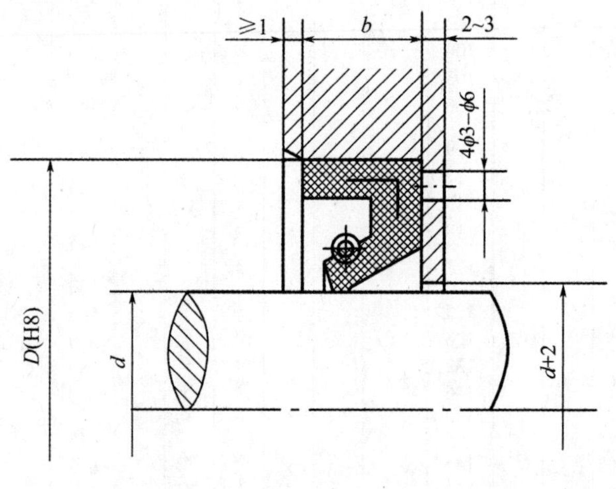

13.3　减速器附件

减速器附件所用标准如表 13－8～表 13－15 所示。

表 13－8　窥视孔及盖板

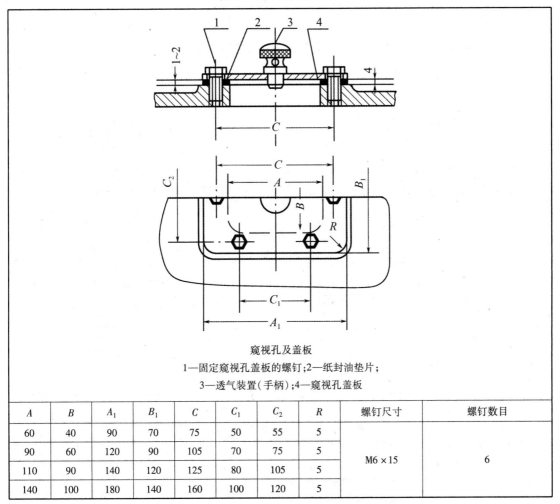

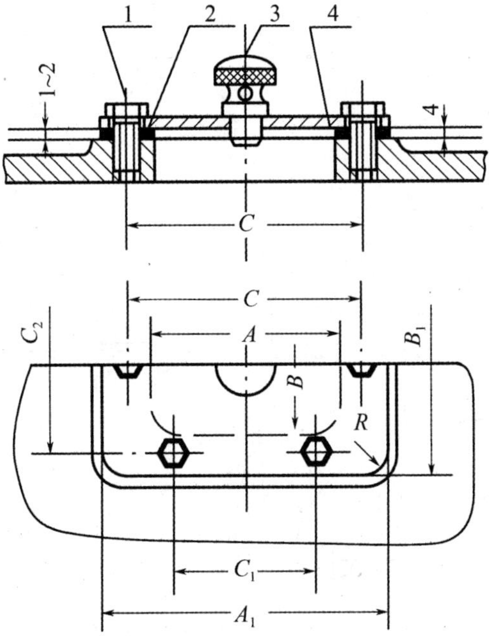

窥视孔及盖板

1—固定窥视孔盖板的螺钉;2—纸封油垫片;

3—透气装置(手柄);4—窥视孔盖板

A	B	A_1	B_1	C	C_1	C_2	R	螺钉尺寸	螺钉数目
60	40	90	70	75	50	55	5	M6×15	6
90	60	120	90	105	70	75	5		
110	90	140	120	125	80	105	5		
140	100	180	140	160	100	120	5		

表 13－9　简易通气器

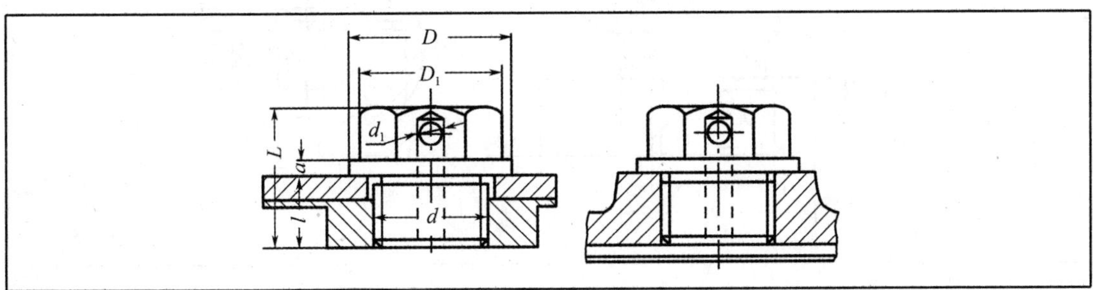

13 -9 (续)

d	D_1	D	S	L	l	a	d_1
M10×1	13	11.5	10	16	8	2	3
M12×1.25	16	16.5	14	19	10	2	4
M16×1.5	22	19.6	17	23	12	2	5
M20×1.5	30	25.4	22	28	15	4	6
M22×1.5	32	25.4	22	29	15	4	7
M27×1.5	38	31.2	27	34	18	4	8
M30×2	42	36.9	32	36	18	4	8
M33×2	45	36.9	32	38	20	4	8
M36×3	50	41.6	36	46	25	5	8

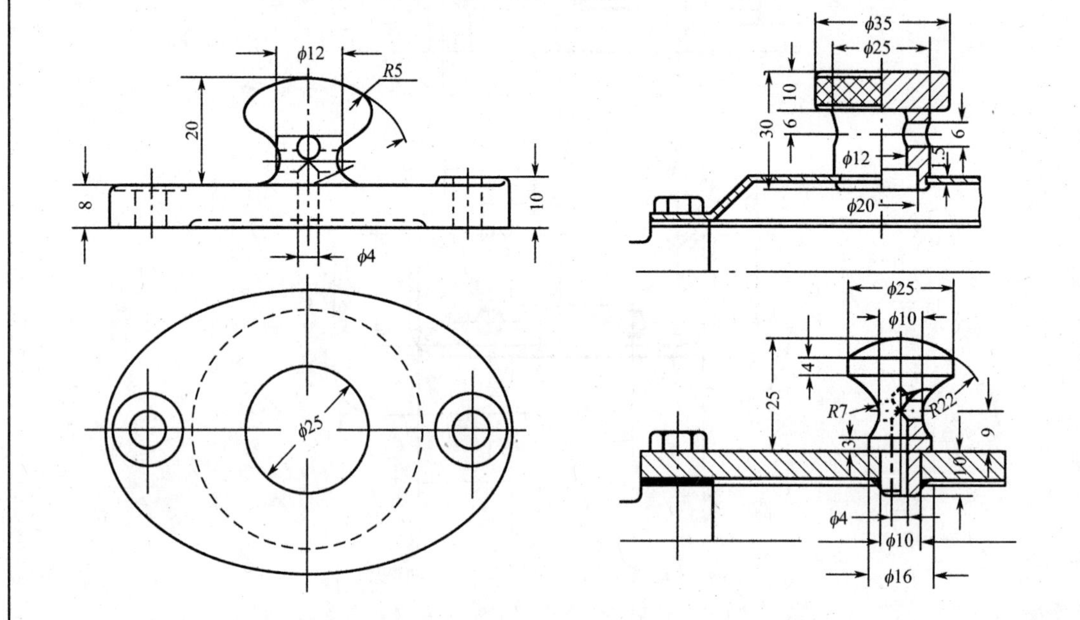

表 13 -10 带过滤网的通气器 1

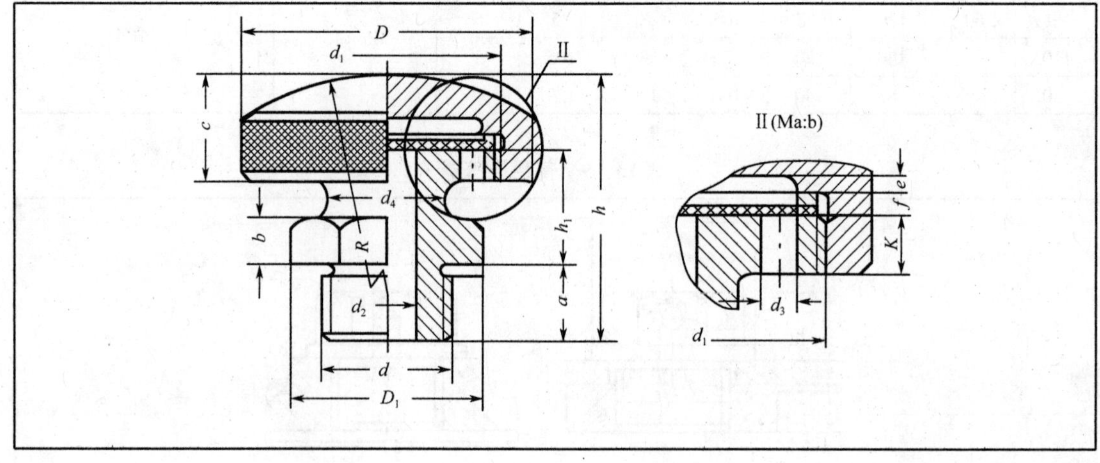

表 13－10　（续）

d	d_1	d_2	d_3	d_4	D	h	a	b	c	h_1	R	D_1	K	e	f
M18	M32×1.5	10	5	16	40	36	10	6	14	17	40	26.9	5	2	2
M24	M48×1.5	12	5	22	55	52	15	8	20	25	85	41.6	8	2	2
M36	M64×2	20	8	30	75	64	20	12	24	30	180	57.7	10	2	2

表 13－11　带过滤网的通气器 2

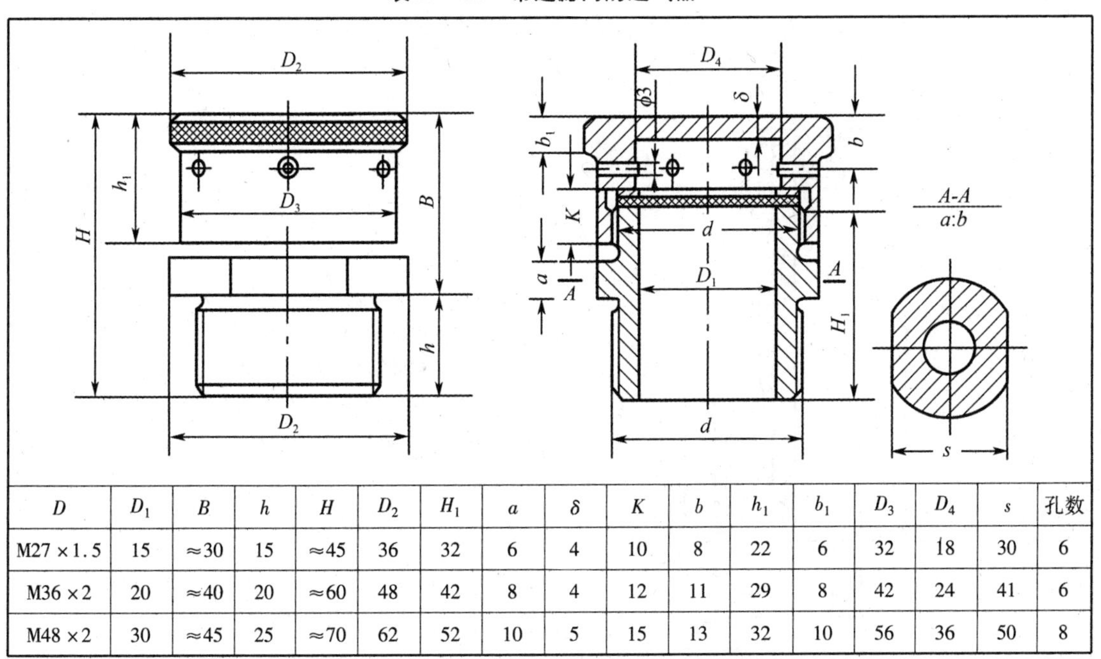

D	D_1	B	h	H	D_2	H_1	a	δ	K	b	h_1	b_1	D_3	D_4	s	孔数
M27×1.5	15	≈30	15	≈45	36	32	6	4	10	8	22	6	32	18	30	6
M36×2	20	≈40	20	≈60	48	42	8	4	12	11	29	8	42	24	41	6
M48×2	30	≈45	25	≈70	62	52	10	5	15	13	32	10	56	36	50	8

表 13－12　压配式圆形油标（摘自 GB/T 7941.1—1995）　（单位：mm）

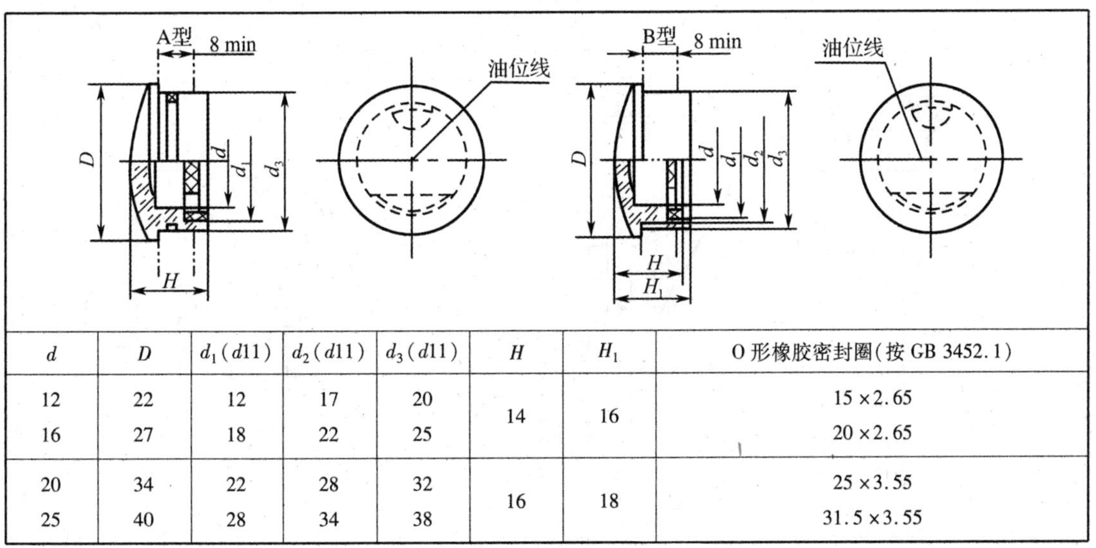

d	D	d_1（$d11$）	d_2（$d11$）	d_3（$d11$）	H	H_1	O 形橡胶密封圈（按 GB 3452.1）
12	22	12	17	20	14	16	15×2.65
16	27	18	22	25			20×2.65
20	34	22	28	32	16	18	25×3.55
25	40	28	34	38			31.5×3.55

13－12 (续)

d	D	$d_1(d11)$	$d_2(d11)$	$d_3(d11)$	H	H_1	O形橡胶密封圈(按 GB 3452.1)
32 40	48 58	35 45	41 51	45 55	18	20	38.7×3.55 48.7×3.55
50 63	70 85	55 70	61 76	65 80	22	24	

表 13－13 管状油标(摘自 GB/T 7941.4—1995)

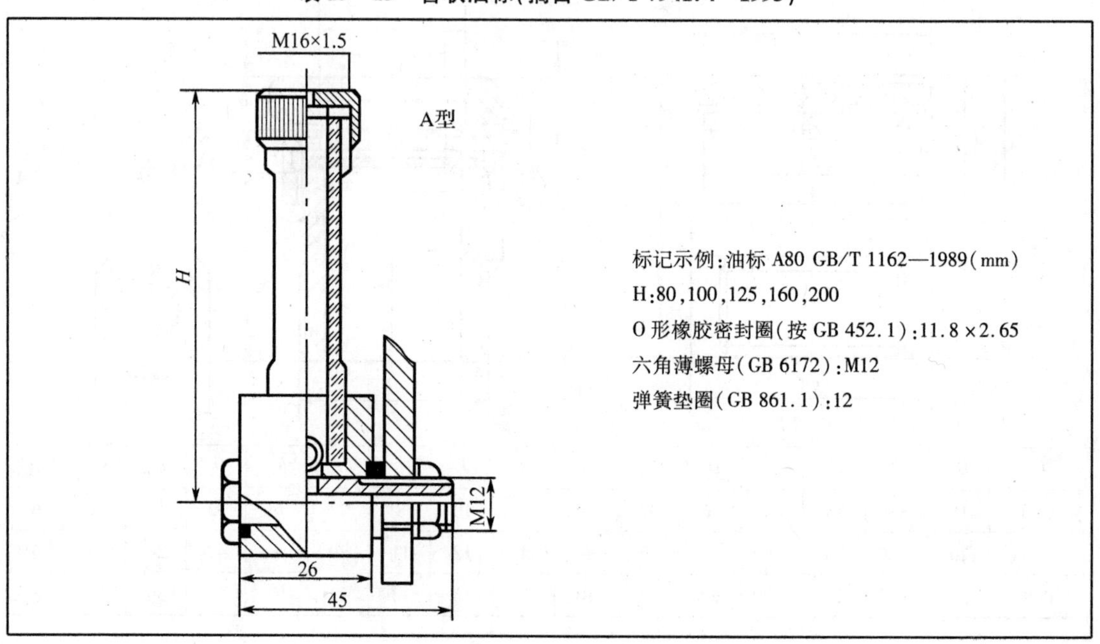

标记示例:油标 A80 GB/T 1162—1989(mm)
H:80,100,125,160,200
O形橡胶密封圈(按 GB 452.1):11.8×2.65
六角薄螺母(GB 6172):M12
弹簧垫圈(GB 861.1):12

表 13－14 杆式油标 (单位:mm)

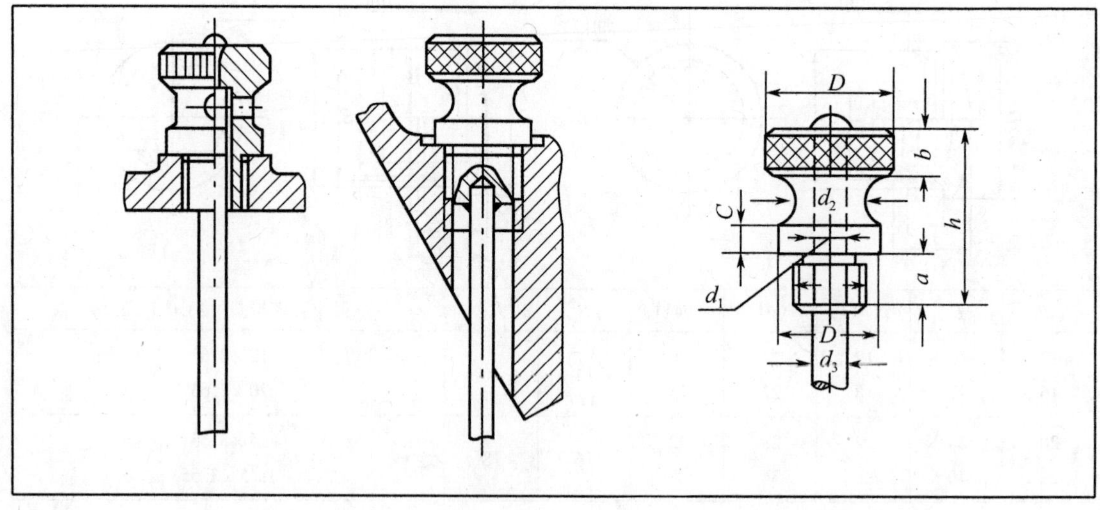

表 13－14　（续）

d	d_1	d_2	d_3	h	a	b	c	D	D_1
M12	4	12	6	28	10	6	4	20	16
M16	4	16	6	35	12	8	5	26	22
M20	6	20	8	42	15	10	6	32	26

表 13－15　外六角螺塞（摘自 JB/ZQ 4450—1997）、封油垫圈　（单位：mm）

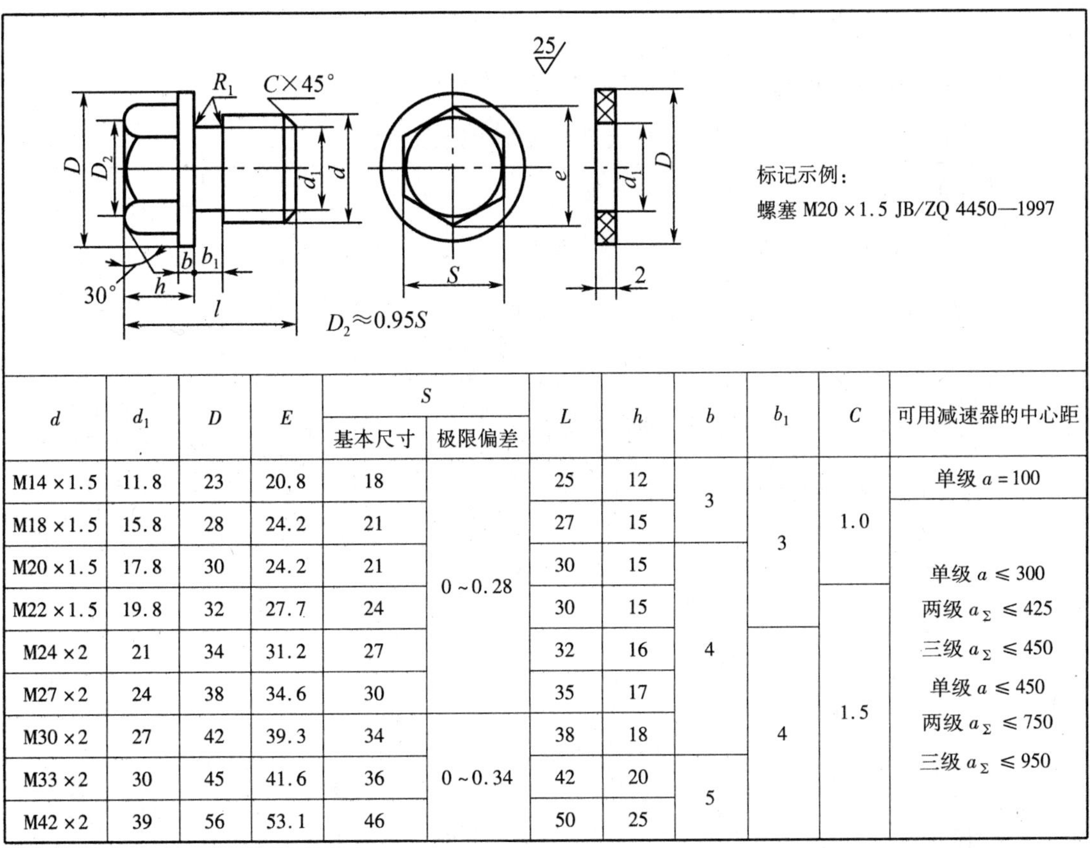

标记示例：
螺塞 M20×1.5 JB/ZQ 4450—1997

<table>
<tr><th rowspan="2">d</th><th rowspan="2">d₁</th><th rowspan="2">D</th><th rowspan="2">E</th><th colspan="2">S</th><th rowspan="2">L</th><th rowspan="2">h</th><th rowspan="2">b</th><th rowspan="2">b₁</th><th rowspan="2">C</th><th rowspan="2">可用减速器的中心距</th></tr>
<tr><th>基本尺寸</th><th>极限偏差</th></tr>
<tr><td>M14×1.5</td><td>11.8</td><td>23</td><td>20.8</td><td>18</td><td rowspan="6">0～0.28</td><td>25</td><td>12</td><td rowspan="2">3</td><td rowspan="4">3</td><td rowspan="3">1.0</td><td>单级 a＝100</td></tr>
<tr><td>M18×1.5</td><td>15.8</td><td>28</td><td>24.2</td><td>21</td><td>27</td><td>15</td><td rowspan="8">单级 a ≤ 300
两级 a_Σ ≤ 425
三级 a_Σ ≤ 450
单级 a ≤ 450
两级 a_Σ ≤ 750
三级 a_Σ ≤ 950</td></tr>
<tr><td>M20×1.5</td><td>17.8</td><td>30</td><td>24.2</td><td>21</td><td>30</td><td>15</td><td rowspan="5">4</td></tr>
<tr><td>M22×1.5</td><td>19.8</td><td>32</td><td>27.7</td><td>24</td><td>30</td><td>15</td><td rowspan="6">1.5</td></tr>
<tr><td>M24×2</td><td>21</td><td>34</td><td>31.2</td><td>27</td><td>32</td><td>16</td><td rowspan="5">4</td></tr>
<tr><td>M27×2</td><td>24</td><td>38</td><td>34.6</td><td>30</td><td>35</td><td>17</td></tr>
<tr><td>M30×2</td><td>27</td><td>42</td><td>39.3</td><td>34</td><td rowspan="3">0～0.34</td><td>38</td><td>18</td></tr>
<tr><td>M33×2</td><td>30</td><td>45</td><td>41.6</td><td>36</td><td>42</td><td>20</td><td rowspan="2">5</td></tr>
<tr><td>M42×2</td><td>39</td><td>56</td><td>53.1</td><td>46</td><td>50</td><td>25</td></tr>
</table>

第14章 电 动 机

14.1 常用电动机的特点、用途及安装形式

常用电动机特点、用途及安装形式如表14－1及表14－2所示。

表14－1 常用电动机的特点及用途

类别	系列名称	主要性能及结构特点	用途	工作条件	安装形式	型号及含义
一般异步电动机	Y系列(IP44)封闭式三相异步电动机	效率高，耗电少，性能好，噪声低，振动小，体积小，质量轻，运行可靠，维修方便。为B级绝缘。结构为全封闭、自扇冷式，能防止灰尘、铁屑、杂物侵入电动机内部。冷却方式为IC0141	适用于灰尘多、土扬水溅的场合，如农业机械、矿山机械、搅拌机、碾米机、磨粉机等，为一般用途电动机	1. 海拔不超过1 000 m； 2. 环境温度不超过40 ℃； 3. 额定电压为380 V，额定频率为50 Hz 4. 3 kW以下为Y连接，4 kW及以上为△连接； 5. 工作方式为连续使用(S1)	B3 B5 B35	Y132S2－2 Y—异步电动机 132—中心高(mm) S2—机座长 (S—短机座， M—中机座， L—长机座， 2号铁芯长) 2—极数
	Y系列(IP23)防护式笼型三相异步电动机	为一般用途防滴式电动机，可防止直径大于12 mm的小固体异物进入机壳内，并防止沿垂直线成60°角或小于60°角的淋水对电动机的影响。同样机座号IP23比IP44提高一个功率等级。主要性能同IP44。绝缘为B级，冷却方式为IC01	适用于驱动无特殊要求的各种机械设备，如金属切削机床、鼓风机、水泵、运输机械等			Y160L2－2 Y—异步电动机 160—中心高(mm) L2—机座长 (L—长机座， 2号铁芯长) 2—极数
起重冶金电动机	YZR，YZ系列起重及冶金用三相异步电动机	YZR系列为绕线转子电动机，YZ系列为笼型转子电动机，有较高的机械强度及过载能力，承受冲击及振动，转动惯量小，适合频繁快速启动及反转频繁的制动场合。绝缘为F，H级，冷却方式JC0141，JC0041	适用于室外多尘环境及启动、逆转次数频繁的起重机械和冶金设备等	1. 工作方式S3； 2. 海拔不超过1 000 m； 3. 环境温度不超过40 ℃(F级)或60 ℃(H级)	IM1001 IM1002 IM1003 IM1004 IM3001 IM3003 IM3011 IM3013	YZR132M1－6 Z—起重及冶金用 R—绕线转子 (笼型转子无R)

表 14－1 （续）

类别	系列名称	主要性能及结构特点	用途	工作条件	安装形式	型号及含义
直流电动机	Z4 系列直流电动机	Z4 系列直流电动机可用于直流电源供电，更适用于静止整流电源供电，转动惯量小，有较好的动态性能，能承受高负载变化，适用于需平滑调速、效率高、自动稳速、反应灵敏的控制系统。外壳防护等级为 IP21S，冷却方式为 IC06，绝缘等级 F	广泛用手轻工机械、纺织、造纸和冶金工业等调速要求高的自动化传动系统	1. 额定电压 160 V，在单相桥式整流供电下一般需带电抗器工作。440 电动机不接电抗器 2. 海拔不超过 1000 m 3. 环境温度不超过 40 ℃（F 级） 4. 工作方式 S1	B3 B35 B5 V1 V15	Z4－112/2－1 Z—直流电动机 4—设计序号 2—级数 1—1 号铁芯长度 112—机座中心高为 112 mm Z4－160/21 Z—直流电动机 4—设计序号 160—机座中心高为 160 mm 2—2 号铁芯长度 1—1 号端盖

表 14－2 电动机安装形式及代号

电动机类型	示意图	代号	安装形式	备注
Y 系列电动机	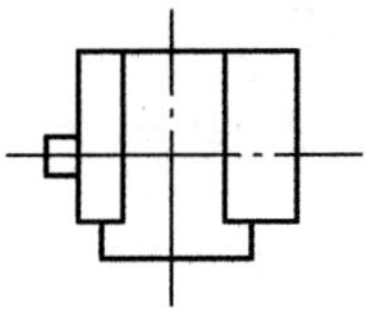	B3	安装在基础构件上	有底脚，有轴伸
	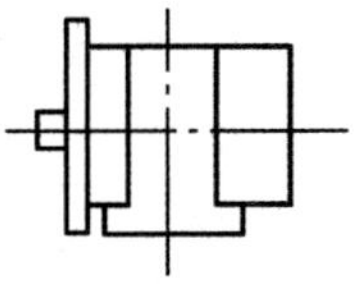	B35	借底脚安装在基础构件上，并附用凸缘安装	有底脚、有轴伸，端盖上带凸缘
	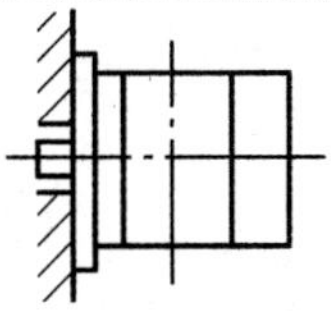	B5	借凸缘安装	无底脚，有轴伸
	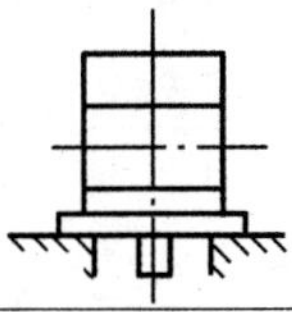	V1	借凸缘在底部安装	无底脚，轴伸向下
	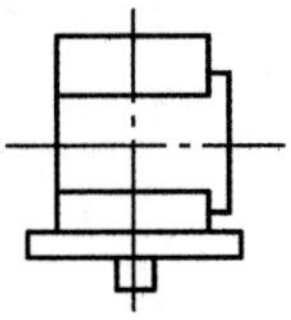	V15	安装在墙上并附用凸缘在底部安装	有底脚，轴伸向下

表 14－2 （续）

<table>
<tr><th>电动机类型</th><th>示意图</th><th>代号</th><th>安装型式</th><th>备注</th></tr>
<tr><td rowspan="4">YZR,YZ 系列电动机</td><td rowspan="2"></td><td>IM1001</td><td></td><td></td></tr>
<tr><td>IM1003</td><td></td><td>锥形轴伸</td></tr>
<tr><td rowspan="2"></td><td>IM1002</td><td></td><td></td></tr>
<tr><td>IM1004</td><td></td><td>锥形轴伸</td></tr>
</table>

14.2 常用电动机的技术参数

1. Y 系列(IP23)三相异步电动机(摘自 JB/T 5271—2010,JB/T 5272—2010)

Y 系列(IP23)三相异步电动机的技术数据、安装尺寸及外形尺寸如表 14－3 及表 14－4 所示。

表 14－3 Y 系列(IP23)三相异步电动机技术数据

<table>
<tr><th rowspan="2">型号</th><th rowspan="2">额定功率
P/kW</th><th colspan="4">满载时</th><th>堵转转矩</th><th>堵转电流</th><th>最大转矩</th><th rowspan="2">噪声/dB
(A 声级)</th><th rowspan="2">净质量
/kg</th></tr>
<tr><th>转速/
($r \cdot min^{-1}$)</th><th>电流/A</th><th>效率/%</th><th>功率因数
$\cos\varphi$</th><th>额定转矩</th><th>额定电流</th><th>额定转矩</th></tr>
<tr><td colspan="11">同步转速 n = 3 000 r/min</td></tr>
<tr><td>Y160M－2</td><td>15</td><td>2 928</td><td>29.5</td><td>88</td><td>0.88</td><td>1.7</td><td rowspan="7">7.0</td><td rowspan="11">2.2</td><td>85</td><td>160</td></tr>
<tr><td>Y160L1－2</td><td>18.5</td><td>2 929</td><td>35.5</td><td>89</td><td>0.89</td><td>1.8</td><td>85</td><td>160</td></tr>
<tr><td>Y160L2－2</td><td>22</td><td>2 928</td><td>42</td><td>89.5</td><td>0.89</td><td>2.0</td><td>85</td><td>160</td></tr>
<tr><td>Y180M－2</td><td>30</td><td>2 938</td><td>57.2</td><td>89.5</td><td>0.89</td><td>1.7</td><td>88</td><td>220</td></tr>
<tr><td>Y180L－2</td><td>37</td><td>2 939</td><td>69.8</td><td>90.5</td><td>0.89</td><td>1.9</td><td>88</td><td>220</td></tr>
<tr><td>Y200M－2</td><td>45</td><td>2 952</td><td>84.5</td><td>91</td><td>0.89</td><td>1.9</td><td>90</td><td>310</td></tr>
<tr><td>Y200L－2</td><td>55</td><td>2 950</td><td>103</td><td>91.5</td><td>0.89</td><td>1.9</td><td>90</td><td>310</td></tr>
<tr><td>Y225M－2</td><td>75</td><td>2 955</td><td>140</td><td>91.5</td><td>0.89</td><td>1.8</td><td rowspan="4">6.8</td><td>92</td><td>380</td></tr>
<tr><td>Y250S－2</td><td>90</td><td>2 966</td><td>167</td><td>92</td><td>0.89</td><td>1.7</td><td>97</td><td>465</td></tr>
<tr><td>Y250M－2</td><td>110</td><td>2 966</td><td>202</td><td>92.5</td><td>0.90</td><td>1.7</td><td>97</td><td>465</td></tr>
<tr><td>Y280M－2</td><td>132</td><td>2 967</td><td>241</td><td>92.5</td><td>0.90</td><td>1.6</td><td>99</td><td>750</td></tr>
</table>

表14-3 (续)

型号	额定功率 P/kW	满载时				堵转转矩	堵转电流	最大转矩	噪声/dB (A声级)	净质量 /kg
		转速/ ($\mathrm{r \cdot min^{-1}}$)	电流/A	效率/%	功率因数 $\cos\varphi$	额定转矩	额定电流	额定转矩		
同步转速 n=1 500 r/min										
Y160M-1	11	1 459	22.5	87.5	0.85	1.9			75	160
Y160L1-4	15	1 458	30.1	88	0.86	2.0			80	160
Y160L2-4	18.5	1 458	36.8	89	0.86	2.0			80	160
Y180M-4	22	1 467	43.5	89.5	0.86	1.9			80	230
Y180L-4	30	1 467	58	90.5	0.87	1.9	7.0		87	230
Y200M-4	37	1 473	71.4	90.5	0.87	2.0		2.2	87	310
Y200L-4	45	1 475	85.5	91	0.87	2.0			89	310
Y225M-4	55	1 476	104	91.5	0.88	1.8			89	330
Y250S-4	75	1 480	141	92	0.88	2.0			93	400
Y250M-4	90	1 480	168	92.5	0.88	2.2	6.8		93	400
Y280S-4	110	1 482	200	92.5	0.88	1.7			93	820
Y280M-4	132	1 483	245	93	0.88	1.8			96	820
同步转速 n=1 000 r/min										
Y160M-6	7.5	971	16.9	85	0.79	2.0			78	150
Y160L-6	11	971	24.7	86.5	0.78	2.0			78	150
Y180M-6	15	974	33.8	88	0.81	1.8			81	215
Y180L-6	18.5	975	38.3	88.5	0.83	1.8			81	215
Y200M-6	22	978	45.5	89	0.85	1.7			81	295
Y200L-6	30	975	60.3	90.5	0.85	1.7	6.5	2.0	84	295
Y225M-6	37	982	78.1	91	0.87	1.8			84	360
Y250S-6	45	983	87.4	91	0.86	1.8			87	465
Y250M-6	55	983	106	91.5	0.87	1.8			87	465
Y280S-6	75	986	143	92	0.87	1.8			90	820
Y280M-6	90	986	171	93	0.88	1.8			90	820
同步转速 n=750 r/min										
Y160M-8	5.5	723	13.7	83.5	0.73	2.0			72	150
Y160L-8	7.5	723	18.3	85	0.73	2.0			75	150
Y180M-8	11	727	26.1	86.5	0.74	1.8			75	215
Y180L-8	15	726	34.3	87.5	0.76	1.8			81	215
Y200M-8	18.5	728	41.8	88.5	0.78	1.7			81	295
Y200L-8	22	729	46.2	89	0.78	1.8	6.0	2.2	81	295
Y225M-8	30	734	63.2	89.5	0.81	1.7			84	360
Y250S-8	37	735	78	90	0.80	1.6			84	465
Y250M-8	45	736	94.4	90.5	0.80	1.8			87	465
Y280S-8	55	740	115	91	0.80	1.8			87	820
Y280M-8	75	740	154	91.5	0.81	1.8			90	820

注:Y系列型号含义,例如Y160L2-2,Y为异步电动机,160为机座中心高(mm),L为长机座(M为中机座,S为短机座),L后面的数字表示不同功率的代号,短横线后面的数字为极数。

表 14－4　Y 系列(IP23)三相异步电动机 B3 安装尺寸及外形尺寸　(单位:mm)

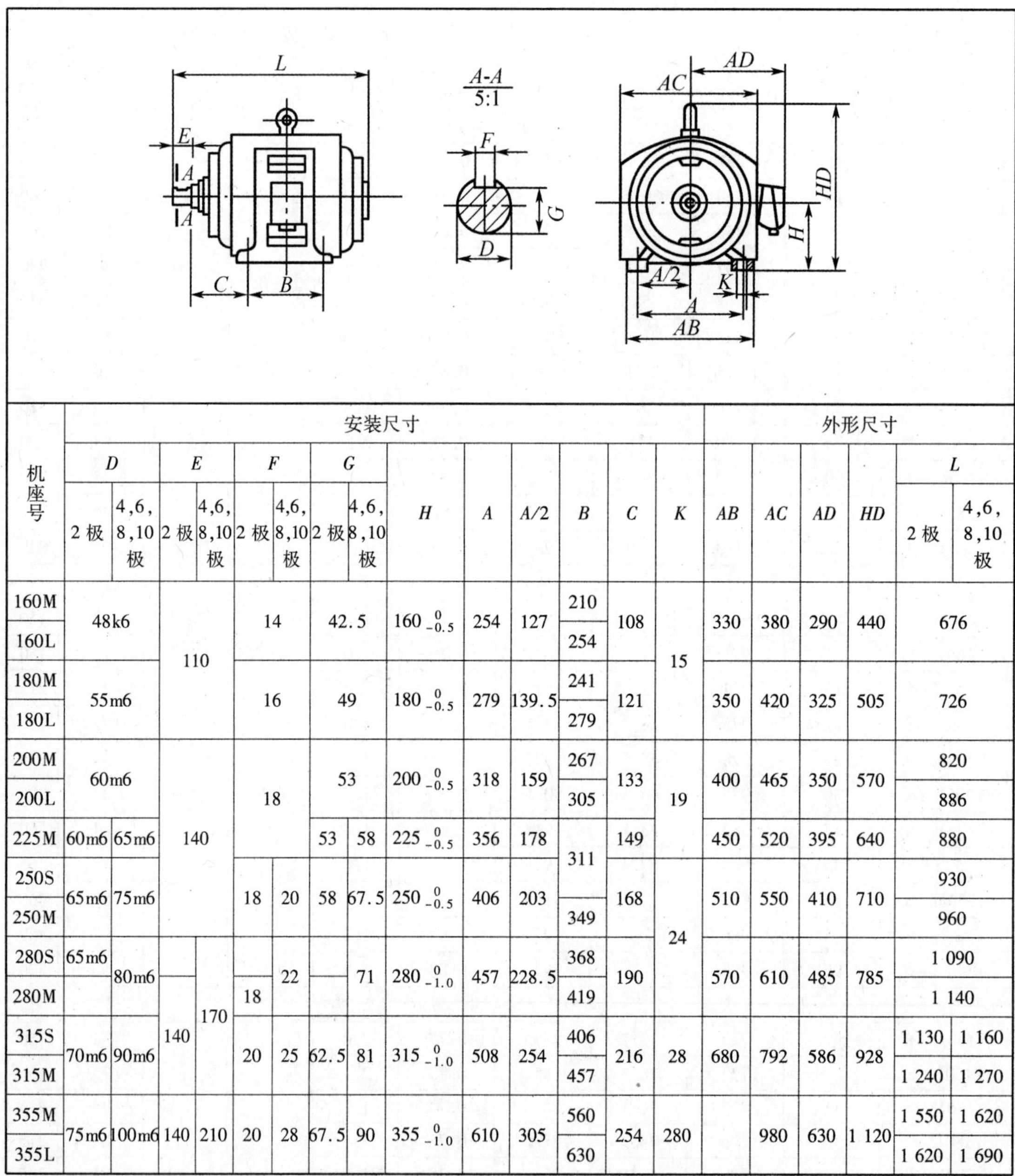

<table>
<tr><th rowspan="3">机座号</th><th colspan="14">安装尺寸</th><th colspan="6">外形尺寸</th></tr>
<tr><th colspan="2">D</th><th colspan="2">E</th><th colspan="2">F</th><th colspan="2">G</th><th rowspan="2">H</th><th rowspan="2">A</th><th rowspan="2">A/2</th><th rowspan="2">B</th><th rowspan="2">C</th><th rowspan="2">K</th><th rowspan="2">AB</th><th rowspan="2">AC</th><th rowspan="2">AD</th><th rowspan="2">HD</th><th colspan="2">L</th></tr>
<tr><th>2 极</th><th>4,6,8,10 极</th><th>2 极</th><th>4,6,8,10 极</th><th>2 极</th><th>4,6,8,10 极</th><th>2 极</th><th>4,6,8,10 极</th><th>2 极</th><th>4,6,8,10 极</th></tr>
<tr><td>160M</td><td colspan="2" rowspan="2">48k6</td><td colspan="2" rowspan="4">110</td><td colspan="2" rowspan="2">14</td><td colspan="2" rowspan="2">42.5</td><td rowspan="2">$160_{-0.5}^{0}$</td><td rowspan="2">254</td><td rowspan="2">127</td><td>210</td><td rowspan="2">108</td><td rowspan="4">15</td><td rowspan="2">330</td><td rowspan="2">380</td><td rowspan="2">290</td><td rowspan="2">440</td><td colspan="2" rowspan="2">676</td></tr>
<tr><td>160L</td><td>254</td></tr>
<tr><td>180M</td><td colspan="2" rowspan="2">55m6</td><td colspan="2" rowspan="2">16</td><td colspan="2" rowspan="2">49</td><td rowspan="2">$180_{-0.5}^{0}$</td><td rowspan="2">279</td><td rowspan="2">139.5</td><td>241</td><td rowspan="2">121</td><td rowspan="2">350</td><td rowspan="2">420</td><td rowspan="2">325</td><td rowspan="2">505</td><td colspan="2" rowspan="2">726</td></tr>
<tr><td>180L</td><td>279</td></tr>
<tr><td>200M</td><td colspan="2" rowspan="2">60m6</td><td colspan="2" rowspan="5">140</td><td colspan="2" rowspan="3">18</td><td colspan="2" rowspan="2">53</td><td rowspan="2">$200_{-0.5}^{0}$</td><td rowspan="2">318</td><td rowspan="2">159</td><td>267</td><td rowspan="2">133</td><td rowspan="3">19</td><td rowspan="2">400</td><td rowspan="2">465</td><td rowspan="2">350</td><td rowspan="2">570</td><td colspan="2">820</td></tr>
<tr><td>200L</td><td>305</td><td colspan="2">886</td></tr>
<tr><td>225M</td><td>60m6</td><td>65m6</td><td>53</td><td>58</td><td>$225_{-0.5}^{0}$</td><td>356</td><td>178</td><td rowspan="2">311</td><td>149</td><td>450</td><td>520</td><td>395</td><td>640</td><td colspan="2">880</td></tr>
<tr><td>250S</td><td rowspan="2">65m6</td><td rowspan="2">75m6</td><td rowspan="2">18</td><td rowspan="2">20</td><td rowspan="2">58</td><td rowspan="2">67.5</td><td rowspan="2">$250_{-0.5}^{0}$</td><td rowspan="2">406</td><td rowspan="2">203</td><td rowspan="2">168</td><td rowspan="4">24</td><td rowspan="2">510</td><td rowspan="2">550</td><td rowspan="2">410</td><td rowspan="2">710</td><td colspan="2">930</td></tr>
<tr><td>250M</td><td>349</td><td colspan="2">960</td></tr>
<tr><td>280S</td><td>65m6</td><td rowspan="2">80m6</td><td></td><td rowspan="4">170</td><td></td><td rowspan="2">22</td><td></td><td rowspan="2">71</td><td rowspan="2">$280_{-1.0}^{0}$</td><td rowspan="2">457</td><td rowspan="2">228.5</td><td>368</td><td rowspan="2">190</td><td rowspan="2">570</td><td rowspan="2">610</td><td rowspan="2">485</td><td rowspan="2">785</td><td colspan="2">1 090</td></tr>
<tr><td>280M</td><td></td><td rowspan="3">140</td><td>18</td><td></td><td>419</td><td colspan="2">1 140</td></tr>
<tr><td>315S</td><td rowspan="2">70m6</td><td rowspan="2">90m6</td><td rowspan="2">20</td><td rowspan="2">25</td><td rowspan="2">62.5</td><td rowspan="2">81</td><td rowspan="2">$315_{-1.0}^{0}$</td><td rowspan="2">508</td><td rowspan="2">254</td><td>406</td><td rowspan="2">216</td><td rowspan="2">28</td><td rowspan="2">680</td><td rowspan="2">792</td><td rowspan="2">586</td><td rowspan="2">928</td><td>1 130</td><td>1 160</td></tr>
<tr><td>315M</td><td>457</td><td>1 240</td><td>1 270</td></tr>
<tr><td>355M</td><td rowspan="2">75m6</td><td rowspan="2">100m6</td><td rowspan="2">140</td><td rowspan="2">210</td><td rowspan="2">20</td><td rowspan="2">28</td><td rowspan="2">67.5</td><td rowspan="2">90</td><td rowspan="2">$355_{-1.0}^{0}$</td><td rowspan="2">610</td><td rowspan="2">305</td><td>560</td><td rowspan="2">254</td><td rowspan="2">280</td><td rowspan="2"></td><td rowspan="2">980</td><td rowspan="2">630</td><td rowspan="2">1 120</td><td>1 550</td><td>1 620</td></tr>
<tr><td>355L</td><td>630</td><td>1 620</td><td>1 690</td></tr>
</table>

2. Y 系列(IP44)三相异步电动机(摘自 JB/T 9616—1999)

Y 系列(IP44)三相异步电动机的技术数据、安装尺寸及外形尺寸如表 14－5～表 14－7 所示。

表 14-5 Y系列(IP44)三相异步电动机技术数据

型号	额定功率 P/kW	满载时				堵转转矩	堵转电流	最大转矩	噪声/dB (A声级) 2级	净质量 /kg
		转速/ ($r \cdot min^{-1}$)	电流/A	效率/%	功率因数 $\cos\varphi$	额定转矩	额定电流	额定转矩		
同步转速 n=3 000 r/min										
Y801-2	0.75	2 830	1.81	75	0.84	2.2	6.5		71	17
Y802-2	1.1	2 830	2.52	77	0.86	2.2			71	18
Y90S-2	1.5	2 840	3.44	78	0.86	2.2			75	22
Y90L-2	2.2	2 840	4.74	80.5	0.86	2.2			75	25
Y100L-2	3.0	2 880	6.39	82	0.87	2.2		2.3	79	34
Y112M-2	4.0	2 890	8.17	85.5	0.87	2.2			79	45
Y132S1-2	5.5	2 900	11.1	85.5	0.87	2.0			83	67
Y132S2-2	7.5	2 900	15.0	86.2	0.88	2.0			83	72
Y160M1-2	11.0	2 930	21.8	87.2	0.88	2.0			87	115
Y160M2-2	15.0	2 930	29.4	88.2	0.88	2.0	7.0		87	125
Y160L-2	18.5	2 930	35.5	89	0.89	2.0			87	147
Y180M-2	22.0	2 940	42.2	89	0.89	2.0			92	173
Y200L1-2	30.0	2 950	56.9	90	0.89	2.0			95	232
Y200L2-2	37.0	2 950	69.8	90.5	0.89	2.0			95	250
Y225M-2	45.0	2 970	83.9	91.5	0.89	2.0			97	312
Y250M-2	55.0	2 970	103	91.5	0.89	2.0		2.2	97	387
Y280S-2	75.0	2 970	140	92	0.89	2.0			99	515
Y280M-2	90.0	2 970	167	92.5	0.89	2.0			99	566
Y315S-2	110	2 980	203	92.5	0.89	1.8			104	922
Y315M-2	132	2 980	242	93	0.89	1.8	6.8		104	1 010
Y315L1-2	160	2 980	292	93.5	0.89	1.8			104	1 085
同步转速 n=1 500 r/min										
Y801-4	0.55	1 390	1.51	73	0.76	2.3	6.0		67	17
Y802-4	0.75	1 390	2.01	74.5	0.76	2.3			67	17
Y90S-4	1.1	1 400	2.75	78	0.78	2.3	6.5		67	25
Y90L-4	1.5	1 440	3.65	79	0.79	2.3			67	26
Y100L1-4	2.2	1 430	5.03	81	0.82	2.2			70	34
Y100L2-4	3.0	1 430	6.82	82.5	0.81	2.2		2.3	70	35
Y112M-4	4.0	1 440	8.77	84.5	0.82	2.2			74	47
Y132S-4	5.5	1 440	11.6	85.5	0.84	2.2			78	68
Y132M-4	7.5	1 440	15.4	87	0.85	2.2			78	79
Y160M-4	11.0	1 460	22.6	88	0.84	2.2			82	122
Y160L-4	15.0	1 460	30.3	88.5	0.85	2.2			82	142

表 14－5 (续1)

型号	额定功率 P/kW	满载时				堵转转矩/额定转矩	堵转电流/额定电流	最大转矩/额定转矩	噪声/dB (A声级) 2级	净质量/kg
		转速/(r·min^{-1})	电流/A	效率/%	功率因数 $\cos\varphi$					
同步转速 n＝1 500 r/min										
Y180M－4	18.5	1 470	35.9	91	0.86	2.0	7.0	2.2	82	174
Y180L－4	22.0	1 470	42.5	91.5	0.86	2.0			82	192
Y200L－4	30.0	1 470	56.8	92.2	0.87	2.0			84	253
Y225S－5	37.0	1 480	70.4	91.8	0.87	1.9			84	294
Y225M－4	45.0	1 480	84.2	92.3	0.88	1.9			84	327
Y250M－4	55.0	1 480	103	92.6	0.88	2.0			86	381
Y280S－4	75.0	1 480	140	92.7	0.88	1.9			90	535
Y280M－4	90.0	1 480	164	93.5	0.89	1.9			90	634
Y315S－4	110	1 480	201	93.5	0.89	1.8	6.8		98	912
Y315M－4	132	1 480	240	94	0.89	1.8			101	1 048
Y315L1－4	160	1 480	289	94.5	0.89	1.8			101	1 105
同步转速 n＝1 000 r/min										
Y90S－6	0.75	910	2.3	72.5	0.70	2.0	5.5	2.2	65	23
Y90L－6	1.1	910	3.2	73.5	0.72	2.0			65	25
Y100L－6	1.5	940	4.0	77.5	0.74	2.0	6.0		67	33
Y112M－6	2.2	940	5.0	80.5	0.74	2.0			67	45
Y132S－6	3	960	7.23	83	0.76	2.0	6.5		71	63
Y132M1－6	4	960	9.40	84	0.77	2.0			71	73
Y132M2－6	5.5	960	12.6	85.3	0.78	2.0			71	84
Y160M－6	7.5	970	17.0	86	0.78	2.0		2.0	75	119
Y160L－6	11	970	24.6	87	0.78	2.0			75	147
Y180L－6	15	970	31.4	89.5	0.81	2.0	6.5		78	195
Y200L1－6	18.5	970	37.7	89.8	0.83	1.8			78	220
Y200L2－6	22	970	44.6	90.2	0.83	1.8			78	250
Y225M－6	30	980	59.5	90.2	0.85	1.8			81	292
Y250M－6	37	980	72	90.8	0.86	1.7			81	408
Y280S－6	45	980	85.4	92	0.87	1.8			84	536
Y280M－6	55	980	104	92	0.87	1.8			84	595
Y315S－6	75	990	141	92.8	0.87	1.8			92	990
Y315M－6	90	990	169	93.2	0.87	1.6			92	1 080
Y315L1－6	110	990	206	93.5	0.87	1.6			92	1 150
Y315L2－6	132	990	246	93.8	0.87	1.6			92	1 210

表 14－5 （续2）

型号	额定功率 P/kW	满载时				堵转转矩/额定转矩	堵转电流/额定电流	最大转矩/额定转矩	噪声/dB (A声级) 2级	净质量/kg
		转速/(r·min^{-1})	电流/A	效率/%	功率因数 $\cos\varphi$					
同步转速 n＝750 r/min										
Y132S－8	2.2	710	5.81	81	0.71	2.0	5.5	2.0	66	63
Y132M－8	3	710	7.72	82	0.72	2.0			66	79
Y160M1－8	4	720	9.91	84	0.73	2.0	6		69	118
Y160M2－8	5.5	720	13.3	85	0.74	2.0			69	119
Y160L－8	7.5	720	17.7	86	0.75	2.0	5.5		72	145
Y180L－8	11	730	24.8	87.5	0.77	1.7	6		72	184
Y200L－8	15	730	34.1	88	0.76	1.8			75	250
Y225S－8	18.5	730	41.3	89.5	0.76	1.7			75	266
Y225M－8	22	730	47.6	90	0.78	1.8			75	292
Y250M－8	30	730	63.0	90.5	0.80	1.8			78	405
Y280S－8	37	740	78.2	91	0.79	1.8			78	520
Y280M－8	45	740	93.2	91.7	0.80	1.8			78	592
Y315S－8	55	740	114	92	0.80	1.6	6.5		87	1 000
Y315M1－8	75	740	152	92.5	0.81	1.6			87	1 100
Y315M2－8	90	740	179	93	0.82	1.6			87	1 160
Y315L－8	110	740	218	93.3	0.82	1.6	6.3		87	1 123
Y315S－10	45	590	101	91.5	0.74	1.4	6.0		87	990
Y315M－10	55	590	123	92	0.74	1.4			87	1 150
Y315L2－10	75	590	164	92.5	0.75	1.4			87	1 220

表 14－6 Y 系列(IP44)三相异步电动机 B3 安装尺寸及外形尺寸 （单位:mm）

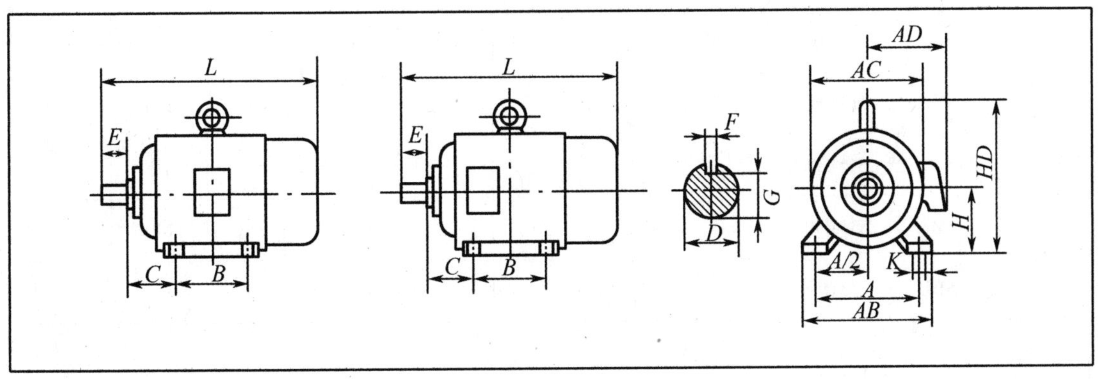

表 14-6 (续1)

<table>
<tr><th rowspan="2">机座号</th><th colspan="2">国际标准机座号</th><th colspan="2">D</th><th colspan="2">F</th><th colspan="2">G</th><th colspan="2">E</th></tr>
<tr><th>2 极</th><th>4,6,8,10 极</th><th>2 极</th><th>4,6,8,10 极</th><th>2 极</th><th>4,6,8,10 极</th><th>2 极</th><th>4,6,8,10 极</th><th>2 极</th><th>4,6,8,10 极</th></tr>
<tr><td>80</td><td colspan="2">80-10</td><td colspan="2">19j6</td><td colspan="2">6</td><td colspan="2">16.5</td><td colspan="2">40</td></tr>
<tr><td>90S</td><td colspan="2">90S24</td><td colspan="2" rowspan="2">24j6</td><td colspan="2" rowspan="4">8</td><td colspan="2" rowspan="2">20</td><td colspan="2" rowspan="2">50</td></tr>
<tr><td>90L</td><td colspan="2">90L24</td></tr>
<tr><td>100L</td><td colspan="2">100L28</td><td colspan="2" rowspan="2">28j6</td><td colspan="2" rowspan="2">24</td><td colspan="2" rowspan="2">60</td></tr>
<tr><td>112M</td><td colspan="2">112M28</td></tr>
<tr><td>132S</td><td colspan="2">132S38</td><td colspan="2" rowspan="2">38k6</td><td colspan="2" rowspan="2">10</td><td colspan="2" rowspan="2">33</td><td colspan="2" rowspan="2">80</td></tr>
<tr><td>132M</td><td colspan="2">132M38</td></tr>
<tr><td>160M</td><td colspan="2">160M42</td><td colspan="2" rowspan="2">42k6</td><td colspan="2" rowspan="2">12</td><td colspan="2" rowspan="2">37</td><td colspan="2" rowspan="5">110</td></tr>
<tr><td>160L</td><td colspan="2">160L42</td></tr>
<tr><td>180M</td><td colspan="2">180M48</td><td colspan="2" rowspan="2">48k6</td><td colspan="2" rowspan="2">14</td><td colspan="2" rowspan="2">42.5</td></tr>
<tr><td>180L</td><td colspan="2">180L48</td></tr>
<tr><td>200L</td><td colspan="2">200L65</td><td colspan="2">55m6</td><td colspan="2">16</td><td colspan="2">49</td></tr>
<tr><td>225S</td><td></td><td>225S60</td><td></td><td rowspan="2">60m6</td><td></td><td rowspan="3">18</td><td></td><td rowspan="2">T53</td><td></td><td rowspan="2">140</td></tr>
<tr><td>225M</td><td>225M55</td><td>225M60</td><td>55m6</td><td>16</td><td>49</td><td>110</td></tr>
<tr><td>250M</td><td>250M60</td><td>250M65</td><td>60m6</td><td>65m6</td><td rowspan="6">18</td><td>53</td><td>58</td><td rowspan="3">140</td><td rowspan="3">140</td></tr>
<tr><td>280S</td><td>280S65</td><td>280S75</td><td rowspan="5">65m6</td><td rowspan="2">75m6</td><td rowspan="2">20</td><td rowspan="5">58</td><td rowspan="2">67.5</td></tr>
<tr><td>280M</td><td>280M65</td><td>280M75</td></tr>
<tr><td>315S</td><td>315S65</td><td>315S80</td><td rowspan="3">80m6</td><td rowspan="3">22</td><td rowspan="3">71</td><td rowspan="3">140</td><td rowspan="3">170</td></tr>
<tr><td>315M</td><td>315M65</td><td>315M80</td></tr>
<tr><td>315L</td><td>315L65</td><td>315L80</td></tr>
<tr><td>355M</td><td>355M75</td><td>355M90</td><td>75m6</td><td>95m6</td><td>20</td><td>25</td><td>67.5</td><td>86</td><td>140</td><td>170</td></tr>
<tr><td>355L</td><td>355L75</td><td>355L90</td><td>75m6</td><td>95m6</td><td>20</td><td>25</td><td>67.5</td><td>86</td><td>140</td><td>170</td></tr>
</table>

表 14－6 （续2）

<table>
<tr><th rowspan="2">机座号</th><th rowspan="2">K</th><th rowspan="2">H</th><th rowspan="2">A</th><th rowspan="2">A/2</th><th rowspan="2">B</th><th rowspan="2">C</th><th rowspan="2">AB</th><th rowspan="2">AC</th><th rowspan="2">AD</th><th rowspan="2">HD</th><th colspan="2">L</th></tr>
<tr><th>2极</th><th>4,6,8,10极</th></tr>
<tr><td>80</td><td rowspan="3">10</td><td>$80_{-0.5}^{0}$</td><td>125</td><td>62.5</td><td rowspan="2">100</td><td>50</td><td>165</td><td>175</td><td>150</td><td>175</td><td colspan="2">290</td></tr>
<tr><td>90S</td><td rowspan="2">$90_{-0.5}^{0}$</td><td rowspan="2">140</td><td rowspan="2">70</td><td rowspan="2">56</td><td rowspan="2">180</td><td rowspan="2">195</td><td rowspan="2">160</td><td rowspan="2">195</td><td colspan="2">315</td></tr>
<tr><td>90L</td><td>125</td><td colspan="2">340</td></tr>
<tr><td>100L</td><td rowspan="4">12</td><td>$100_{-0.5}^{0}$</td><td>160</td><td>80</td><td rowspan="3">140</td><td>63</td><td>205</td><td>215</td><td>180</td><td>245</td><td colspan="2">380</td></tr>
<tr><td>112M</td><td>$112_{-0.5}^{0}$</td><td>190</td><td>95</td><td>70</td><td>245</td><td>240</td><td>190</td><td>265</td><td colspan="2">400</td></tr>
<tr><td>132S</td><td rowspan="2">$132_{-0.5}^{0}$</td><td rowspan="2">216</td><td rowspan="2">108</td><td rowspan="2">89</td><td rowspan="2">280</td><td rowspan="2">275</td><td rowspan="2">210</td><td rowspan="2">315</td><td colspan="2">475</td></tr>
<tr><td>132M</td><td>178</td><td colspan="2">515</td></tr>
<tr><td>160M</td><td rowspan="4">15</td><td rowspan="2">$160_{-0.5}^{0}$</td><td rowspan="2">254</td><td rowspan="2">127</td><td>210</td><td rowspan="2">108</td><td rowspan="2">330</td><td rowspan="2">335</td><td rowspan="2">265</td><td rowspan="2">385</td><td colspan="2">605</td></tr>
<tr><td>160L</td><td>254</td><td colspan="2">650</td></tr>
<tr><td>180M</td><td rowspan="2">$180_{-0.5}^{0}$</td><td rowspan="2">279</td><td rowspan="2">139.5</td><td>241</td><td rowspan="2">121</td><td rowspan="2">355</td><td rowspan="2">380</td><td rowspan="2">285</td><td rowspan="2">430</td><td colspan="2">670</td></tr>
<tr><td>180L</td><td>279</td><td colspan="2">710</td></tr>
<tr><td>200L</td><td rowspan="3">19</td><td>$200_{-0.5}^{0}$</td><td>318</td><td>159</td><td>305</td><td>133</td><td>395</td><td>420</td><td>315</td><td>475</td><td colspan="2">775</td></tr>
<tr><td>225S</td><td rowspan="2">$225_{-0.5}^{0}$</td><td rowspan="2">356</td><td rowspan="2">178</td><td>286</td><td rowspan="2">149</td><td rowspan="2">435</td><td rowspan="2">475</td><td rowspan="2">345</td><td rowspan="2">530</td><td></td><td>820</td></tr>
<tr><td>225M</td><td>311</td><td>815</td><td>845</td></tr>
<tr><td>250M</td><td rowspan="3">24</td><td>$250_{-0.5}^{0}$</td><td>406</td><td>203</td><td>349</td><td>168</td><td>490</td><td>515</td><td>385</td><td>575</td><td colspan="2">930</td></tr>
<tr><td>280S</td><td rowspan="2">$280_{-1.0}^{0}$</td><td rowspan="2">457</td><td rowspan="2">228.5</td><td>368</td><td rowspan="2">190</td><td rowspan="2">550</td><td rowspan="2">580</td><td rowspan="2">410</td><td rowspan="2">640</td><td colspan="2">1 000</td></tr>
<tr><td>280M</td><td>419</td><td colspan="2">1 050</td></tr>
<tr><td>315S</td><td rowspan="3">28</td><td rowspan="3">$315_{-1.0}^{0}$</td><td rowspan="3">508</td><td rowspan="3">254</td><td>406</td><td rowspan="3">216</td><td rowspan="3">744</td><td rowspan="3">645</td><td rowspan="3">576</td><td rowspan="3">865</td><td>1 240</td><td>1 270</td></tr>
<tr><td>315M</td><td>457</td><td rowspan="2">1 310</td><td rowspan="2">1 340</td></tr>
<tr><td>315L</td><td>503</td></tr>
<tr><td>355M</td><td>28</td><td rowspan="2">$355_{-1.0}^{0}$</td><td rowspan="2">610</td><td rowspan="2">305</td><td>560</td><td rowspan="2">254</td><td rowspan="2">740</td><td rowspan="2">750</td><td rowspan="2">380</td><td rowspan="2">1035</td><td rowspan="2">1 540</td><td rowspan="2">1 570</td></tr>
<tr><td>355L</td><td>28</td><td>630</td></tr>
</table>

表 14 −7　Y 系列(IP44)三相异步电动机 B35 安装尺寸及外形尺寸

(单位:mm)

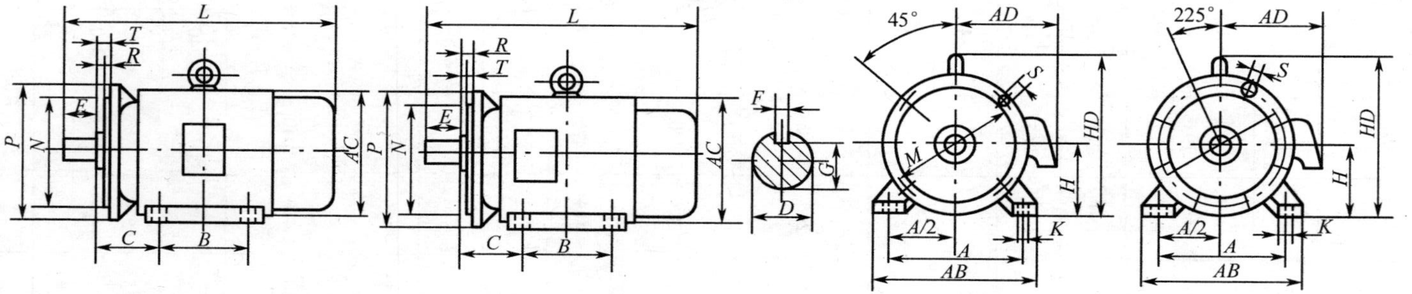

80~132

160~355

80~200

255~355

机座号	国际标准机座号		D		F		G		E	
	2 极	4,6,8,10 极	2 极	4,6,8,10 极	2 极	4,6,8,10 极	2 极	4,6,8,10 极	2 极	4,6,8,10 极
80	80 − 19F165		19j6		6		15.5		40	
90S	90S24F165		24j6		8		20		50	
90L	90L24F165									
100L	100L28F195		28j6				24		60	
112M	112M28F215									
132S	132S38F265		38k6		10		33		80	
132M	132M38F265									
160M	160M42F300		42k6		12		37		110	
160L	160L42F300									
180M	180M48F300		48k6		14		42.5			
180L	180L48F300		55m6		16		49			
200L	200L55F350									
225S		255S60F400		60m6		18		53		140
225M	225M60F400	225M60F400	55m6		16		49		110	

表 14－7　（续 1）

机座号	国际标准机座号		D		F		G		E	
	2 极	4,6,8,10 极	2 极	4,6,8,10 极	2 极	4,6,8,10 极	2 极	4,6,8,10 极	2 极	4,6,8,10 极
250M	250M55F500	250M65F500	60m6	65m6	18		53	58	140	
280S	280S65F500	280S75F500	65m6	75m6	18	20	58	67.5		
280M	280M65F500	280M75F500								
315S	315S65F600	315S80F600		80m6	18	22		71	140	170
315M	315M65F600	315M80F600								
315L	315M65F600	315L180F600								
355M	355M75F740	355M95F740	75m6	95m6	20	25	67.5	86	140	170
355M	355L75F740	355L95F740	75m6	95m6	20	25	67.5	86	140	170

机座号	K	M	N	P	T	H	S	R	A	B	C	AB	AC	AD	HD	L	
																2 极	4,6,8,10 极
80	10	165	130j6	200	3.5	80	12	0	125	100	50	165	175	150	175	270(350)	
90S						90			140		56	180	195	160	195	315(385)	
90L										125						340(410)	
100L	12	215	180j6	250	4	100	15		160	140	63	205	215	180	245	380(470)	
112M						112			190		70	245	240	190	256	400(475)	
132S		265	230j6	300		132			216		89	280	275	210	315	475(540)	
132M										178						515(580)	
160M	15	300	250j6	350	5	160	19		254	210	108	330	335	265	385	605(695)	
160L										254						650	
180M						180			279	241	121	335	380	285	430	670	
180L										279						710	

表 14 – 7 （续 2）

机座号	K	M	N	P	T	H	S	R	A	B	C	AB	AC	AD	HD	L	
																2 极	4,6,8，10 极
200L	19	350	300js6	400	5	200	19	0	318	305	133	395	420	315	475	775	
225S		400	350js6	450		225	19		356	286	149	435	475	345	530		820
225M										311							845
250M	24	500	450js6	550		250			406	349	168	490	515	385	575	930	
280S						280			457	368	190	550	585	410	640	1 000	
280M										419						1 050	
315S	28	600	550js6	660	6	315	24		508	406	216	744	645	576	865	1 310	1 340
315M										457						1 310	1 340
315L																1 310	1 340
355M	28	740	680js6	800		335			610	560	254	740	750	680	1035	1 540	1 570
355M	28									630						1 540	1 570

注:(　　)中的值是 JB/T 6448—1992 规定的 L 值。

第 15 章　公差配合与表面粗糙度

15.1　极限与配合

基本尺寸至 500 mm 的孔、轴公差带所用标准如表 15－1 所示。

表 15－1　基本尺寸至 500 mm 的孔、轴公差带(摘自 GB/T 1801—1999)

孔								H1		Js1											
								H2		Js2											
								H3		Js3											
								H4		Js4	K4	M4									
							G5	H5		Js5	K5	M5	N5	P5	R5	S5					
						F6	G6	H6	J6	Js6	K6	M6	N6	P6	R6	S6	T6	U6	V6	X6	Y6	Z6
				D7	E7	F7	G7	H7	J7	Js7	K7	M7	N7	P7	R7	S7	T7	U7	V7	X7	Y7	Z7
			C8	D8	E8	F8	G8	H8	J8	Js8	K8	M8	N8	P8	R8	S8	T8	U8	V8	X8	Y8	Z8
	A9	B9	C9	D9	E9	F9		H9		Js9			N9	P9							
	A10	B10	C10	D10	E10			H10		Js10											
	A11	B11	C11	D11				H11		Js11											
	A12	B12	C12					H12		Js12											
								H13		Js13											
轴								h1		js1											
								h2		js2											
								h3		js3											
							g4	h4		js4	k4	m4	n4	p4	r4	s4					
						f5	g5	h5	j5	js5	k5	m5	n5	p5	r5	s5	t5	u5	v5	x5		
					e6	f6	g6	h6	j6	js6	k6	m6	n6	p6	r6	s6	t6	u6	v6	x6	y6	z6
				d7	e7	f7	g7	h7	j7	js7	k7	m7	n7	p7	r7	s7	t7	u7	v7	x7	y7	z7
			c8	d8	e8	f8	g8	h8		js8	k8	m8	n8	p8	r8	s8	t8	u8	v8	x8	y8	z8
	a9	b9	c9	d9	e9	f9		h9		js9											
	a10	b10	c10	d10	e10			h10		js10											
	a11	b11	c11	d11				h11		js11											
	a12	b12	c12					h12		js12											
	a13	b13						h13		js13											

基本制优先和常用配合所用标准如表 15－2 所示。

表 15－2 基孔制优先和常用配合（摘自 GB/T 1801—1999）

基准孔	轴																				
	a	b	c	d	e	f	g	h	js	k	m	n	p	r	s	t	u	v	x	y	z
	间隙配合								过渡配合			过盈配合									
H6						H6/f5	H6/g5	H6/h5	H6/js5	H6/k5	H6/m5	H6/n5	H6/p5	H6/r5	H6/s5	H6/t5					
H7						H7/f6	H7/g6	H7/h6	H7/js6	H7/k6	H7/m6	H7/n6	H7/p6	H7/r6	H7/s6	H7/t6	H7/u6	H7/v6	H7/x6	H7/y6	H7/z6
H8					H8/e7	H8/f7	H8/g7	H8/h7	H8/js7	H8/k7	H8/m7	H8/n7	H8/p7	H8/r7	H8/s7	H8/t7	H8/u7	H8/v7	H8/x7	H8/y7	H8/z7
H8				H8/d8	H8/e8	H8/f8		H8/h8													
H9			H9/c9	H9/d9	H9/e9	H9/f9		H9/h9													
H10			H10/c10	H10/d10				H10/h10													
H11	H11/a11	H11/b11	H11/c11	H11/d11				H11/h11													
H12		H12/b12						H12/h12													

基轴制优先和常用配合所用标准如表 15－3 所示。

表 15－3 基轴制优先和常用配合（摘自 GB/T 1801—1999）

基准轴	孔																				
	A	B	C	D	E	F	G	H	JS	K	M	N	P	R	S	T	U	V	X	Y	Z
	间隙配合								过渡配合			过盈配合									
h5						F6/h5	G6/h5	H6/h5	JS6/h5	K6/h5	M6/h5	N6/h5	P6/h5	R6/h5	S6/h5	T6/h5					
h6						F7/h6	G7/h6	H7/h6	JS7/h6	K7/h6	M7/h6	N7/h6	P7/h6	R7/h6	S7/h6	T7/h6	U7/h6				
H7					E8/e7	F8/h7		H8/h7	JS8/h7	K8/h7	M8/h7	N8/h7									
h8				D8/d8	E8/e8	F8/h8		H8/h8													
h9				D9/d9	E9/e9	F9/h9		H9/h9													
h10				D10/d10				H10/h10													
h11	A11/h11	B11/h11	C11/h11	D11/h11				H11/h11													
h12		B12/h12						H12/h12													

15.2　表面粗糙度

表面粗糙度所用标准如表 15－4～表 15－6 所示。

表 15－4　轴、孔公差等级与表面粗糙度的对应关系

公差等级	轴		孔	
	基本尺寸/mm	粗糙度参数 R_a/μm	基本尺寸/mm	粗糙度参数 R_a/μm
IT5	≤6	0.10	≤6	0.10
	>6～30	0.20	>6～30	0.20
	>30～180	0.40	>30～180	0.40
	>180～500	0.80	>180～500	0.80
IT6	≤10	0.20	≤50	0.40
	>10～80	0.40	>50～250	0.80
	>80～250	0.80		
	>250～500	1.60	>250～500	1.60
IT7	≤6	0.40	≤6	0.40
	>6～120	0.80	>6～80	0.80
	>120～500	1.60	>80～500	1.60
IT8	≤3	0.40	≤3	0.40
	>3～50	0.80	>3～30	0.80
			>30～250	1.60
	>50～500	1.60	>250～500	3.20
IT9	≤6	0.80	≤6	0.80
	>6～120	1.60	>6～120	1.60
	>120～400	3.20	>120～400	3.20
	>400～500	6.30	>400～500	6.30
IT10	≤10	1.60	≤10	1.60
	>10～120	3.20	>10～180	3.20
	>120～500	6.30	>180～500	6.30
IT11	≤10	1.60	≤10	1.60
	>10～120	3.20	>10～120	3.20
	>120～500	6.30	>120～500	6.30
IT12	≤80	3.20	≤80	3.20
	>80～250	6.30	>80～250	6.30
	>250～500	12.50	>250～500	12.50
IT13	≤30	3.20	≤30	3.20
	>30～120	6.30	>30～120	6.30
	>120～500	6.30	>120～500	12.5

表 15-5 表面粗糙度与加工方法的关系 (单位:μm)

粗糙度代号		$R_a=25$	$R_a=15.5$	$R_a=6.3$	$R_a=3.2$	$R_a=1.6$	$R_a=0.8$	$R_a=0.4$	$R_a=0.2$
表面形状	除净毛刺	微见刀痕	可见加工痕迹	微见加工痕迹	看不见加工痕迹	可辨加工痕迹方向	微辨加工痕迹方向	不可辨加工痕迹方向	暗光泽面
加工方法	铸、锻、冲压、热轧、冷轧、粉末冶金	粗车、刨、立铣、平铣、钻	车、镗、刨、钻、平铣、立铣、锉、粗铰、磨、铣齿	车、镗、刨铣、刮 1~2 点/cm^2、拉、磨、锉、滚压、铣齿	车、镗、刨、铣、铰、拉、磨、滚压、铣齿、刮 1~2 点/cm^2	车、镗、拉、磨、立铣、铰、滚压、刮3~10 点/cm^2	铰、磨、镗、拉、滚压、刮3~10 点/cm^2	布轮磨、磨、研磨、超级加工	超级加工

表 15-6 齿轮各面的表面粗糙度推荐值 (单位:μm)

<table>
<tr><th rowspan="2">各面的粗糙度 R_a</th><th colspan="7">齿轮的精度等级</th></tr>
<tr><th>5</th><th>6</th><th colspan="2">7</th><th>8</th><th colspan="2">9</th></tr>
<tr><td>轮齿齿面</td><td>0.32~0.63</td><td>0.63~1.25</td><td>1.25</td><td>2.5</td><td>5(2.5)</td><td>5</td><td>10</td></tr>
<tr><td>齿面加工方法</td><td>磨齿</td><td>磨或珩齿</td><td>剃或珩齿</td><td>精插精铣</td><td>插齿或滚齿</td><td>滚齿</td><td>铣齿</td></tr>
<tr><td>齿轮基准孔</td><td>0.32~0.63</td><td>1.25</td><td colspan="3">1.25~2.5</td><td colspan="2">5</td></tr>
<tr><td>齿轮轴基准轴颈</td><td>0.32</td><td>0.63</td><td colspan="3">1.25</td><td colspan="2">2.5</td></tr>
<tr><td>齿轮基准端面</td><td>1.25~2.5</td><td colspan="3">2.5~5</td><td colspan="3">5</td></tr>
<tr><td>齿轮顶圆</td><td>1.25~2.5</td><td colspan="6">5</td></tr>
</table>

第三编 课程设计题目及参考图例

第16章 课程设计题目

16.1 一级减速器的设计(1)

题目:设计带式运输机传动装置中的单级圆柱齿轮减速器,如图16-1所示。

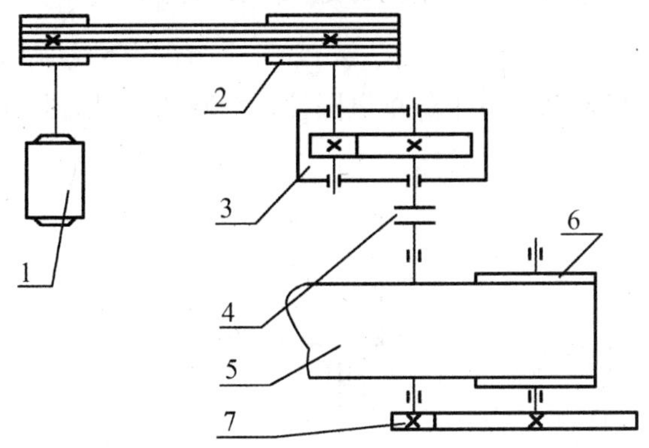

图16-1 带式运输机传动装置

1—电动机;2—V型带传动;3—单级圆柱齿轮减速器;4—联轴器;
5—传送带;6—滚筒;7—开式齿轮传动

1. 已知数据

方 案	1	2	3	4	5
运输带牵引力 F/N	3 000	3 500	3 800	4 000	4 200
运输带速度 v/(m/s)	0.85	0.8	0.9	1.0	0.85
滚筒直径 D/(mm)	300	300	350	400	400

注:题号为三位数,如123,依次为运输带牵引力3 000,运输带速度0.8和滚筒直径350。

2. 工作条件

带式输送机用于送料。两班制,每班工作8小时,常温下连续,单向运转,载荷平稳。输送带滚轮效率为0.96。

3. 使用期限及检修间隔

使用期限为9年,检修间隔为2年。

4. 生产批量及生产条件

小批量生产。

5. 要求完成的工作量

(1)设计说明书一份。
(2)单级圆柱齿轮减速器装配图一张。

16.2 一级减速器的设计(2)

题目:设计胶带输送机传动装置中的单级圆柱齿轮减速器,如图16-2所示。

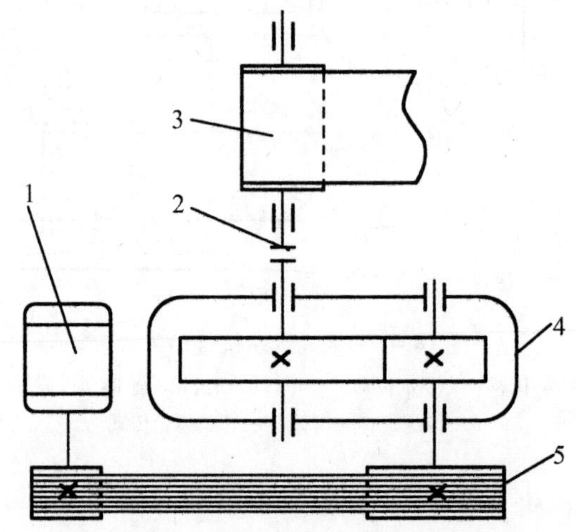

图16-2 胶带输送机传动装置

1—电动机;2—联轴器;3—滚筒;4—单级圆柱齿轮减速器;5—带传动

1. 已知条件

(1) 机械功能:输送地面上的砂、碎石、煤炭、谷物等物料。
(2) 已知参数:带的拉力 F,带的运动速度 v,滚筒直径 D。
(3) 工作情况:单向输送,连续工作,载荷轻度振动,环境温度不超过40 ℃。

(4) 运动要求:滚筒转速误差 ±5% 。
(5) 使用寿命:10 年,每年 350 天,两班工作制。
(6) 检修周期:1 年小修,3 年大修。

2. 原始数据

参数名称（单位）	各方案参数值													
	1	2	3	4	5	6	7	8	9	10	11	12	13	14
F/kN	3.5	4.0	4.2	4.5	4.7	5.0	5.2	5.5	5.8	6.0	6.2	6.5	7.0	7.2
v/(m/s)	1.7	1.6	1.4	2	1.7	2.2	1.7	1.9	2.5	2.3	1.8	2	1.3	1.5
D/(mm)	450	400	380	400	380	400	400	400	450	450	400	450	350	350

注:题号为三位数,如 123,依次为运输带牵引力 3.5 kN,运输带速度 1.6 m/s 和滚筒直径 380 mm。

3. 设计任务

(1)设计内容:电动机选型;带传动设计;一级圆柱齿轮减速器设计;联轴器选型。
(2)设计要求:减速器内的齿轮传动可设计成直齿或斜齿轮传动。
(3)设计工作量:
①单级圆柱齿轮减速器装配图一张;
②设计说明书一份。

16.3　二级减速器的设计(1)

题目:设计一螺旋输送机驱动装置的同轴式二级圆柱齿轮减速器,如图 16－3 所示。

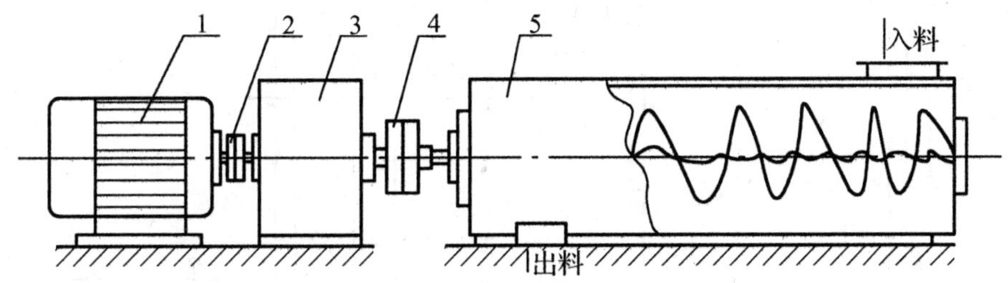

图 16－3　螺旋输送机传动装置

1—电动机;2—联轴器;3—同轴式二级圆柱齿轮减速器;4—联轴器;5—螺旋输送机

1. 已知数据

方案	1	2	3	4	5	6
螺旋轴转矩 $T/(\text{N}\cdot\text{m})$	430	420	440	380	400	410
螺旋轴转速 $n/(\text{r/min})$	60	80	100	140	130	120

注:题号为两位数,如:23,依次为螺旋转矩 420 N·m,螺旋轴转速 100 r/min。

2. 工作条件

两班制工作运送砂石,每班工作8小时,单向运转,螺旋输送机效率为0.92。

3. 使用期限及检修间隔

使用期限为10年,检修间隔为2年。

4. 生产批量

小批量生产。

5. 要求完成的工作量

(1)设计说明书一份。

(2)同轴式二级圆柱齿轮减速器装配图一张。

16.4 二级减速器的设计(2)

题目:设计带式运输机传动装置的展开式二级圆柱齿轮减速器,如图16-4所示。

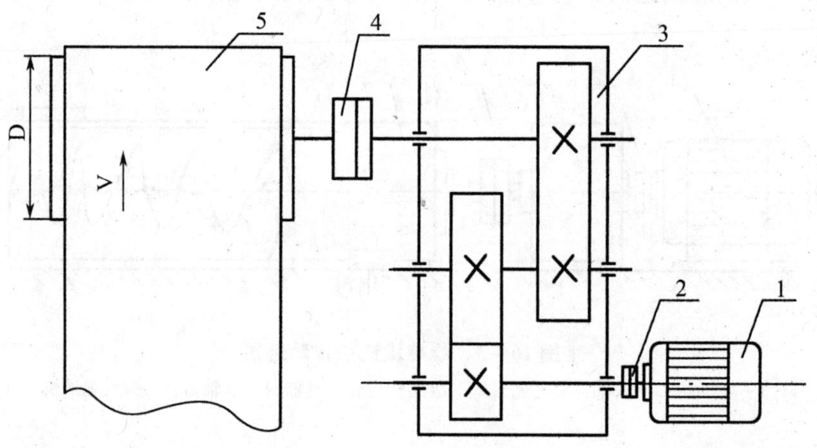

图16-4 带式运输机传动装置

1—电动机;2—联轴器;3—展开式二级圆柱齿轮减速器;4—联轴器;5—输送带

1. 已知数据

方案	1	2	3	4	5	6
运输带牵引力 F/N	1 600	2 000	2 400	2 800	3 200	3 600
运输带速度 V/(m/s)	0.5	0.6	0.8	1.0	1.2	1.4
滚 筒 直 径 D/(mm)	300	400	350	350	400	400

注:题号为三位数,如 123,依次为运输带牵引力 1 600 N,运输带速度 0.6 m/s,滚筒直径 350 mm。

2. 工作条件

带式输送机用于锅炉房送煤;三班制工作;每班工作 8 小时,常温下连续、单向运转,载荷平稳;输送带滚轮效率为 0.97。

3. 使用期限及检修间隔

使用期限为 12 年;检修间隔为 3 年。

4. 生产批量及生产条件

小批量生产(5 台),无铸钢设备。

5. 要求完成工作量

(1)设计说明书一份。
(2)展开式二级圆柱齿轮减速器装配图一张。

16.5　二级减速器的设计(3)

题目:设计输送运输机驱动装置的圆锥－圆柱齿轮减速器,如图 16－5 所示。

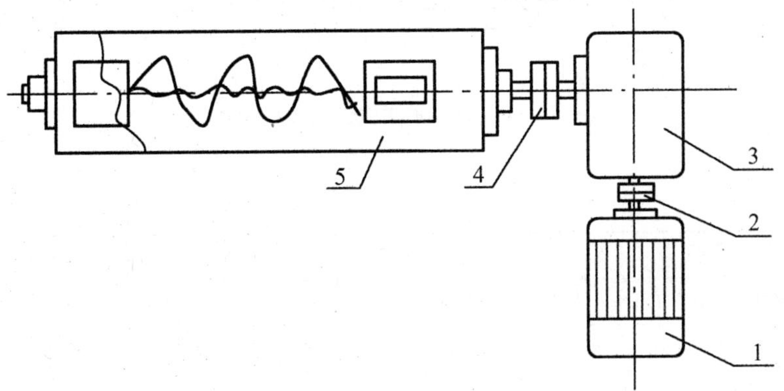

图 16－5　输送运输机传动装置

1—电动机;2—弹性联轴器;3—圆锥圆柱齿轮减速器;4—可移式联轴器;5—螺旋输送机

1. 已知条件

方案	1	2	3	4	5	6
螺旋轴转矩(N·m)	400	350	320	300	280	250
螺旋轴转速(r/min)	60	70	85	110	130	150
输送物料种类	聚乙烯树脂					
工作班制年限	三班制;每班工作8小时,五年,螺旋输送机效率为0.92。					
工作 环境	室内					

注:题号由两位数组成,左数第一位表示转矩序号,第二位表示转速序号。

2. 要求完成工作量

(1)设计说明书一份。
(2)圆锥-圆柱齿轮减速器装配图一张。

16.6 二级减速器的设计(4)

题目:设计一链板式输送机传动装置的圆锥-圆柱齿轮减速器,如图16-6所示。

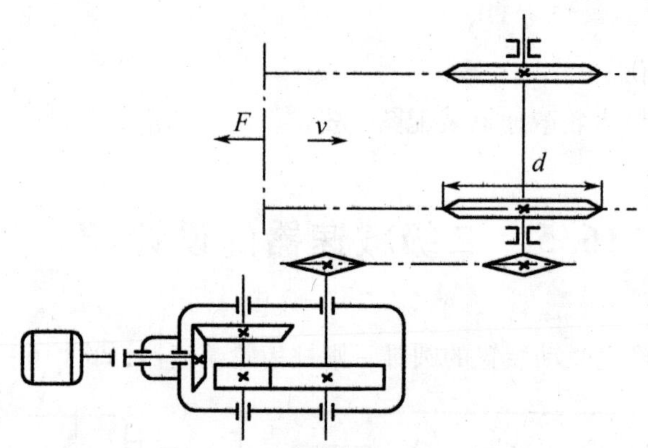

图16-6 链或板式输送机传动装置

1. 已知数据

方案	1	2	3	4	5
输送链的牵引力 F/kN	5	6	7	8	9
输送链的速度 v/(m/s)	0.6	0.5	0.4	0.37	0.35
输送链链轮的节圆直径 d/mm	399	399	383	351	370

注:题号由三位数组成,第一位表示转矩序号,第二位表示转速序号,第三位表示链轮节圆直径。

2. 工作条件

连续单向运转，工作时有轻微振动，使用期 10 年（每年 300 个工作日），小批量生产，两班制工作，输送机工作轴转速允许误差为 ±5%，链板式输送机的传动效率为 0.95。

任务量：

（1）设计说明书一份。

（2）圆锥 - 圆柱齿轮减速器装配图一张。

第 17 章　课程设计参考图例

课程设计参考图例如图 17－1～图 17－12 所示。

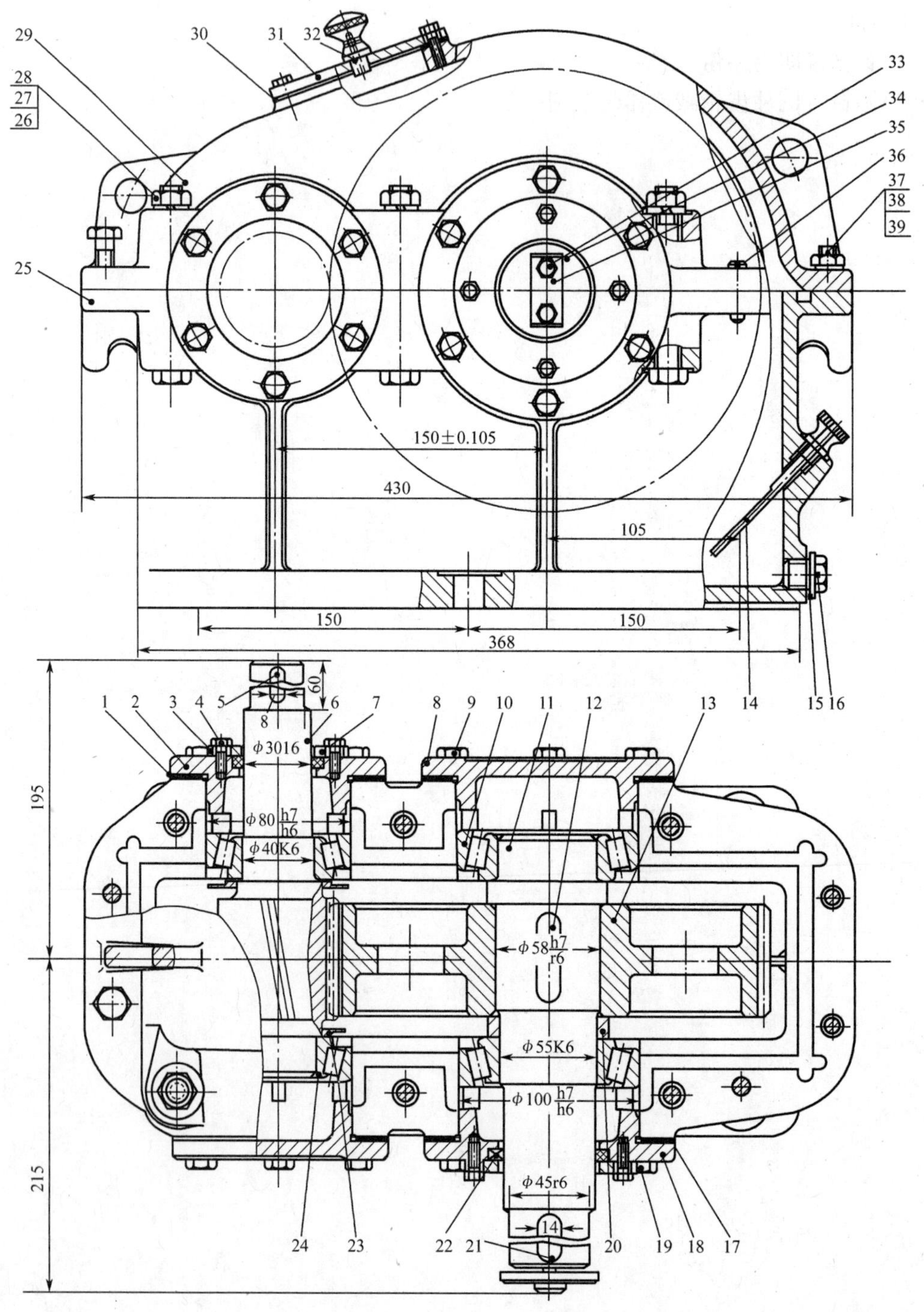

图 17－1　一级圆柱齿轮

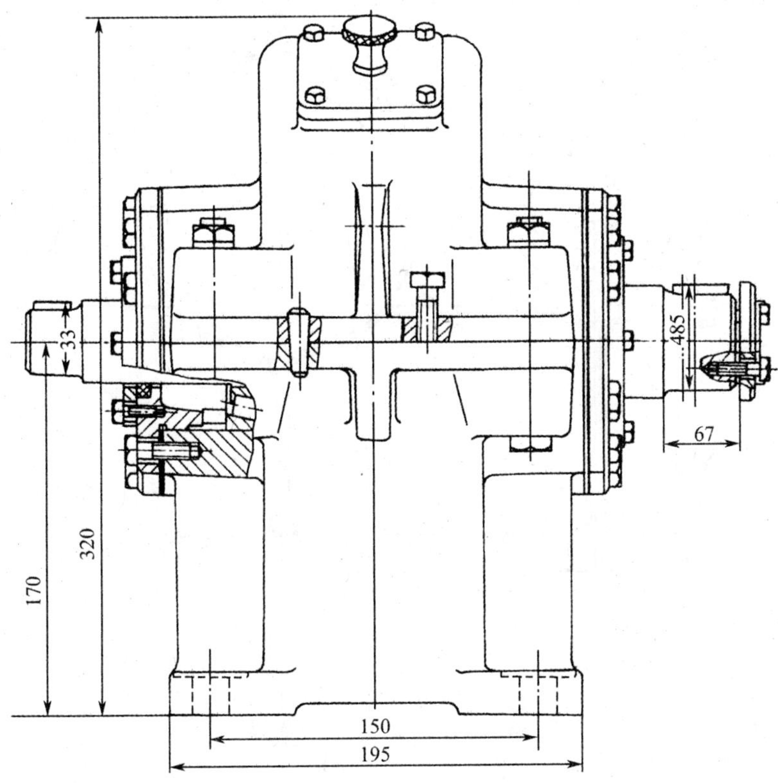

减速器特性

1. 功率:5 kW;2. 高速轴转数:327 r/min;3. 传动比:3.95

技术要求

1. 在装配之前,所有零件用煤油清洗,滚动轴承用汽油清洗,机体内不许有任何杂物存在。内壁涂上不被机油侵蚀的涂料两次。

2. 啮合侧隙 C_n 之大小用铅丝来检验,保证侧隙不小于 0.14 mm,所用铅丝不得大于最小侧隙四倍。

3. 用涂色法检验斑点,按齿高接触斑点不少于 45%;按齿长接触斑点不少于 60%。必要时可用研磨或刮后研磨改善接触情况。

4. 调整、固定轴承时应留有轴向间隙:ϕ40 时为 0.05 ~ 0.1,ϕ55 时为 0.08 ~ 0.15。

5. 检查减速器剖分面、各接触及密封处,均不漏油。剖分面允许涂以密封油或水玻璃,不允许使用任何填料。

6. 机座内装 L – AN68 润滑油至规定高。

7. 表面涂灰色油漆。

减速器装配图(1)

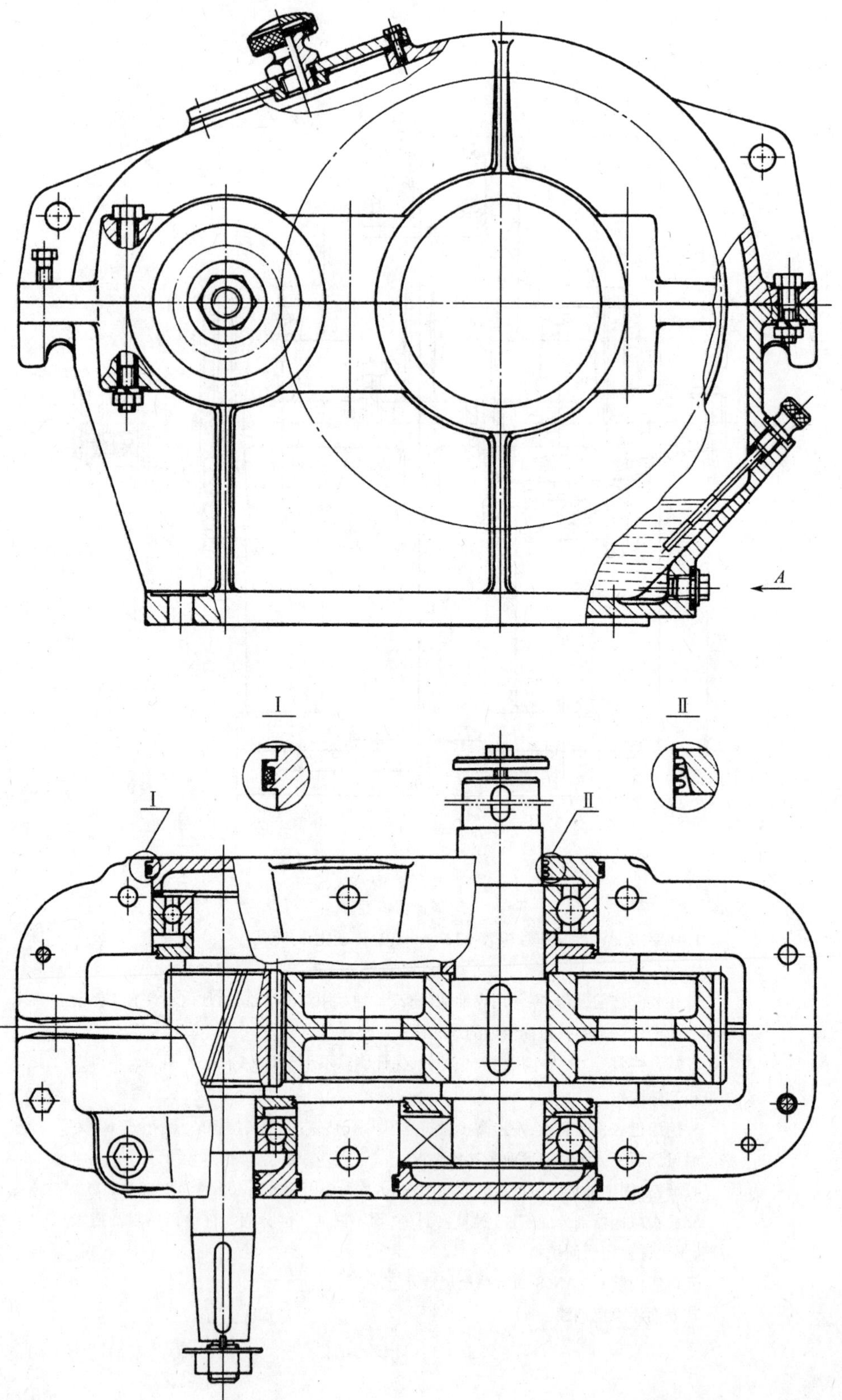

图 17-2 一级圆柱齿轮

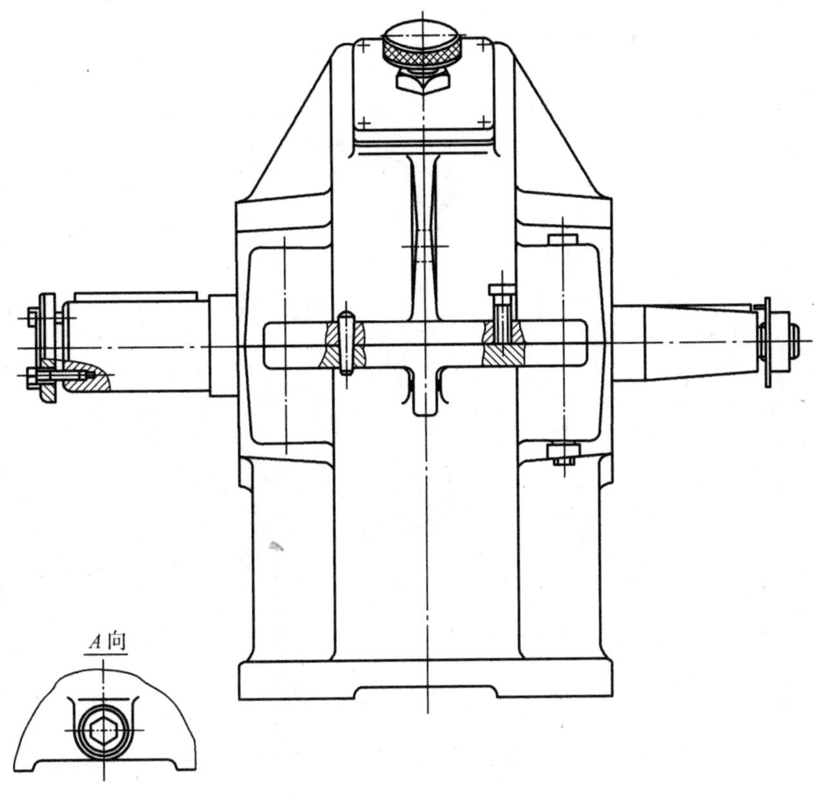

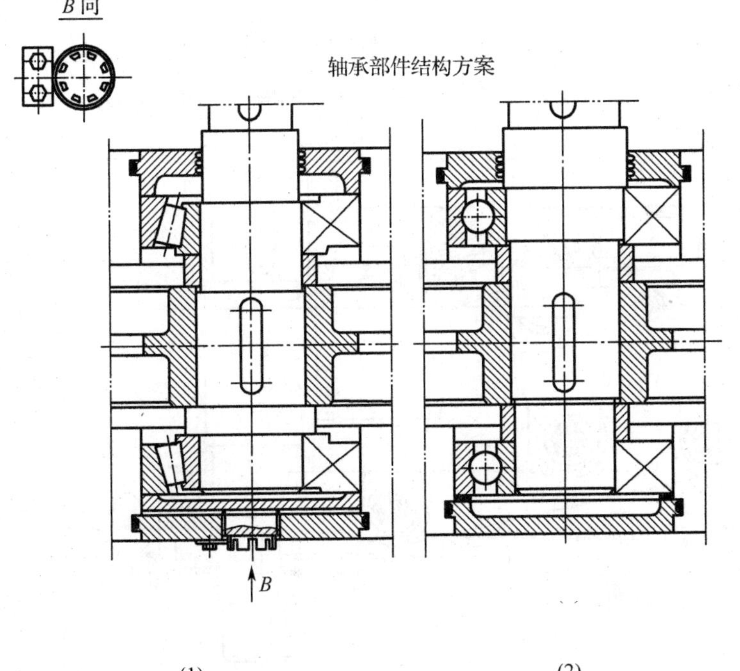

减速器装配图(2)

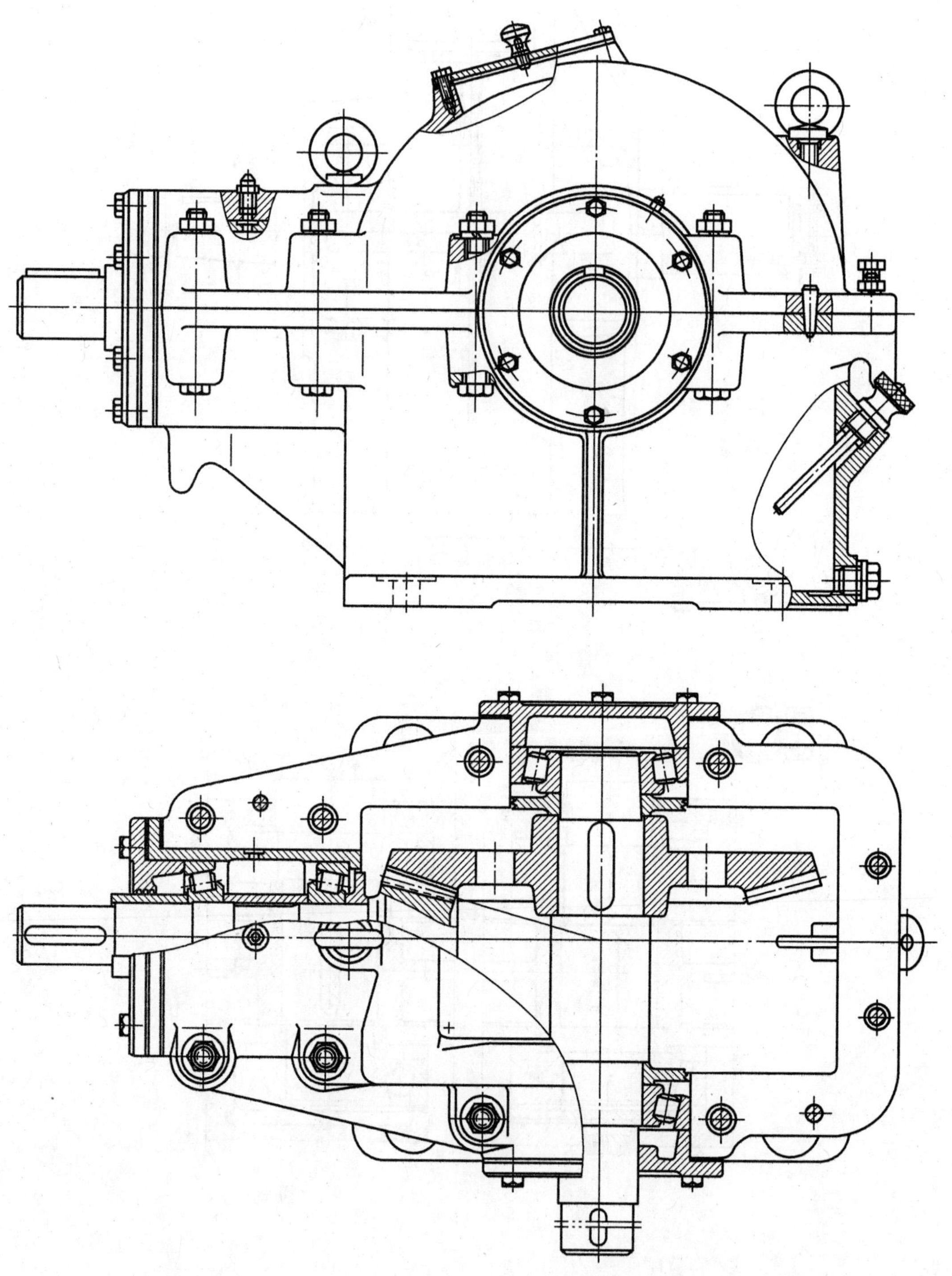

图 17-3 一级圆锥齿轮

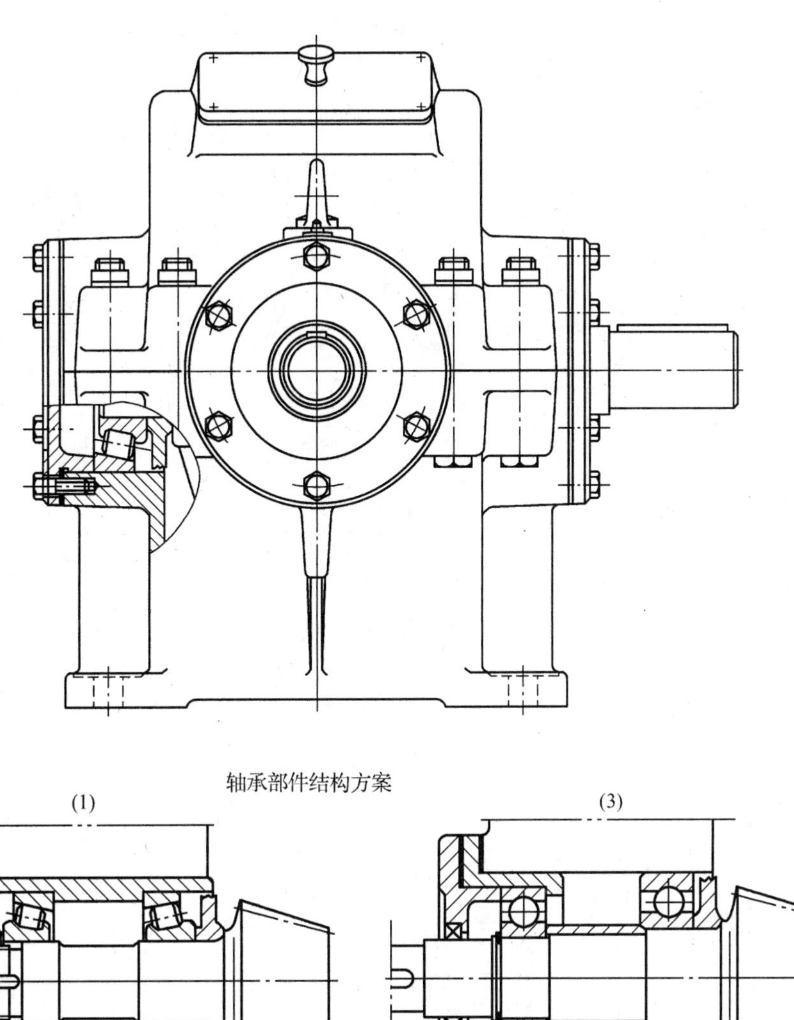

轴承部件结构方案

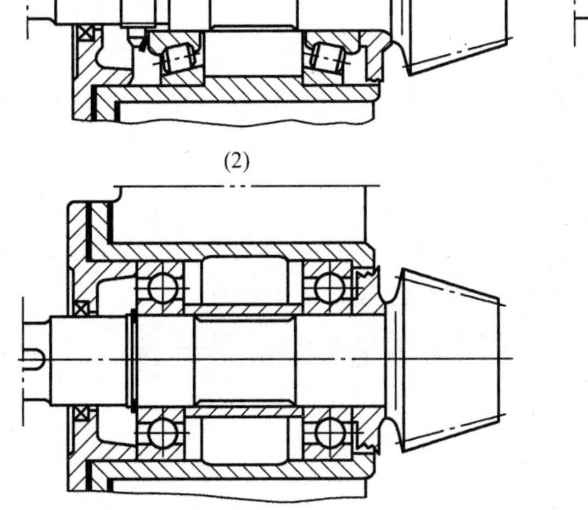

(3)

减速器装配图

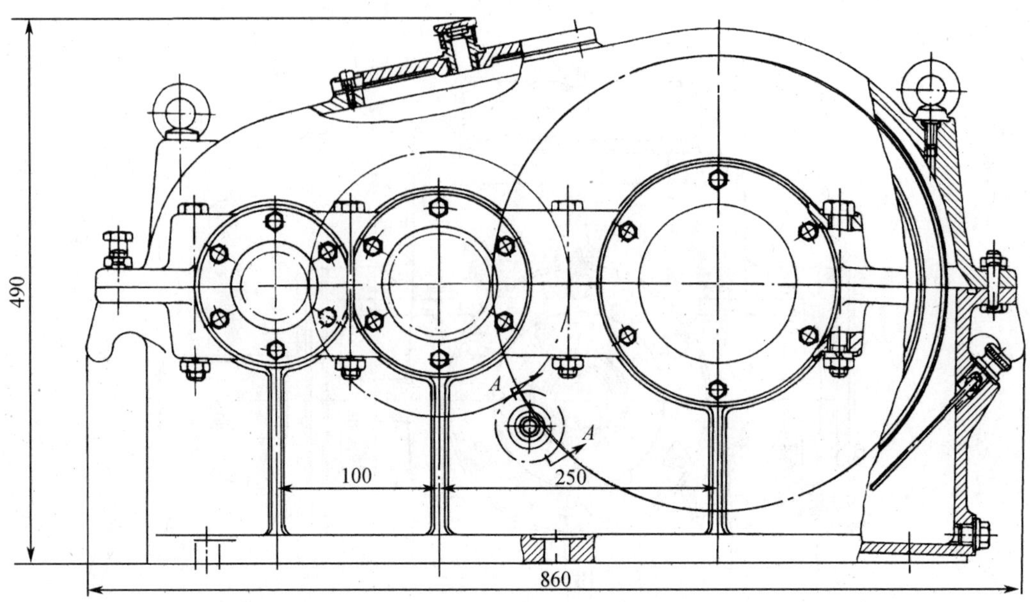

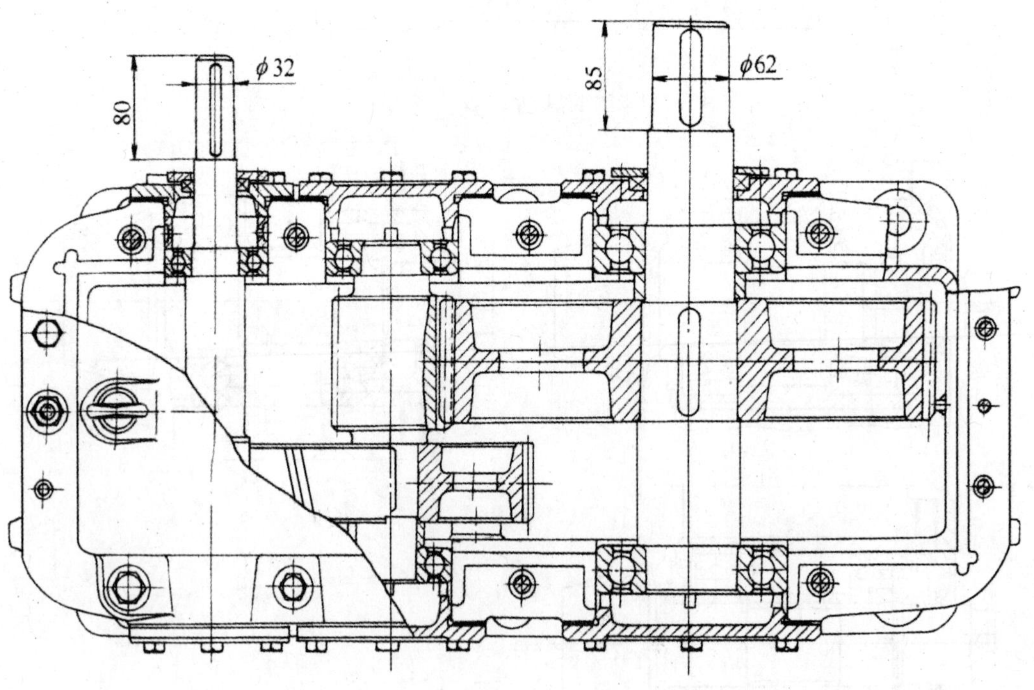

图 17-4　二级圆柱减速器

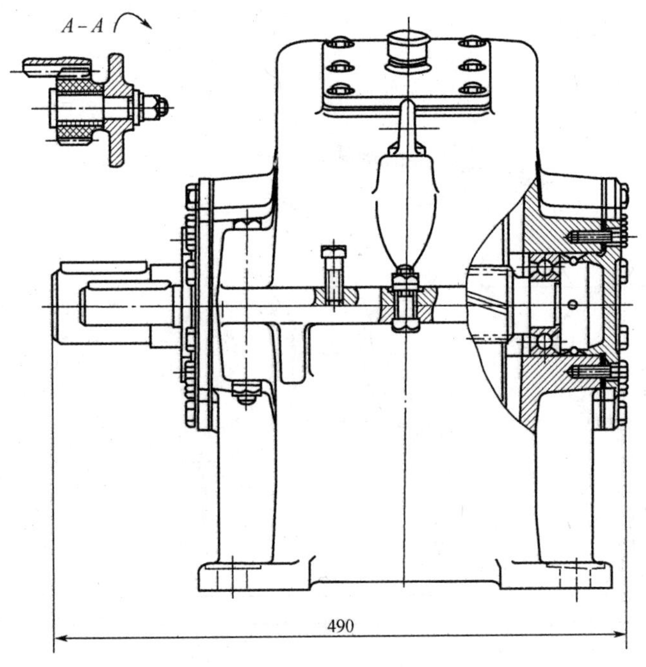
A-A
490

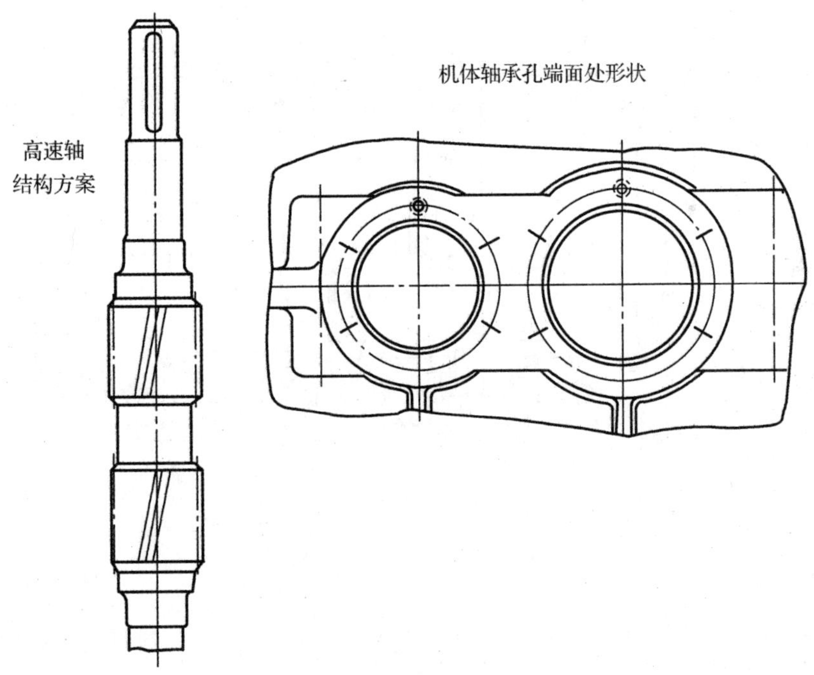
高速轴
结构方案
机体轴承孔端面处形状

装配图－展开式(1)

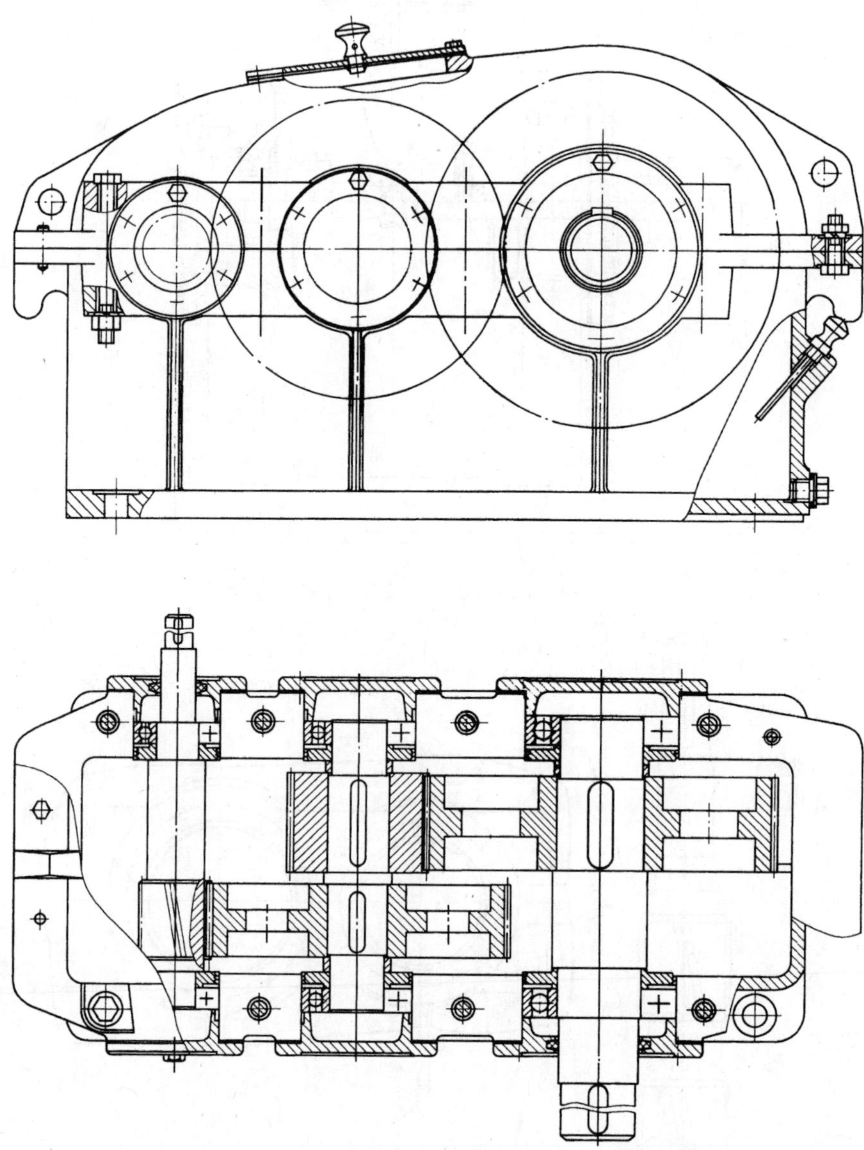

图17-5 二级圆柱减速器

拆去视孔盖

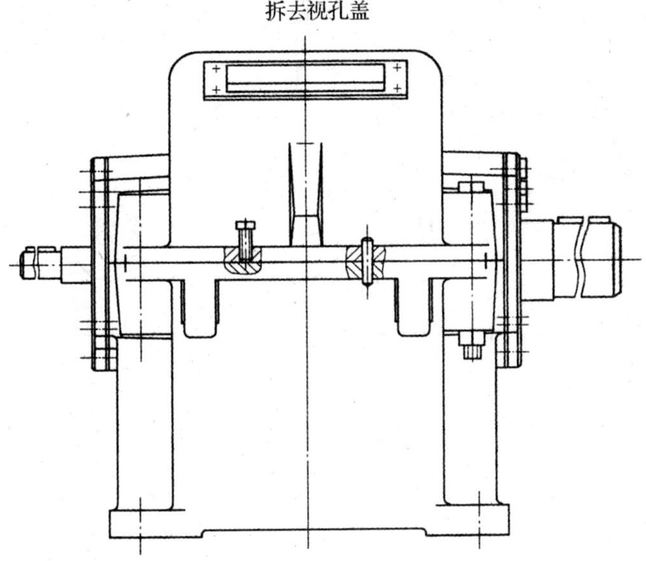

装配图－展开式(2)

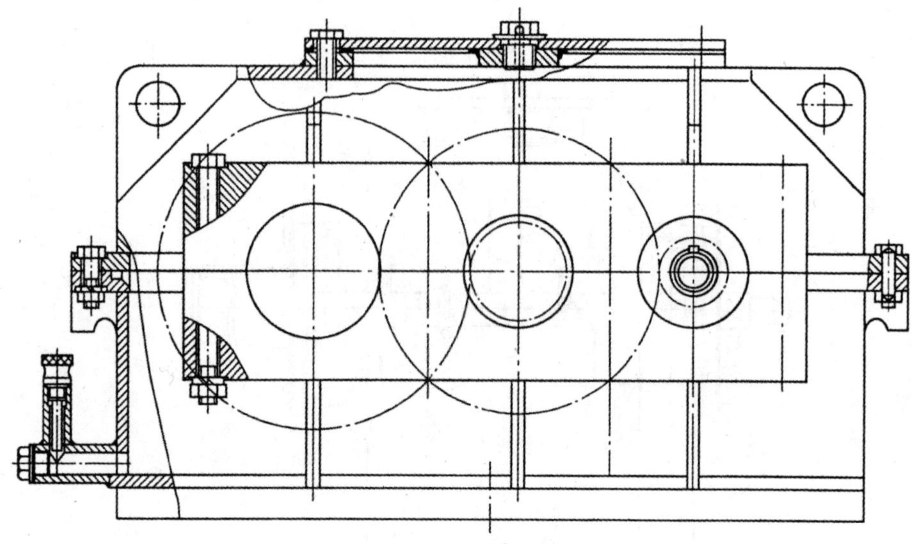

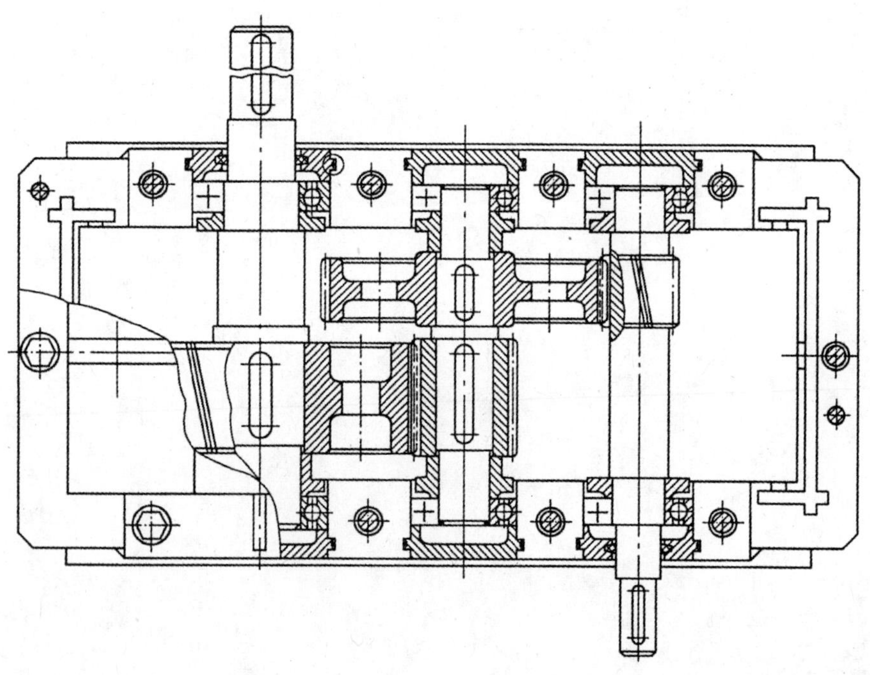

图17-6 二级圆柱减速器

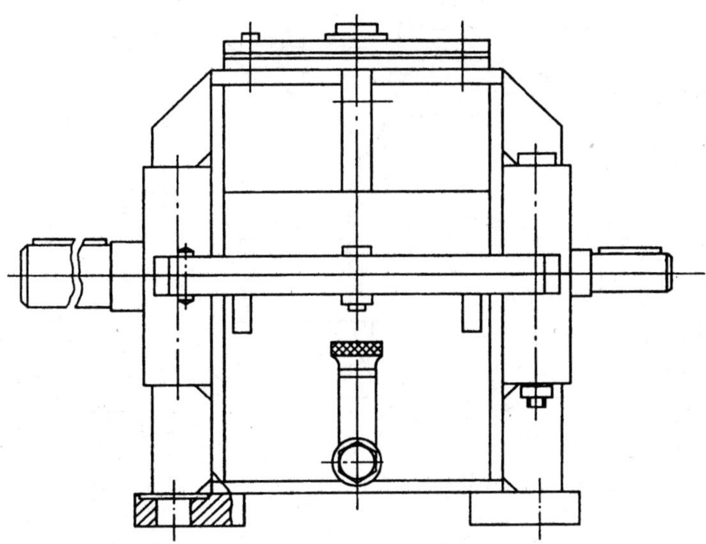

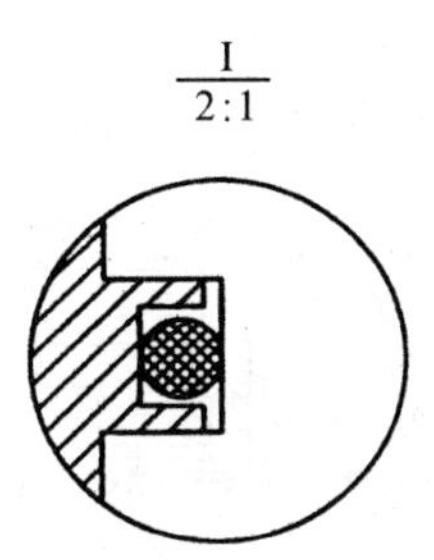

装配图 – 展开式(焊接箱体)(3)

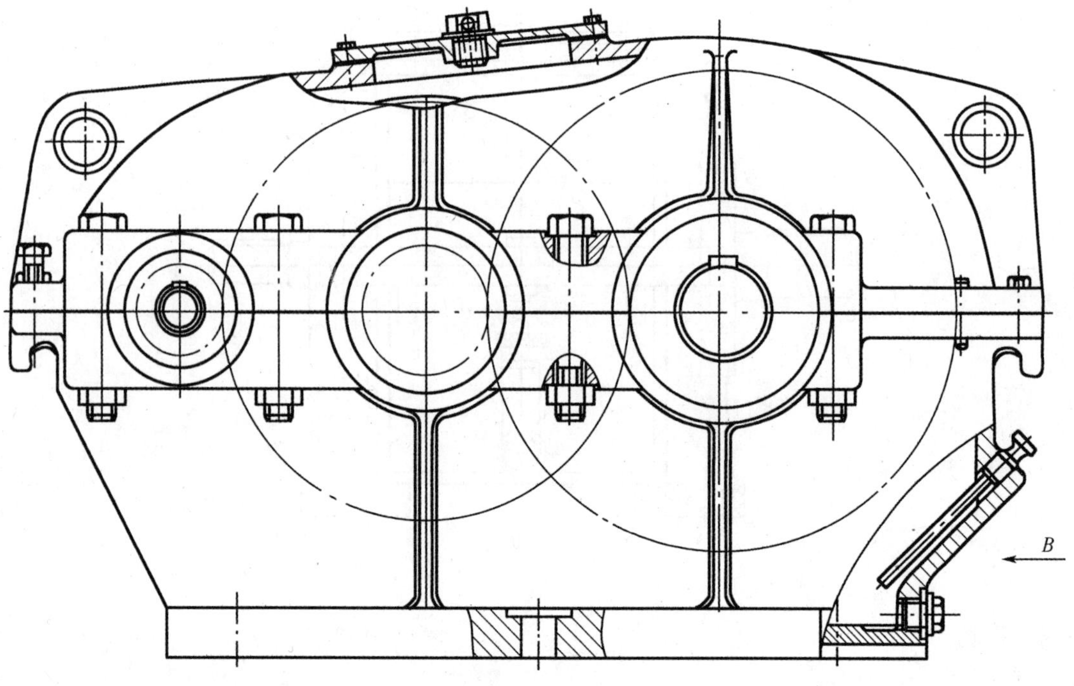

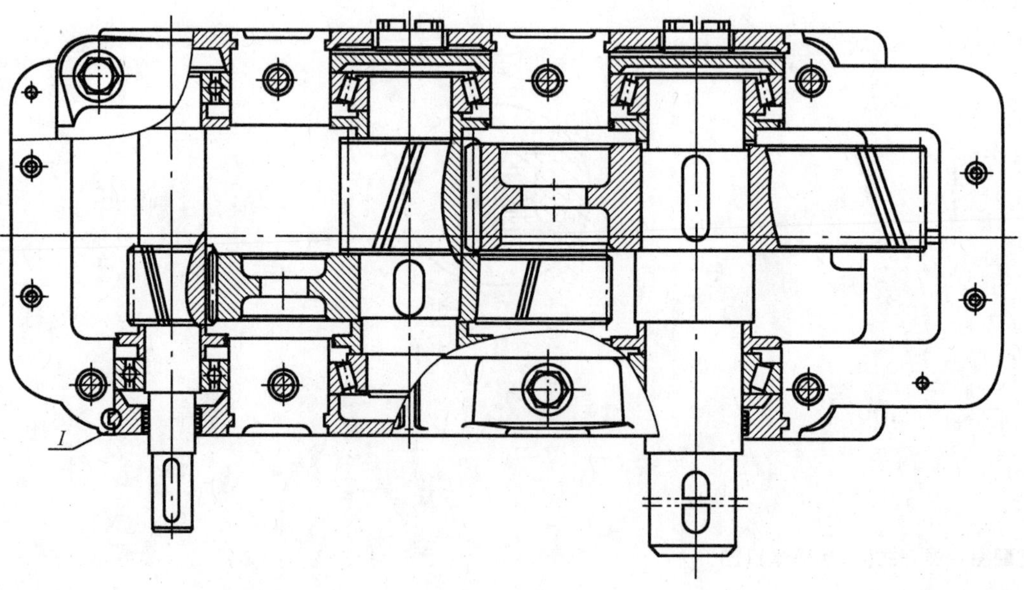

图 17-7 二级圆柱减速器

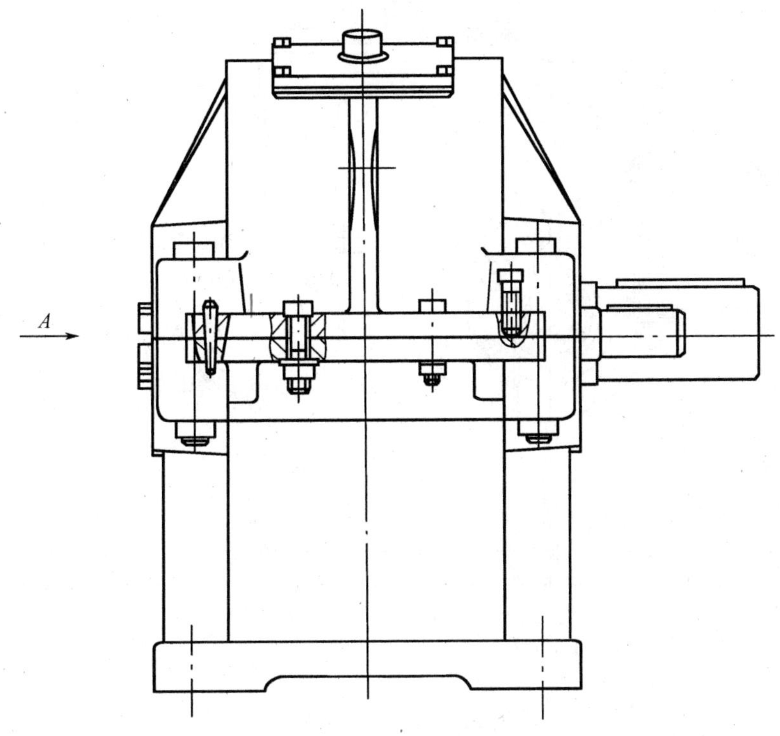

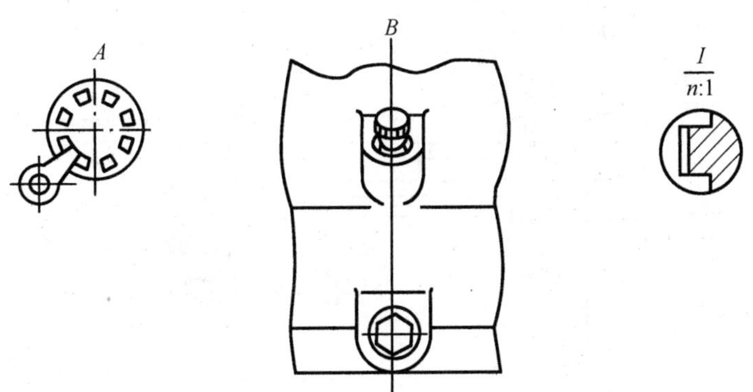

装配图－展开式(4)

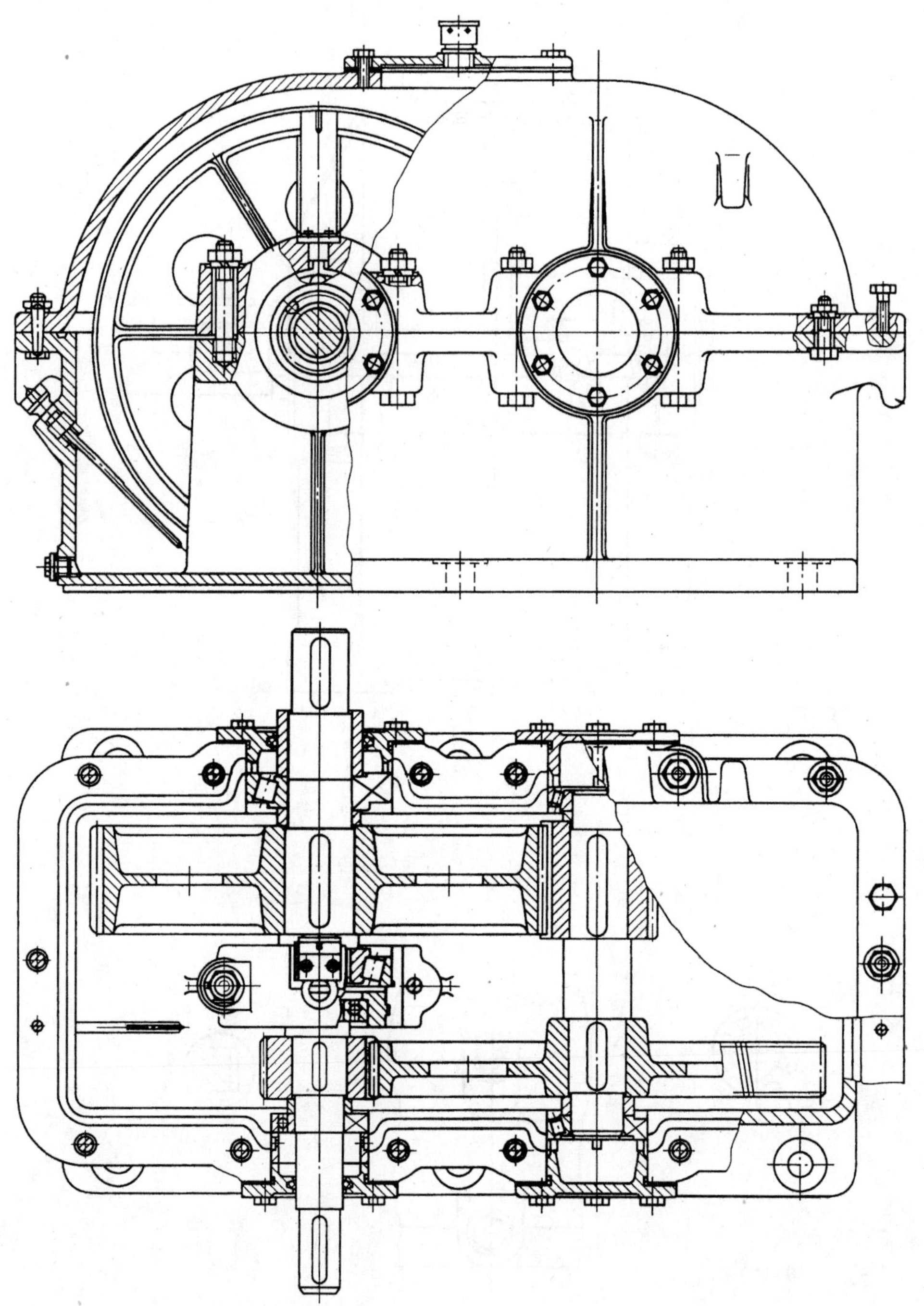

图 17-8　二级圆柱减速器

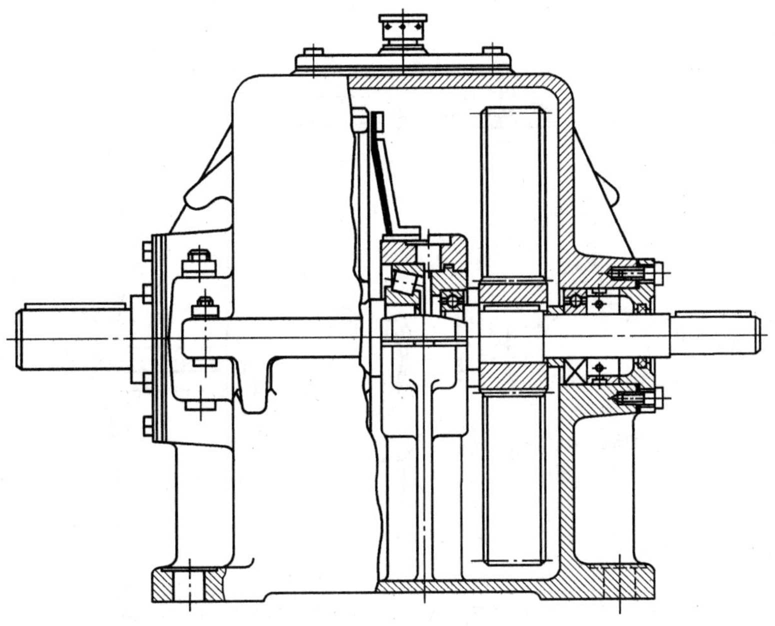

中间轴承部件结构方案

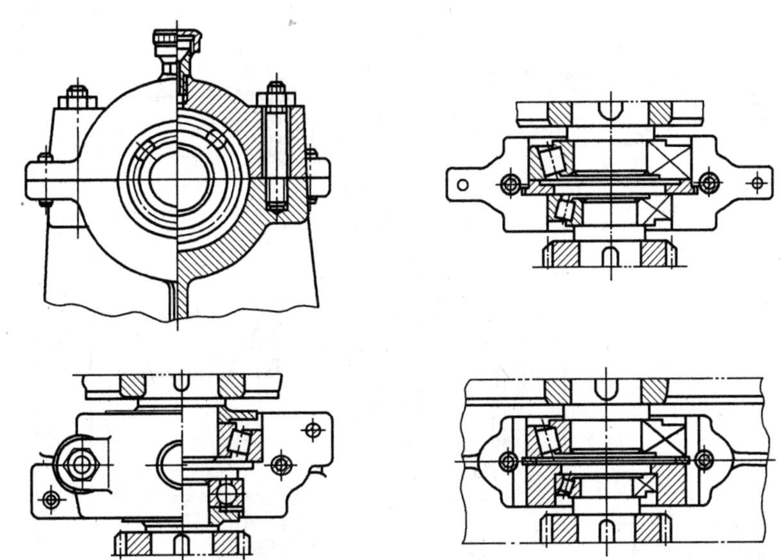

装配图－同轴式(1)

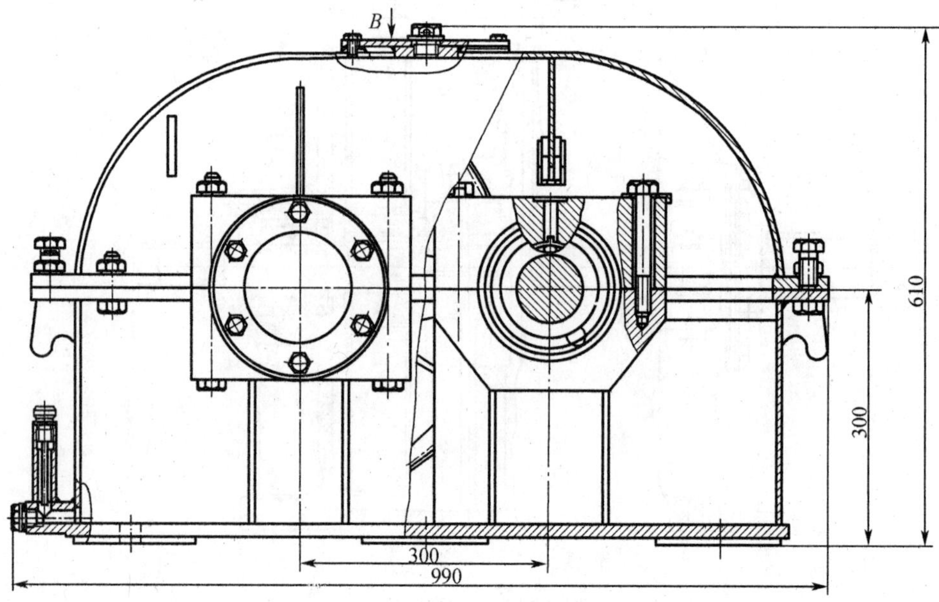

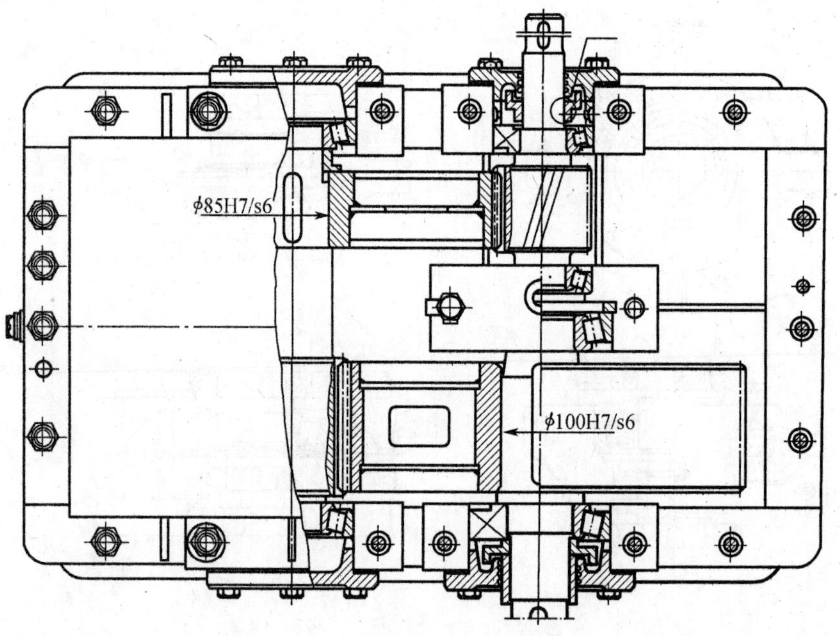

图 17－9　二级圆柱减速器

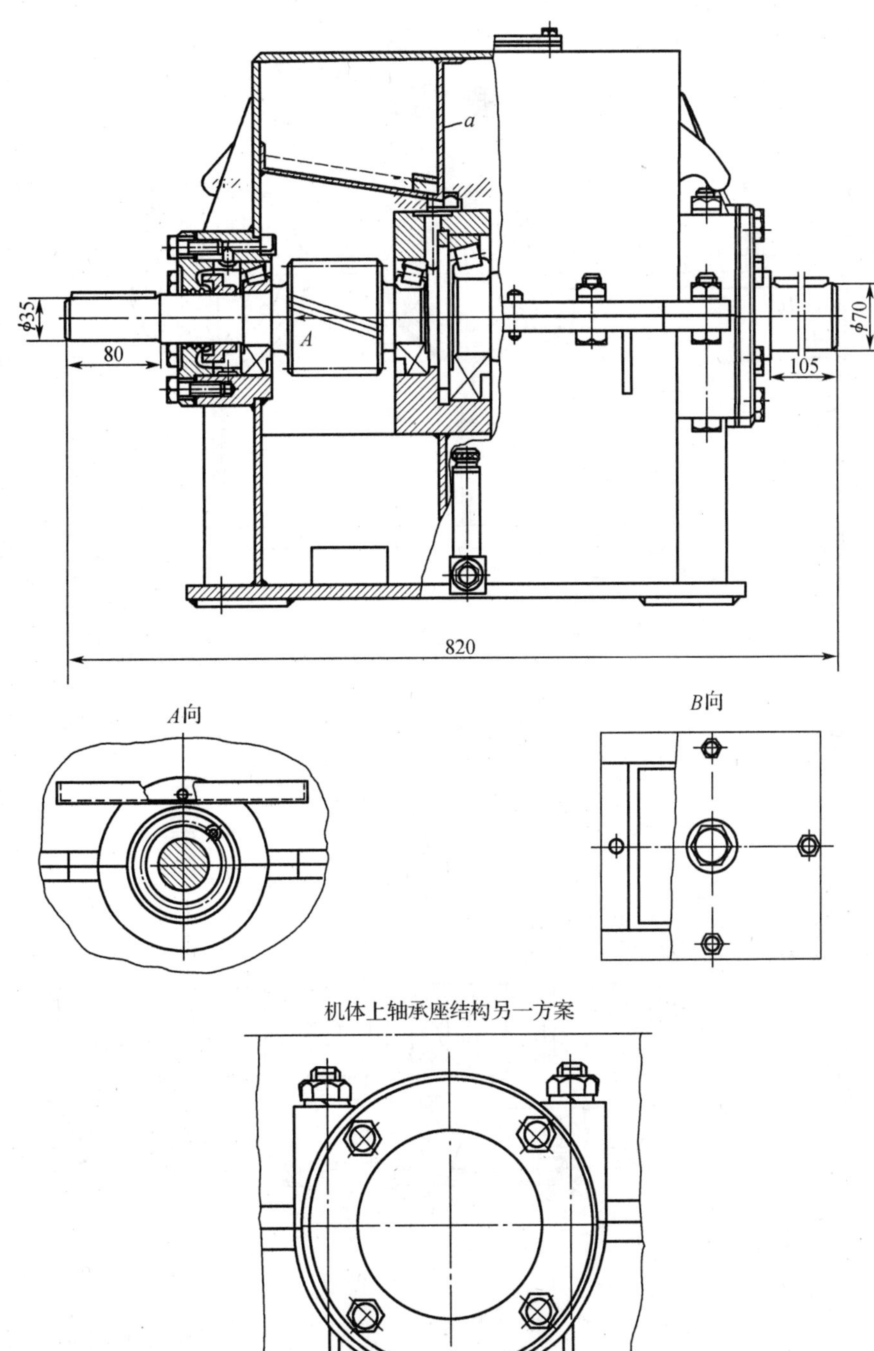

装配图－同轴式

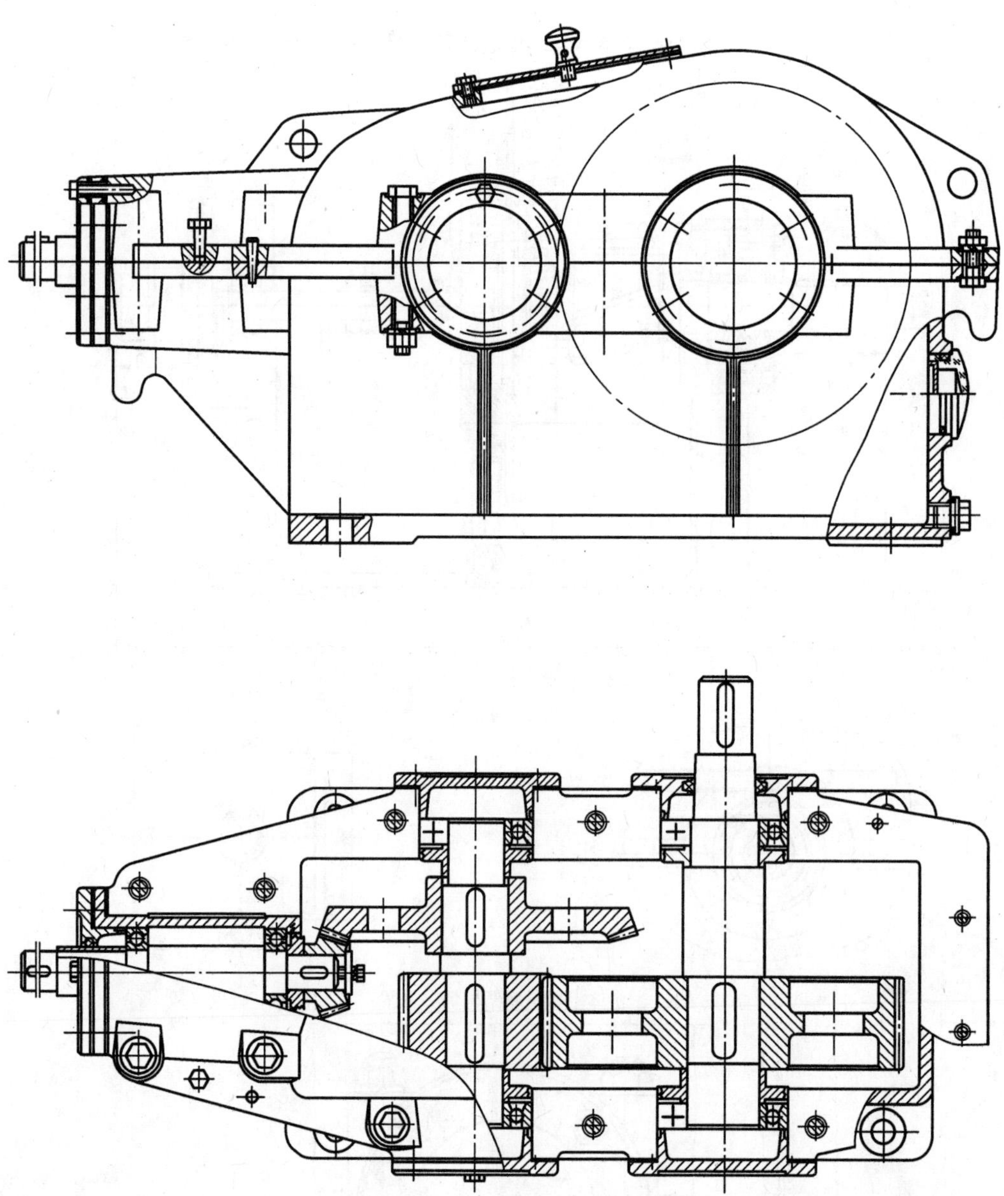

图 17－10　圆锥－圆柱齿轮

拆去视孔盖

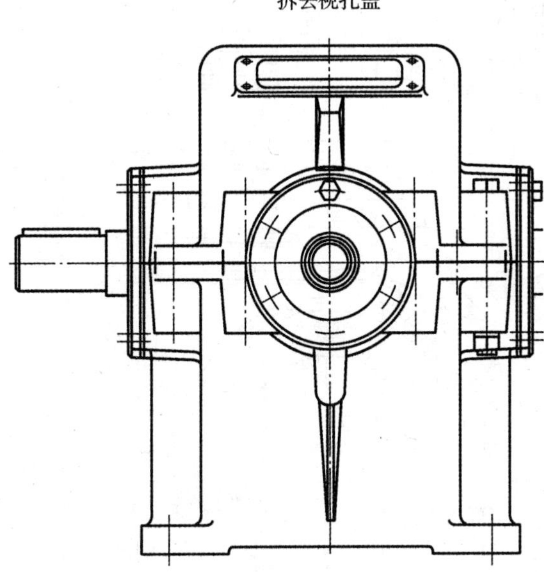

减速器装配图

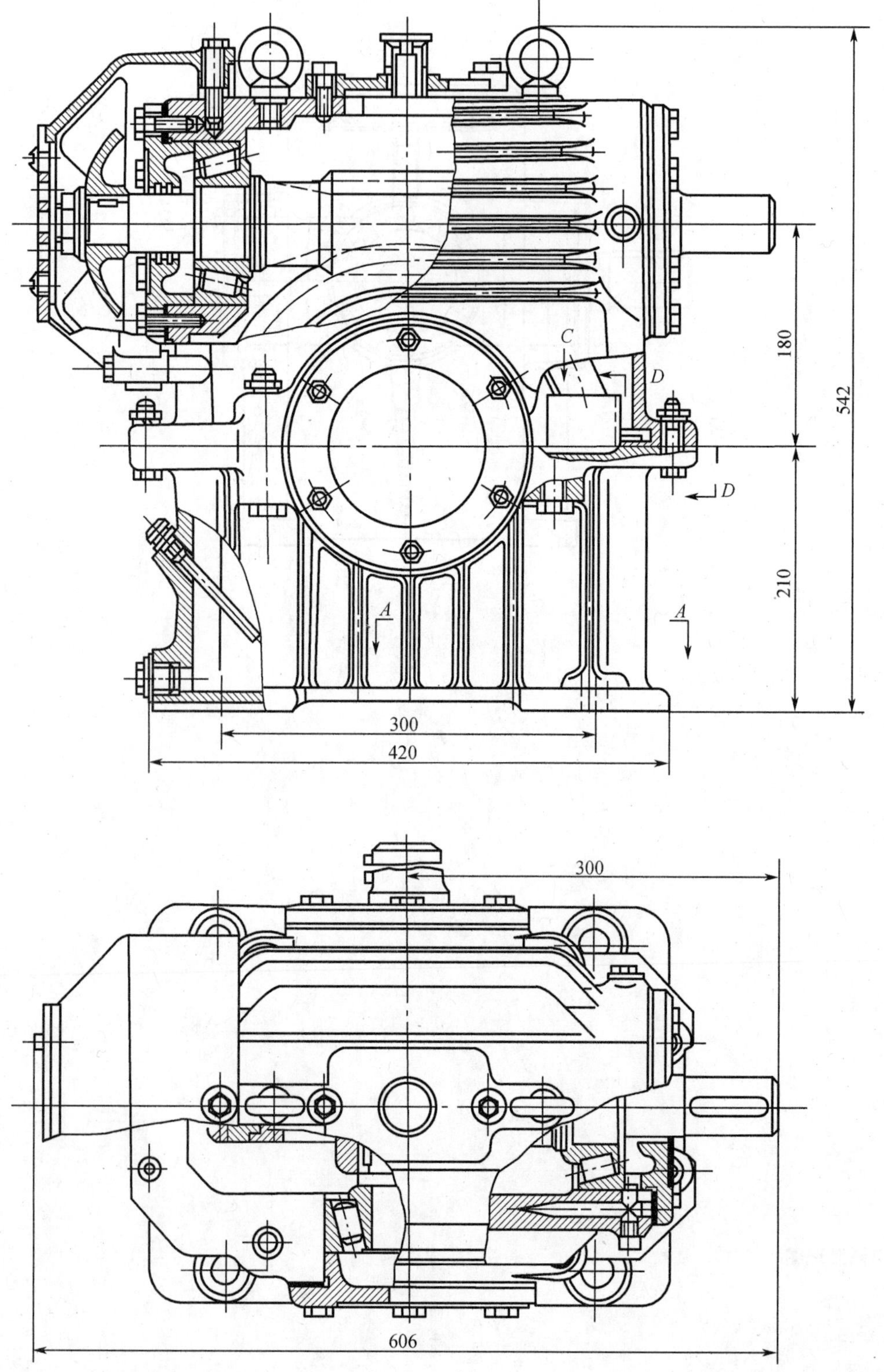

图 17-11 一级蜗杆

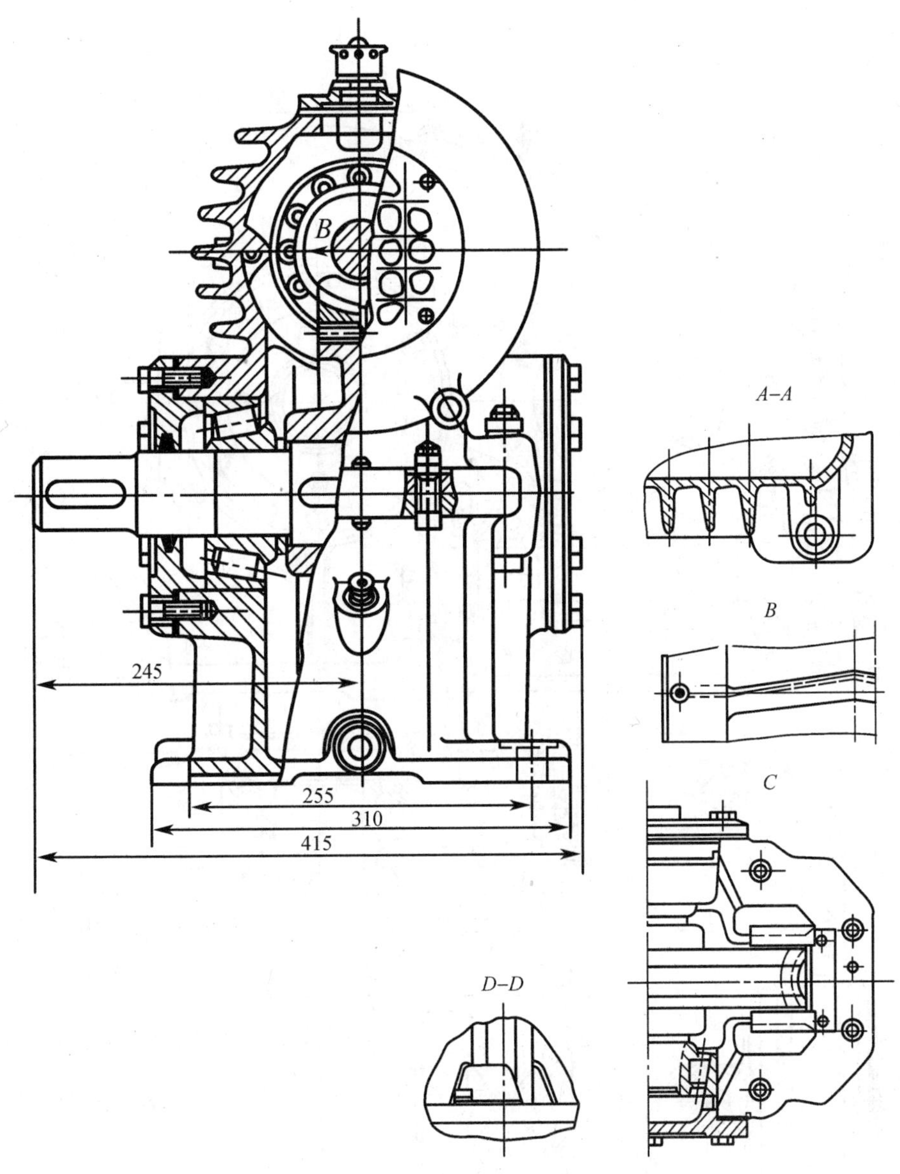

减速器

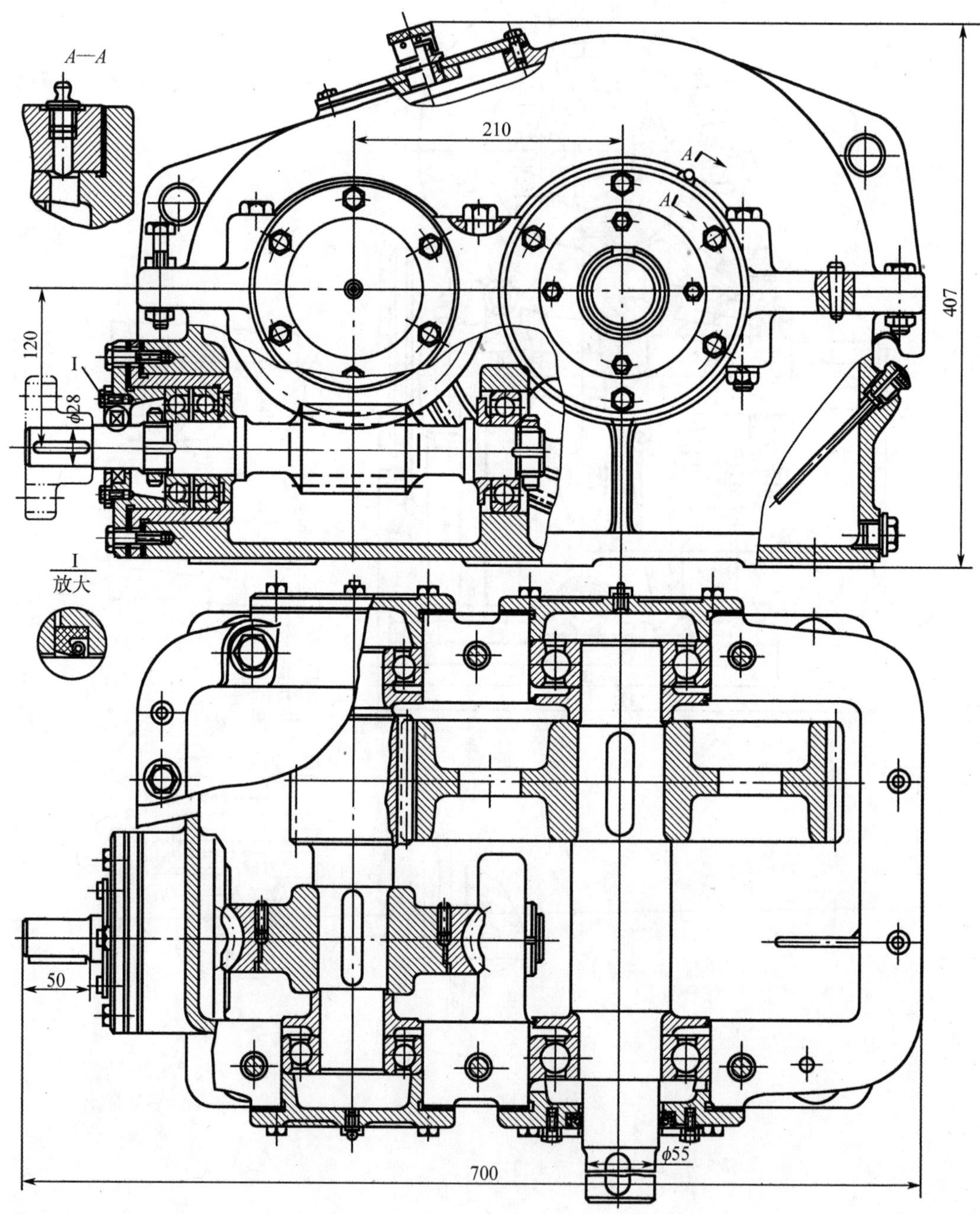

图 17－12　蜗杆－圆柱

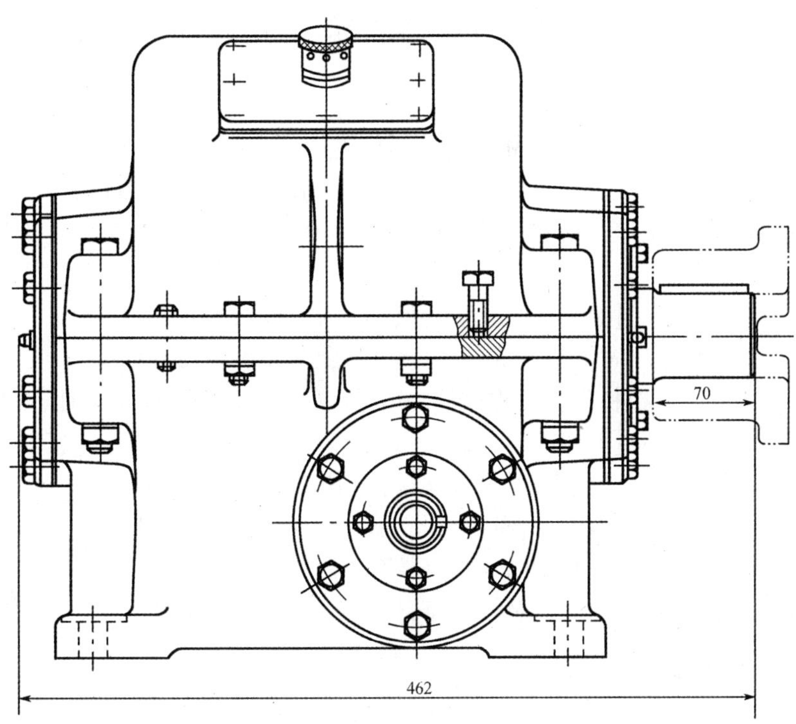

蜗杆轴承结构方案

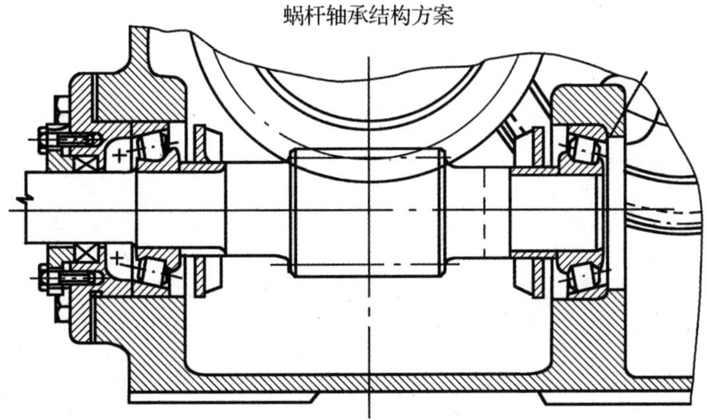

齿轮减速器

参 考 文 献

[1]宋宝玉. 机械设计课程设计指导书[M]. 北京:高等教育出版社,2006.
[2]王大康,卢松峰. 机械设计课程设计[M]. 北京:北京工业大学出版社,2000.
[3]任嘉卉,李建平,王之栎,等. 机械设计课程设计[M]. 北京:北京航空航天大学出版社,2001.
[4]金清肃. 机械设计课程设计[M]. 武汉:华中科技大学出版社,2007.
[5]杨恩霞,李立金. 机械设计[M]. 哈尔滨:哈尔滨工程大学出版社,2012.
[6]唐增宝,何永然,刘安俊. 机械设计课程设计[M]. 武汉:华中科技大学出版社,1999.
[7]李育锡. 机械设计课程设计[M]. 北京:高等教育出版社,2008.
[8]机械设计手册编委会. 机械设计手册[M]. 北京:机械工业出版社,2007.
[9]陈秀宁,施高义. 机械设计课程设计[M]. 杭州:浙江大学出版社,2004.
[10]李育锡. 机械设计课程设计[M]. 北京:高等教育出版社,2008.
[11]寇尊权,王多. 机械设计课程设计[M]. 北京:机械工业出版社,2011.